섬강은 어드메뇨 치악이 여기로다 2

알려드립니다 ___

본문의 일부 이미지는 문화재청, 원주시, 《한국근현대사전》, 《문막읍사》, 〈가톨릭신문〉, 네이버 블로그 bbongh0357님 등의 자료를 인용(사진설명에 표기)했으며, 나머지 이미지는 원주시 걷기여행길안내센터에서 제공해준 이미지와 저작자의 자료입니다.

원주굽이길의 역사 인물과 문화유적 이야기
섬강은 어드메뇨 치악이 여기로다 2

초판 1쇄 인쇄일 2024년 10월 25일
초판 1쇄 발행일 2024년 10월 31일

글·사진 김영식
펴 낸 이 최길주

펴 낸 곳 도서출판 BG북갤러리
등록일자 2003년 11월 5일(제318-2003-000130호)
주소 서울시 영등포구 국회대로72길 6, 405호(여의도동, 아크로폴리스)
전화 02)761-7005(代)
팩스 02)761-7995
홈페이지 http://www.bookgallery.co.kr
E-mail cgjpower@hanmail.net

ⓒ 김영식, 2024

ISBN 978-89-6495-307-5 03980

원주굽이길의 역사 인물과 문화유적 이야기

섬강은 어드메뇨 치악이 여기로다

2

김영식 글 · 사진

"역사는 과거와 현재의 끊임없는 대화"

BG 북갤러리

몸으로 부딪치면서 만들어낸
살아 움직이는 이야기!

길은 마을과 마을, 사람과 사람을 연결해 주는 소통의 통로이며 문물이 오가는 교류의 장이다. "걷는 자는 발 디디며 걷는 땅과 인연을 맺고, 걸을 때 살아 있음을 느낀다."는 저자는 겪는 고통의 크기만큼 좋은 글이 나온다는 신념을 가지고 근원의 땅, 원주의 구석구석을 두 발로 오롯이 걸었다. 천둥, 번개, 폭우, 폭염, 매서운 칼바람에 몸이 굳고, 가시나무에 긁혀 손등과 팔뚝에 피가 배어 나옴 따위는 아랑곳하지 않고서 말이다. 저자는 길이 품고 있는 이야기를 마을 어르신과의 대화, 구전 설화, 고문헌 연구, 지명유래, 현장 확인 등을 통하여 술술 풀어 내려간다. 그야말로 몸으로 부딪치면서 만들어낸 살아 움직이는 이야기이다.

원주는 선사시대는 물론, 신라의 천년고찰, 고려의 태동지, 조선 시대 강원감영과 근대에 이르기까지 오랜 역사를 자랑하며 수많은 문화유적과 유물이 산재해 있는 뿌리 깊은 역사 도시다. 저자는 단순히 지명유래나 명소를 소개하는 데 그치지 않고, 그 속에 깃든 사람들의 삶과 정서, 그곳만의 독특한 문화 자산을 생생하게 전달하고 있다.

　길 걷기를 통해 역사와 문화를 접하는 것은 그 지역의 과거와 현재를 연결하는 특별한 경험이다. 저자는 오랜 시간 원주의 길을 걸으며, 역사의 현장을 속속들이 찾아다녔고 가는 곳마다 사람을 만났다. 이 책을 읽으면 우리가 미처 몰랐던 숨은 보석 같은 길과 이야기를 만나게 되고, 원주가 단순한 지명이 아니라 풍부한 역사와 문화의 무대임을 깨닫게 될 것이다. 원주시의 역사와 문화에 대한 깊은 이해와 애정이 담긴 이 책은 원주를 사랑하는 사람만 아니라, 한국의 향토문화를 탐구하고자 하는 이들에게 훌륭한 동반자가 될 것이다.

2024년 10월

원주 향토문화연구원 원장 **박성용**

들어가는 말

모든 옛길에는 앞서 산 자들의 흔적이 남아있다. 흔적은 역사요, 역사는 기록과 전설과 문화유적의 총합이다. 길 위에는 밤하늘의 별처럼 수많은 인물들이 나타났다 사라져갔다. 지난 4년여 그들이 남긴 발자취를 따라 원주의 길을 걸었다. 어떤 때는 홀로 걸었고, 어떤 때는 여럿이 함께 걸었다. 어떤 자는 빠르게 걸으며 멀리 앞서갔고, 어떤 자는 이야기에 귀 기울이며 길 위의 역사에 목말라했다. 역사의 현장은 늘 힘겹고 숨찼고 벅찼다.

길에서 돌아온 후 이야기를 정리하여 게시했다. 댓글이 이어졌고 이야기는 민들레 홀씨처럼 멀리 퍼져나갔다. 누구는 책으로 만들어보라고 했지만, 원고는 묵은 된장이 되어가고 있었다. 2년째 되는 날 운 좋게도 '2024년 원주문화재단 문화예술지원사업' 대상자로 선정되었다. 묵혀 두었던 원고가 드디어 빛을 볼 수 있게 된 것이다.

이 책은 2021년 《섬강은 어드메뇨 치악이 여기로다》를 잇는 두 번째 답사기

다. 1권은 출발지와 도착지가 다른 편도코스요, 2권은 원점회귀코스다. 원주굽
이 길은 30개 코스(편도 17, 원점회귀 13)였으나, 2024년 20개 코스(편도 8, 원점회귀
12)로 줄였다. 길 위의 역사를 생각했더라면 남겨두었어야 할 몇몇 길이 사라져
버렸다. 안타깝지만 옛길이 그대로 남아있으니 언젠가는 제자리로 돌아오리라
믿는다.

  책 편집은 2024년 이전 옛 원점회귀 코스(13)를 기준으로 순서와 관계없이 4
개 지역으로 나누었고, 부록 3편은 관련 장 뒤쪽에 따로 실었다. 필자는 글을
쓰면서 세 가지에 중점을 두었다.

  첫째, 코스마다 주요인물과 이슈가 된 사건을 시대 상황이라는 숲을 배경으
로 자세히 들여다보았다. 한 인간의 행동에 초점을 맞추면 보이지 않던 것들이
시대 상황이라는 망원경으로 바라보니 이해가 되면서 고개가 끄덕여지곤 했다.

  둘째, 지명유래는 현장 취재를 바탕으로 하였다. 현장을 찾아가서 그곳에 살
았거나 살고 있는 자를 만나 경험담과 전해오는 이야기를 들었고 관련 문헌도
참고하였다. 현장에 답이 있다는 말은 예나 지금이나 변함없는 진리임을 다시
한번 확인하는 계기가 되었다.

  셋째, 특별부록편은 18세기 말부터 해방 이후 반민특위 해산에 이르는 시기
원주와 관련 있는 특정 인물과 친일파를 중심으로 근현대사 이야기를 다루었
다. 안갯속같이 보이지 않고 난마처럼 얽혀 있는 당대 역사를 이해하는 데 도움
이 되리라 믿는다.

  E. H 카는 "역사는 과거와 현재의 끊임없는 대화"라고 했다. 길을 걸으면서
길 위의 역사를 들여다보는 일은 현재의 나를 돌아보는 일이요 미래를 준비하
는 일이다. 책 곳곳에는 임진왜란과 병자호란 이야기가 나온다. 참화 속에서

백성의 삶은 참담했고 참혹했다. 눈만 뜨면 충과 효를 입에 달고 살았던 자들은 멸사봉공하지 않았고 아무도 누구도 책임지지 않았다. 죽어나는 건 백성뿐이었다. 조선왕조 내내 전국을 공포에 몰아넣었던 천연두를 일거에 해결했던 의료 혁명의 선구자 지석영은 왜 일제와 손을 잡을 수밖에 없었는지? 여섯 살 때 궁궐에 들어가 고종의 아들을 낳고 권력의 핵심이 되었던 귀비 엄씨는 왜 그 많은 재산을 여학교 설립에 기부했는지? 두 사람의 삶을 따라가다 보면 정치란 무엇이며 정치지도자는 어떻게 살아야 하는지 교훈을 얻을 수 있다. 또한 순교와 배교 사이에서 끊임없이 흔들리며 죽음의 길로 나아갔던 이벽, 이승훈, 이가환의 이야기는 초기 천주교회 박해사라는 무성한 숲에 다가갈 수 있게 해준다. 해방 직후부터 반민특위 해산에 이르는 시기 친일파는 이승만과 미군정의 틈바구니 속에서 어떻게 변신하며 끝까지 살아남을 수 있었는지? 그들의 목숨을 건 줄 서기와 기막힌 처세술을 깊이 있게 들여다볼 수 있다.

무겁고 딱딱한 이야기만 있는 게 아니다. 어린아이부터 궁녀와 임금에 이르기까지 남녀노소 지위고하를 막론(?)하고 담배를 피우던 시기 《정조실록》에 등장할 정도로 세상을 떠들썩하게 했던 담배 예절 사건은 지금의 모습과 묘하게 닮아 있어 무릎을 치게 만든다. 오늘을 사는 우리네 모습도 곳곳에 담겨있다. 마을 곳곳에 흩어져 있던 폐사지의 유물을 스스로 찾아내어 관리하고 있는 용수골 사람들 이야기와 지금은 재개발로 사라져가는 달동네 원동 남산마을 골목길 모습도 책 속에 담았다.

2022년 원주 비지정 문화재 조사팀 이야기도 빼놓을 수 없다. 조사팀(이희춘, 윤선길, 구지현)은 여름 내내 장맛비를 맞으며 키를 넘는 풀 더미를 헤쳤고 모기에 쏘이고 스마트 폰을 잃어버리면서도 흩어져 있는 문화재를 찾아다녔다. 오랜 발품 끝에 동화사 옛터를 찾을 수 있었고, 원주 최초로 치악산 금두산성 성벽

길도 찾아낼 수 있었다. 그들의 숨은 노고를 뒤늦게나마 지면으로 전할 수 있어서 참 기쁘다.

책이 나오기까지 도움 주신 분이 많다. 전 상지대 김은철 교수와 원주 출신 홍인희 작가는 해박한 지식과 넉넉한 인품으로 막힘없이 자문해주었고, 원주 문화관광해설사 양한모, 목익상, 정태진 선생은 오랜 현장 경험에서 우러나오는 맞춤형 조언으로 부족함을 메워주었다. 용인 사는 사진작가 김상현 군은 휴일마다 원주로 내려와 굽이길 풍경과 문화유적을 카메라에 담았다. 오랜 인연을 맺어온 북갤러리 최길주 대표는 기획부터 출간까지 꼼꼼하게 조언하며 이끌어주었다. 가까이에서 힘이 되어준 고양이들과 온갖 투정을 받아준 아내에게도 고마운 마음을 전한다. 글 쓸 때는 혼자인 줄 알았는데 지나고 보니 누군가의 도움으로 살아왔고 지금 이 순간도 그렇게 살고 있다. 뒤늦게 철이 들었는지 살아보니 모두 다 고맙고 감사한 사람들뿐이다.

2024년 늦가을

김영식 쓰다.

차례

제1장 문막편

윈주굽이길 횡효지길(옛 윈점회귀 6코스)

반계초등학교 서쪽 반계저수지를 중심으로 시계 반대 방향으로 돌아오는 코스다. 숲길, 마을길, 수변데크길, 섬강둔치길 등 다양한 길을 걸어볼 수 있는 매력적인 코스다. 하늘이 낸 효자(出天之孝子)로 칭송받았던 황무진 사당은 17세기 조선 사대부의 충효관을 알아볼 수 있는 현장교육장으로 활용되고 있다.

반계초등학교 ⊕ 덕고개가든 ⊕ 동수교 ⊕ 청살문 ⊕ 홍살문 ⊕ 충효사 ⊕ 정토마을 ⊕ 국사정 ⊕ 밤산골송어횟집 ⊕ 고려참숯 ⊕ 대둔리 정류장 ⊕ 마을회관 ⊕ 송전탑 ⊕ 쪽섬길 40 ⊕ 반계초등학교

충이 먼저냐 효가 먼저냐?

　충은 신하 된 자의 도리요, 효는 자식 된 자의 도리다. 조선에서 충과 효는 성리학의 핵심가치였다. 충과 효가 충돌했을 때 사대부는 어떻게 했을까? 놀라지 마시라. 그들은 주저 없이 효를 선택했다. 전쟁 중에 부모님이 돌아가셨다는 소식을 들은 장수는 지휘봉을 넘겨주고 고향으로 돌아갔다.

　선조 30년(1597) 8월 정유재란 때였다. 경남 창녕에서 화왕산성을 지키고 있던 경상좌도 방어사 망우당 곽재우는 계모 허씨가 돌아가셨다는 소식을 듣자 전투복을 벗고 곧바로 성문을 나섰다.

　"계모 허씨를 비슬산 기슭에 임시로 장사지내고 왜적을 피해 강원도 울진현으로 갔다. 이후 이곳저곳을 떠돌면서도 상복을 입고 도리를 다했다."

　《망우 선생 문집》 연보에 나오는 이야기다. 이후 "기복(起復, 상을 당해 휴직하

던 관리를 상복 기간이 다하기 전에 불러 직무를 수행하게 함)하여 장수 임무를 다하고 나라를 지키는 보루가 되라."는 어명이 내려왔지만, 상중이라며 거절했다. 곽재우는 상을 마치고 선조 32년(1599) 2월 22일 진주목사를 거쳐 9월 7일 경상좌병사에 임명되었다. 지금 잣대로 보면 이해할 수 없는 처신이지만, 그때는 그랬다.

또 있다. 1907년 12월 25일 관동창의대장 이인영은 양근(양평)에 모인 13도 창의군 만여 명을 이끌고 서울 탈환 진공작전에 나섰다. 중군장 허위가 이끄는 선발대가 동대문 밖 30리까지 진출하여 일본군과 총격전을 벌였으나 중과부적으로 퇴각하여 한숨 돌리고 있을 때였다. 문경에서 부친 부고장이 날아들었다. 이인영은 남쪽을 향해 엎드려 곡을 한 후 의병을 모아놓고 이렇게 말했다.

"나는 지금부터 모든 중책을 중군장 허위에게 맡기고 귀향하노라."

아니 이게 무슨 날 벼락이란 말인가? 부하들은 간곡하게 만류했으나 소용없었다. 절체절명의 순간에 만여 명을 이끄는 의병대장이 어떻게 이럴 수가 있을까 싶지만, 사대부는 그랬다. 지휘봉을 넘겨받은 허위는 흩어진 의병을 모아서 1908년 4월 2차 서울진공작전을 준비하던 중 체포되어 그해 9월 서대문 형무소에서 순국했다. 3년 상을 치르기 위해 전투 중 문경으로 떠났던 이인영은 노

관동창의대장 이인영

서울 탈환 진공작전에 참가한 13도 창의군

모와 처자식을 데리고 추풍령 밑 충북 영동 황간에 숨어있다가 1909년 6월 일본 헌병에게 체포되었다. 조사를 맡은 일본 헌병대 대위 무라이인켄(村井因憲)이 물었다.

"너는 어찌하여 부친 부고를 접하고 만사를 던져버리고 귀향하였는가?"

이인영이 말했다.

"효도하지 않는 자는 금수와 같으며 금수는 폐하의 신하일 수 없다."(통감부문서 8, 1909년 6월 30일 일본군 헌병대본부 이인영 1, 2차 조서 중에서)

곽재우와 이인영의 처신은 충보다 효를 중시했던 사대부의 사고방식을 보여준다. 의병장만 아니라 임금도 그랬다. 임진왜란이 일어나자 의주로 피신했던 선조가 한양으로 돌아온 후 지시를 내렸다. 《선조실록》 27년(1594) 2월 14일 기록이다.

"내가 돌아올 때 보니까 한성 백성 중에 상복을 입은 자가 없었다. 흉악한 적에게 죽은 자가 필시 많을 터인데 상복을 입지 않았으니 참으로 괴이한 일이다. 비록 전쟁 중이지만 상복을 입게 하라. 나라에 중대한 일을 맡고 있는 자는 조정에서 기복(起復)하게 하였으나, 사람들이 상복을 입지 않게 된 것은 자못 괴이한 일이다."

전쟁 중에 어떻게 임금의 입에서 상복을 입으라는 말이 나오는가? 먹고 입고 잘 곳이 없어 유리걸식하는 백성들에게 상복을 입으라니! 도대체 이게 임금이란 자가 할 말인가?

성리학 정신이 골수에 밴 임금과 사대부가 아니라 노비로 태어나 충과 효를 다하여 고을 백성의 모범이 되었던 자가 있다. 456년 전 원주에 태어난 황무진이다. '하늘이 낸 효자'를 만나러 가는 날, 오랜 가뭄 끝에 단비가 내렸다. 반계초등학교 정문을 나와 도로 따라 올라가자 낮은 고개가 나타난다. 반저리와 벌무내기를 잇는 덕고개다. 그나마 '덕고개 가든'이라는 간판이 남아 있어 이곳이 옛 고개였음을 알려준다. 마을길을 휘돌아 내려서자 벌무내기 삼거리다. 삼거리에서 양평 양동과 여주 강천 가는 길이 갈린다. 벌무내기와 골무내기를 잇는 동수교(洞水橋)다. '무내기'는 물이 나오는 곳이라고 '물나기'라 하였는데 음이 변해 '무내기'가 되었다. 벌판에 있다고 '벌무내기', 골짜기에 있다고 '골무내기'다. 《조선지지자료》는 '벌문약이(坪水落, 평수락)', '골문약이(洞水落, 동수락)'라 하였다. 동수교는 골무내기 한자 지명 '동수락'을 따서 지었다. 그냥 '골무내기교'라고 했으면 좋았을 텐데. 동수교에서 '골무내기'를 상상할 수 있겠는가? 누가 왜 이런 억지를 썼을까? 《원주지명유래집》 저자 김은철은 "우리말 지명의 왜곡이 이루어진 시기는 신라 35대 경덕왕 때와 1910년 일제강점기 때 우리말을 한자로 기록하면서부터다. 한자에 매몰되지 말고 우리말 지명이 무엇이었을까 생각해보아야 한다."고 했다. 이게 어디 원주뿐이겠는가? 우리말 지명 되찾기 운동이라도 벌여야 할 듯싶다.

골무내기 들머리다. 앙증맞은 표지석이 부끄러운 듯 살짝 비켜 서 있다. 원주가 낳은 동양 철학자 중천 김충렬이 2003년 5월 세운 유허비다. 외할머니를 그리는 애틋하고 절절한 마음이 담겨 있다. 중천은 흥업면 대안리 돼지고개에도 사모비를 세웠다. 그는 고려대 철학과 교수 퇴임 후 지정면 안창리에 '연경당'을 짓고 살았다. 연경당은 부인 연안 김씨와 본인 경주 김씨 앞글자를 따서 지었다고 한다. 중천은 황무진 10대 외손이자, 정묘호란 때 의병장으로 활약했던 사한 김창일의 10대 친손이다. 연경당에서 가까운 흥법사 터 영봉산 기슭에는 후학이 세운 신도비가 있고, 흥업면에는 김충렬의 호를 딴 중천철학도서관도 있다.

황무진 사당 입구. 청살문 왼쪽으로 돌아가면 충효사가 있는 골무내기 마을로 이어진다.

청살문이다. 살아있는 충신과 효자를 기리기 위한 정려문이다. 죽은 충신. 효자. 효부. 열녀를 기리기 위해 세운 홍살문과 대비된다. 청살문과 홍살문의 주인공은 황무진(黃戊辰, 1568~1652)이다. 인조 12년(1634) '하늘이 낸 효자' 칭호와 함께 청살문을 세웠고, 황무진이 죽자 효종 4년(1653) '충효' 시호를 내리고 홍살문을 세웠다. 살아 청살, 죽어 홍살(생청사홍=生淸死紅)이다. 충과 효 하나도 실천하기 힘든데 살아있을 때 하늘이 낸 효자라고 청살문을 세워주고 죽은뒤 홍살문까지 세워주었으니 황무진은 당대 슈퍼스타였다. 청살문 위에 긴 글이 적혀있다. '유명조선국 충신효자 절충장군 행용양위 부사과 창원황공무진지문'이다. 유명조선국(有明朝鮮國)이라니, 이게 무슨 말인가? 조선이 명나라 제후국이라는 말이다. 조선의 사대부는 명이 망한 1644년 이후에도 재조지은(再造之恩, 임진왜란 때 조선을 도와준 은혜)의 의리를 지키고자 제사를 지냈다. 숙종 30년(1704) 창덕궁 후원 옛 내빙고 터에 대보단을 지어 임진왜란 때 파병해 준 명나라 만력제 신종의 위패를 모셨고, 영조 때는 조선 개국을 승인해주고 국호를 정해준 홍무제와 명나라 마지막 황제 숭정제를 추가하였다. 대보단 제사는 1895년까지 이어졌다. 200년 전에 사라지고 없는 명나라 황제를 위해 제사 지냈던 소중화의 나라 조선이었다. 우암 송시열은 괴산군 청천면 화양계곡 바위에 '만절필동(萬折必東, 황하가 만 번을 굽이쳐도 동쪽으로 흐른다)'이라 새기고 대대손손 명과의 의리를 지킬 것을 다짐했다. 전국 어디를 가나 이름난 선비 묘지 비문에 '유명조선'이 새겨져 있다. 명나라만 떠받들고 살았던 성리학의 나라 조선의 지배층이 남긴 서글픈 흔적이다.

들판 한가운데로 길게 이어진 포장길을 따라가자 홍살문과 삼색 태극이 선명한 충효사가 나타난다. 홍살문은 '유명조선국 충신효자 절충장군 행용양위 부사과 창원황공자룡지문'이다. 청살문에는 황무진이요, 홍살문에는 황자룡이다. 출입문인 경현문 앞에 '충효공 황자룡 정려비'가 서 있다. 13대 종손 황길환이 제를 지내고 10대 외손 김정렬이 전액(篆額, 전자체로 쓴 비 제목)을 썼으며, 김정렬

황무진의 위패를 모신 사당 충효사. 태생이 미천한 노비 출신이었지만 충과 효를 다하여 당대 슈퍼스타로 추앙받았다.

동생 김충렬이 글을 짓고 글씨를 썼다. 강원감영 관노로 있다가 면천된 후 충효의 모델로 스포트라이트를 받았던 황무진의 일대기를 따라가 보자.

황무진의 본관은 창원, 자는 자룡, 호는 벽룡담이다. 선조 1년(1568, 무진년) 3월 23일 거리곡(봉산동 무진고개) 산기슭 움막에서 부친 황징과 모친 원주 이씨 사이에서 외아들로 태어났다. 성품이 어질고 재능이 뛰어났으며 기골이 장대하여 범상치 않은 데가 있었으나, 가난하고 미천한 탓에 세상에 알려지지 않았다. 늙은 부모를 모시고 밭 갈고 나무하며 어린 시절을 보냈다. 임진왜란이 일어나자 군문에 들어가 용맹을 떨치고 적장을 사로잡은 공이 있어 사람들은 황 장사라 불렀다. 전공이 인정되어 원주목사 한준겸이 병방(兵房, 군사훈련 성곽보수. 도로. 봉화 관리 업무를 맡아보던 부서)으로 발탁하였다. 효성이 지극하여 저녁마다 어버이가 즐기는 장국밥을 싸 들고 50리를 걸어 다니며 봉양하기 100일째 되던 날. 퇴근길에 호랑이가 나타나 무진을 태우고 다녔다. 이런 사실을 모르는 사람들은 무진이 축지법을 하는 줄 알았다.

하루는 무진 꿈에 수염이 하얀 노인이 나타나서 빨리 충주로 가보라고 하므로 깨어나 급히 달려가 보니, 함정에 빠진 호랑이를 잡는다고 사람들이 모여 있었다. 무진은 "해치지 말라."고 소리치며 함정에 뛰어들어 호랑이를 구해주자, 호랑이는 눈물을 흘리면서 한참 동안 공의 곁을 떠나지 않았다. 그때부터 사람들은 공이 호랑이를 타고 다니는 걸 알고 하늘이 낸 효자라며 우러러보기 시작했다. 선조 41년(1608) 임금이 승하하자 무진은 삼년상을 치렀다. 대사간 조성이 글을 지어 기리고 상국(相國, 재상) 이원익, 지평 임숙영, 판서 김세렴, 감사 이명확이 충의를 찬양했다. 1610년 부친이 위독하자 무명지를 깨물어 피를 내어 드리니 사경을 헤매던 부친이 깨어나 5년을 더 살다가 돌아가셨다. 무진은 부친 묘 옆에 여막을 짓고 살아계실 때처럼 섬겼다. 이 모습을 보고 개미도 뭘 느꼈는지 산소를 범하지 않았다고 한다. 원주목사 유천 한준겸이 감동하여 시를 짓자 선원 김상용, 사한 김창일, 택당 이식도 차례로 화답하면서, 무진의 효행은 화제가 되었다. 이때부터 사대부는 무진을 스승의 예로 대하며 동구 밖까지 걸어 나가서 맞이하고 보냈다고 한다.

부창부수라고 황무진만 아니라 세 번째 부인 파평 윤씨도 효부였다. 윤씨가 어느 겨울 빨래하러 나갔다가 돌아오는 길에 노망이 든 시어머니가 기름을 오줌으로 잘못 알고 보리밭에 뿌리고 있는 것을 보았다. 며느리 윤씨는 오줌이 아니라 기름이라고 하면 놀랄까 봐 염려하여 공손하게 시어머니를 들어가게 한 뒤 기름통을 채워놓았다. 나중에 이를 알게 된 무진은 부인에게 엎드려 두 번 절하고 서로 붙잡고 펑펑 울었다고 한다. 무진이 억울하게 죽을 뻔한 일도 있었다. 인조 1년(1623) 강원도 관찰사 최현이 무진의 집을 새로 지어주고 병방으로 다시 일하게 한 다음 횡성 사람 이인거와 사귀게 하였다.

인조 5년(1627) 10월 이인거의 난이 일어나자 원주목사 홍보는 무진이 이인거와 친했다고 체포하여 한양으로 압송하였다. 압송되어 가던 무진이 솔치고개(양평군 양동면 삼산리와 원주시 지정면 안창리 경계 대송치)에 이르렀을 때 어머니가 돌아가셨다는 소식이 들려왔다. 무진이 그 자리에서 엎드려 하늘을 보며 통곡하자 순간 갑자기 시커먼 구름이 몰려오면서 폭설이 쏟아져 고갯길이 막혀버렸다. 뒤늦게 이 소식을 들은 원주에 있던 의병장 사한 김창일과 관설 허후가 말을 타고 급히 달려왔다. 무진은 즉시 풀려나 모친상을 치를 수 있었고 김창일, 허후와 함께 큰 공을 세웠다고 한다.

효종 1년(1650) 임금은 무진 이름을 자룡이라 짓고 노인직으로 절충장군행용양위부사과에 임명하는 특전을 베풀었다. 무진은 사대부 반열에 들게 되었으나 천인으로 자처하며, 어버이 산소 밑에 집을 짓고 꽃과 나무를 가꾸며 아침저녁으로 목욕하고 성묘하는 것을 일과로 삼았다. 무진은 효종 3년(1652) 4월 22일 자녀와 친지가 지켜보는 가운데 "나는 본래 미천한 사람이니 죽은 뒤에라도 천인의 예로 장사 지내라."는 유언을 남기고 세상을 떠났다. 여든다섯 살이었다. 사림들은 사대부의 예로 장사지내려 했으나 유족은 흥업면 사제리에 간소한 묘를 썼다. 무진의 진실됨에 감복하여 3년 동안 조문객이 줄을 이었고 향화가 끊이지 않았다고 한다.

중천 김충렬은 '충효공 황자룡 정려비' 발문에서 "황무진은 독실한 효자다. 어버이에게 효도하듯이 그 주인을 섬겼고, 면천받아 아전이 되었음에도 변함없이 주인을 섬겼으며, 주인댁 일을 돌보고 상복까지 입었다. 벼슬아치도 감히 그를 아전이라고 마구 대하지 못하고 행실을 배워야 했으며, 그들 반열에 올려 잡역을 면해주기까지 했다. 황공은 신의가 있고 예법에 따라 행동은 근엄했다. 눈썹과 이마가 단아하여 꾸밈이나 교태가 전혀 없었다. 요즘 사대부는 떼 지어 도학자라고 자처하고 성리에 대한 이야기가 집집마다 펼쳐져 있지만, 황공처럼 실천하는 이는 드물다. 황공을 볼 때 꼭 학문을 해야 어진 이가 되는 것은 아니다. 경탄을 금할 길 없다."고 했다.
마지막 말이 긴 여운으로 남는다.
사당 왼쪽에 1968년 황씨 종친회에서 세운 충성스러운 호랑이를 기리는 충호비(忠虎碑)와 비각이 있다. 충호비에는 특별한 사연이 있다.

한국전쟁이 끝나고 반계리에 농업용수로 쓸 큰 저수지 공사가 시작되었다. 물막이 3중 옹벽을 쌓고 옹벽 사이에 황토를 채우기 위해 가까운 곳을 물색했으나 마땅한 곳이 없었다. 고심 끝에 황무진 묘소 부근에 있는 흙을 파오기로 했다. 1957년 3월 흙을 파

황무진을 태우고 다녔던 호랑이를 기리는 충호비. 개나 호랑이는 자신을 구해주고 길러준 주인을 죽을 때까지 배신하지 않는다. 사람은 어떤가?

서 옮기는 작업이 시작되었다. 보름쯤 지났을 때 황씨 문중에서 변고가 생겼다. 12대 종손 며느리 조씨와 부녀자 3명이 자고 일어난 뒤 갑자기 정신이상 증세를 보였다. 증세는 점점 심해졌다. 어떤 때는 호랑이 울음소리를 내는가 하면, 어떤 때는 속옷 차림으로 입에 거품을 물고 눈알이 충혈되어 온 동네를 휘젓고 다녔다. 문중에서 긴급회의를 열고 서울에서 용하다는 여자 무당을 불러왔다. 무당은 부녀자 3명을 앉혀놓고 치성 굿을 했다. 당시 굿판에는 원주군수 이중연과 반계저수지 시공 책임자 농지개량조합장 이완수도 참석했다. 굿을 마친 다음 날 신기하게도 부녀자 3명의 정신이상 증세가 씻은 듯이 나았다. 문중에서는 황무진 묘소 부근에서 흙 파오는 작업을 중단하고, 문중 산에서 흙을 파와서 제방 축조공사를 마쳤다. 문중에서는 황무진이 타고 다니던 호랑이를 기리며 1963년 12월 26일 충효사에 충호비와 비각을 세우고 제향 때마다 잔을 부어놓고 있다고 한다.

경종 1년(1721) 임금은 사당을 세워주고 충효사 현판과 제기를 내려주었다. 사당은 원래 원주향교 안에 있었는데 1965년 현재 자리로 옮겼다. 황무진 후손은 사당 건립 당시 임금의 하사품인 구리 잔과 연대를 알 수 없는 위패함, 뒤주, 서함, 목각촛대와 '충효사 부조좌목'을 보관하고 있다. 부조좌목에는 경종 1년(1721)부터 1965년까지 사당 건립과 보수를 도와준 관아, 계, 개인 명단이 적혀있다. 황무진은 충효사 서남쪽 뒷산 300m 산등성이에 잠들어 있다.

임진왜란과 병자호란을 거치면서 조선의 지배 이데올로기인 성리학은 파산 선고를 받았다. 충과 효를 최우선 가치로 섬기며 가르쳤던 사대부였지만, 임진왜란이 터지고 선조가 대궐 문을 나서 돈의문에 이르렀을 때 남아 있는 신하는 100명도 되지 않았다. 선조의 피신 행렬이 개성이 이르렀을 때는 백성들이 어가를 가로막고 조롱하는가 하면 돌을 집어 던지기까지 했으니 충과 효는 공염불이 되고 말았던 것이다. 그래도 조선은 성리학의 나라였다. 땅바닥에 떨어진 충효를 다시 일으켜 세워야 했다. 정치 권력은 충과 효에 모범이 될 만한 스토리 있는 자가 필요했다. 이때 충효 모델로 뽑혀 집중 조명을 받은 자가 황무진이 아니었을까? 시대가 충신과 효자를 만든다. 먹고사는 일에 바쁘다고 부모님께 안부 전화 한 통도 제대로 못 하는 세태가 아닌가? 누구는 "돈이 효자"라고 하지만 돈이 있다고 다 효도하는 건 아니다. 이제 효는 돈에게 안방을 내어주고, 농가 마루의 빛바랜 초상화처럼 시간과 더불어 박제화되어가고 있다. 372년 전 이 땅에서 살다간 하늘이 낸 효자 황무진이 깨어나서 묻는다. 당신에게 효란 무엇인가?

충효사 뒷산을 넘어오자 사회복지법인 성불복지회다. 표지석에 나옹화상 글이 새겨져 있다. '청산은 나를 보고 말없이 살라 하고, 창공은 나를 보고 티 없이 살라 하네. 사랑도 벗어놓고 미움도 묻어두고 물처럼 바람처럼 살다 가라 하네.' 세속에 몸담고 사는 중생에겐 꿈같은 얘기다. 꿈을 대신 이루어주는 자가 있다. 대리만족 프로그램 '나는 자연인이다'이다. 도시인은 이 프로그램을 보면서 귀촌을 꿈꾼다고 하는데 솔직히 살아보면 돈 들어가는 구석이 한두 군데가 아니다. 귀촌하려면 무엇이든지 내 힘으로 뚝딱뚝딱 고치고 만들어 낼 줄 아는 '맥가이버'가 되어야 하고, 외로움도 참아 내고 토박이와도 소통할 줄 아는 교감 능력이 있어야 한다.

국사정이다. 빗살이 거세다. 지붕 위로 세찬 비가 쏟아진다. 빗소리가 교향곡이다. 권도윤이 도토리가루로 만든 전병과 막걸리를 꺼냈다. 박명원은 엄나무 이파리를 삶아왔고, 이용미는 옥수수를 삶아왔다. 맛도 맛이지만 음식 맛은 분위기다. 조도형 목사는 "비오는 날 정자각 안에서 먹는 간식은 행복 대잔치"라고 했다. 앉은 자리가 꽃자리다.

1958년 준공한 반계저수지다. 반계저수지는 수몰되기 전 '장치기' 놀이터였다. 장치기는 축구공이 귀했던 시절 나무꾼이 나무의 큰 혹을 떼어내어 지게 작대기로 상대 골문에 집어넣던 원조 '파크골프'였다. 밤산골과 사자골 갈림길이다. 밤산골은 반계저수지 북쪽 마을이다. '밤나무'가 많고, 관절염에 좋다는 '산골'이 난다고 '밤'과 '산'을 모아 '밤산골'이라 하였다. 송어횟집을 지나자 사자골 너머 마을 '넘어 사자골'이다. 《한국지명총람》은 '사잣골'이라 하였다.

웬 사자? 사자골은 모래 '사'와 도자기 '자'를 써서 한자로 '사자곡(沙瓷谷)'이다. 옹기점과 옹기 굽는 가마가 있어서 생겨난 지명이 아닐까? 밤산골과 여주시 강천면 도전리 경계지에 도요지 터가 있다. 일제강점기 때는 사기장이 열렸으며 지금도 백자 조각이 발견된다고 한다.

반계저수지는 수몰되기 전 옛 파크 골프장이었다고 한다. 저수지 공사 때 황무진 무덤 부근에서 흙을 파왔다가 부녀자 3명이 호랑이 울음소리를 내며 정신 이상증세를 보여서 무당을 불러 굿을 하자 씻은 듯이 나았다는 이야기가 전해온다(사진작가 김상현 제공).

참숯 공장이다. 코로나 때 문을 닫았다가, 다시 연기가 올라온다. 목줄 묶인 백구가 잔뜩 겁먹은 표정으로 슬금슬금 눈치를 보며 고개를 푹 숙이고 있다. 주인이 혼내고 윽박질러서 그런지 겁먹은 표정이 역력하다. 모든 만남은 인연이다. 불가에서는 옷깃만 스쳐도 인연이라고 하지 않는가. 말 못 하는 짐승이지만 함께 사는 동안만이라도 잘해주면 얼마나 좋을까? 불가의 육도 윤회설을 떠올려본다.

사자고개를 넘어오자 문막읍 대둔리 사자골이다. 3년 전 평택에서 이사 왔다는 58년생 안동 권씨를 만났다. 권씨는 "사자골은 공기는 좋은데, 얘기 나눌 사람이 없어서 외롭다. 하루 종일 있어도 말 걸어오는 사람이 없다. 시골 생활이 마냥 좋은 건 아니다."고 했다. 남편도 없고 이웃도 없으니 얼마나 외로울까?

대둔리는 한때 여주시 강천면이었다가 1995년 3월 1일 주민 뜻에 따라 원주시 문막읍에 편입되었다. 마을 앞 넓은 터에 군사가 주둔했다고 텃둔지라 불렀다.

늙으면 말동무가 필요하다. 늙으면 굶어 죽는 게 아니라 외로워서 죽는다. 고독사가 늘고 있다. 누가 나를 찾아 주기 바라지 말고 스스로 찾아 나서야 한다. 얘기 들어주는 AI가 나올 날도 머지않았다.

대둔리 버스 정류장이다. 대둔리는 여주시 강천면이었다가 원주시 문막읍이 되었다. 모여 있던 동네 할머니들이 입을 모아 "문막으로 들어오길 잘했다."고 했다. 조선 시대 강천면은 원주목이었다.

폐교된 반계초등학교 대둔분교다. 1933년 5월 6일 대둔학술강습소로 문을 열었다가 1946년 2월 21일 여주 강천초등학교, 1995년 3월 1일 문막 반계초등학교를 거쳐 1999년 9월 1일 폐교되었다. 66년 흔적이 담장과 운동장에 고스란히 남아 있다. 운동장에서 아이들 목소리가 들려오는 듯하다. 1960년대 콩나물 교실에서 오전과 오후반으로 나눠서 초등학교 수업을 받았던 필자에게 폐교는 각별한 모습으로 다가온다. 2024년 6월 말 현재 원주교육지원청 관내에는 폐교 25곳이 있다. 13곳은 매각되었고, 8곳은 임대했으며, 2곳(반계초등학교 대둔분교, 신림초등학교 성림분교)은 2024년 8월 정밀진단 예정이라고 한다. 지정초등학교 송암분교는 강원온라인학교로 바꾸고, 부론초등학교 단강분교는 2026년 철거 예정이라고 한다. 단강분교(1933. 9. 1.~2007. 3. 1.)에는 단종이 유배 길에 쉬어갔다는 6백 년 된 느티나무가 남아 있고, 부론초등학교 손곡분교 주변은 고려 공양왕, 손곡 이달, 임경업 장군, 광해 모친 공빈 김씨, 이괄의 흔적이 남아 있는 역사의 현장이다. 원주시와 원주교육지원청이 협의하여 단강분교와 손곡분교를 역사문화교실로 활용해보면 어떨까?

대둔리 다 쓰러져가는 새마을 회관 지붕 밑에 총력안보, 자조. 자립. 협동이라고 쓴 빛바랜 간판이 걸려 있다. 박정희 대통령과 새마을 운동이 생각난다. 뒤에서 누가 주먹을 불끈 쥐고 '새벽종이 울렸네.'로 시작되는 새마을 노래를 불렀다. 그때는 틈만 나면 반복했고 무조건 외워야 했다. 반복 교육, 암기 교육의 힘은 강하다.

섬강 둑길이 길게 이어진다. 지리산 학교에 다니는 허선화에게 철학적인 질문을 던졌다. "당신한테 걷기란 무엇이냐?" 그가 말했다. " 걷기는 내면을 성찰하고 탐. 진. 치(욕심. 노여움. 어리석음)로 가득한 마음을 비워내는 향기로운 시간이다."고 했다. 우문현답(愚問賢答)이다. 받아 적으니 명문이 된다. 법정스님은 "사람이 하늘처럼 맑아 보일 때가 있다."고 했다. 옆에 있던 박명원이 말을 이었다. "나는 걷기가 직업이다. 맑은 날도 걷고, 비 오는 날도 걷고, 눈 오는 날도 걷는다. 무조건 걷는다." 살다 보면 취미가 직업이 되기도 한다.

대둔리 낡은 마을회관 자리에 70년 전 새마을 운동 흔적이 남아있다. '잘살아보세.'라는 기치 아래 근면 · 자조 · 협동을 바탕으로 낙후된 농촌환경 개선과 농어촌 경제발전에 기여한 실천적인 계몽운동이었다.

"길에는 주인이 없고 그 길을 가는 사람이 주인이다." 조선 후기 지리학자 여암 신경준의 말이다.

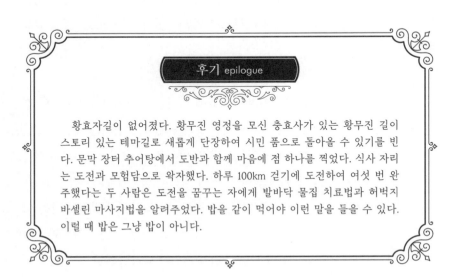

후기 epilogue

황효자길이 없어졌다. 황무진 영정을 모신 충효사가 있는 황무진 길이 스토리 있는 테마길로 새롭게 단장하여 시민 품으로 돌아올 수 있기를 빈다. 문막 장터 추어탕에서 도반과 함께 마음에 점 하나를 찍었다. 식사 자리는 도전과 모험담으로 왁자했다. 하루 100km 걷기에 도전하여 여섯 번 완주했다는 두 사람은 도전을 꿈꾸는 자에게 발바닥 물집 치료법과 허벅지 바셀린 마사지법을 알려주었다. 밥을 같이 먹어야 이런 말을 들을 수 있다. 이럴 때 밥은 그냥 밥이 아니다.

원주굽이길 반계리 은행나무길(옛 원점회귀 7코스, 현 18코스)

문막교 둔치를 떠나 섬강 경치에 취해 걷다가 마을로 들어서면 반계리 은행나무가 반겨준다. 폐교분교와 마을회관을 지나면 둑길이 이어지면서 계절별로 들꽃이 만발하여 야생화 천국이 펼쳐진다. 옛 쪽섬과 천년 은행나무 밑에서 추억의 시간을 만들어 볼 수 있는 가을 걷기 길이다.

문막교 밑 둔치 ⊙ 반계초등학교 ⊙ 반계리 은행나무 ⊙ 반계1리 마을회관 ⊙ 반계주유소 ⊙ 현대자동차 출고센터 ⊙ 취병리 노인회관 ⊙ 임동교 ⊙ 흰돌교회 ⊙ 취병2리 마을회관 ⊙ 원주 원씨 사당 ⊙ 취병양수장 ⊙ 벌새터교 ⊙ 문막교 밑 둔치

쪽섬과 가을 소나타

"독불장군은 미래가 없다. 정당은 단체생활이며 함께 살아가는 자세를 갖춰야 미래가 있다." 1996년 8월 김영삼 대통령이 아홉 마리 용으로 불리던 신한국당 차기 대권 주자에게 한 말이다. 30여 년 전 얘기지만 여전히 현재진행형이다. 정치인만 아니라 나무도 그렇다. 무리 지어 사는 나무는 장수하지만 홀로 사는 나무는 수명이 짧다. 예외가 있다. 1억 5천만 년을 살아남은 은행나무다. 꽃말도 '장수'다. 은행나무는 땅속 영양분을 독차지하고 큰 가지로 햇볕을 가려서 이웃이 없다. 장수 비결은 뭘까? '징코민'이다. 병충해로부터 살아남기 위해 스스로 만든 독이다. 찰스 다윈은 은행나무를 "살아있는 화석"이라고 했다. 천연기념물로 지정된 나무에는 동네지명을 붙인다. 2023년 12월 말 기준 천연기념물(478건)로 지정된 노거수 142주 가운데 은행나무는 25주다. 원주 사는 이광민 시인은 《가로등이 품은 별》에서 반계리 은행나무를 "지신과

반계리 은행나무. 은행잎과 노을빛이 어우러져 환상적인 풍광을 자아낸다. 이광민 시인은 "지신과 목신의 가을 소나타"라고 했다.

목신의 가을 소나타"라고 했다. 지금부터 섬강 '가을 소나타 길'로 역사여행을 떠나보자.

반계리는 사제면 분(分)1. 2리였다. 1914년 건등면 반계리를 거쳐 1994년 문막읍이 되었다. 반계리 옛 지명은 '반절이'다. 임진왜란 때 왜구가 건등산에 있던 태조 왕건의 건승비를 수레에 싣고 한양으로 가다가 마을 앞에서 반 동강이 났다고 '반절이'라 하였는데, '반절이'가 '반저리'로 되었고 한자로 '반계리(磻溪里)'가 되었다. 병자호란 때 반계리에 피신해 있던 실학자 유형원은 마을 이름을 따서 호를 '반계'라 하였다.

문막교 둔치다. 곳곳에 캠핑카가 눈에 띈다. 문막은 수도권이 가까워 섬강 둔치는 가족 단위 차박 야영객에게 인기다. 정관철은 "옛날에는 산이나 강에서

문막교 둔치는 차박 야영객에게 인기 만점이다.

친구들과 텐트 치고 야영했는데, 요즘은 가족 단위 차박이 유행이다. 폐교분교
도 차박 장소로 인기다."라고 했다. 트렌드와 라이프 스타일의 변화를 읽어내
는 통찰력이 놀랍다.

　문막교 밑은 옛 물굽이나루터였다. 섬강길 따라 마을과 마을을 이어주는 나
루터가 있었다. 안창리와 간현리를 잇는 안창나루, 건등리 세골과 취병리 버들
골을 잇는 석지나루, 건등리와 반계리를 잇는 물굽이나루, 포진1리와 반계리를
잇는 개나루, 포진2리와 반계리를 잇는 삼괴정나루, 후용리 고청동과 반계리
를 잇는 후용나루다. 개나루는 한자로 포진(浦津)이다. 천마산 자락 느티나무 밑
에서 만난 노인은 "섬강에 둑을 쌓기 전에는 마을 한가운데까지 물이 들어왔고
느티나무 밑에 나룻배를 묶어 두었다."고 했다. 섬강이 얼마나 큰 강이었는지
상상이 된다. 느티나무 세 그루와 정자가 있었다는 삼괴정(三槐亭)나루와 산수가
맑고 고씨가 많이 살았다는 고청동(高淸洞)에서 터 잡고 대를 이어 살았던 선조

1950년대 옛 물굽이나루터. 개도 싣고, 자전거도 싣고, 나룻배 넘어 건등산이 봉긋하다(《문막읍지》).

들과 나루터 모습을 상상해 본다.

물굽이나루는 강원도 각지에서 올라온 세곡과 진상품을 모아 매년 봄 한양으로 보내던 큰 나루터였다. 쌀, 콩, 팥, 약초, 산채, 참숯, 장작을 싣고 한양으로 떠났던 배는 소금, 새우젓, 독, 석유 등 생필품을 싣고 돌아왔다. 1950년 이전까지 황포돛배가 나루터로 들어왔고, 배가 도착하면 짐을 내려서 우마차에 옮겨 싣는 일꾼과 값을 치르는 장사꾼으로 나루터 일대가 북적였고 우마차와 자동차를 싣는 거룻배도 있었다고 한다. 섬강 둔치 서쪽은 문막농공단지다. 문막교에서 반계초등학교에 이르는 드넓은 지역이다. 옛 지명은 물빛이 쪽빛 같았다고 '쪽섬', 한자로 '남도(藍島)'다. 《조선지지자료》는 '쪽숨'이라 하였다. 지금은 상상도 할 수 없지만, 타원형 모양의 쪽섬 양쪽에는 섬강이 흘렀고, 마을 앞에는 샛강이 흘렀으며, 윗 섬. 가운데 섬. 아랫섬이 있었다고 한다. 문막농공단지는 쪽섬 20만 평과 샛강 10만 평 위에 세워졌다. 쪽섬의 옛 모습은 어떠했을까?

문막농공단지가 생기기 전 쪽섬에 살았던 사람이 있다. 원주시 걷기협회장 정남택이다.

"한국전쟁이 막 끝나고 아마 초등학교 1학년 무렵이었을 거야. 그해 여름 반계리 고모 집에 갔다가 친구들과 어울려서 쪽섬에서 헤엄치며 놀고 있는데 갑자기 하늘이 컴컴해지면서 멀리서 소나기구름이 막 몰려오는 거야. 우리는 강물 밖으로 막 뛰어나가서 누가 먼저랄 것도 없이 잽싸게 모래 구덩이를 파고 벗어놓았던 옷을 집어넣고 쑥대와 모래로 덮은 다음 물속으로 첨벙 뛰어들었어. 물속에서 고개만 살짝 내밀고 있으면 멀리서 소나기가 길게 타원형을 그리며 하얗게 몰려오는데 마치 영화의 한 장면 같았어. 잠시 후 후드득후드득하면서 빗방울이 한두 방울씩 떨어지다가 '쏴아아!' 하고 세숫대야로 퍼붓듯이 쏟아지면 우리는 눈을 꼭 감고 소나기를 그대로 맞으며 지나갈 때까지 가만히 있었지."

물속에서 고개를 내밀고 소나기를 흠뻑 맞고 있는 아이들과 모래사장 풍경이 눈앞에 펼쳐지는 듯하다. 그 시절 아이들은 하얀 모래사장과 쪽빛 강물 속에서 헤엄치고 놀면서 자연을 닮아갔고 자연이 되었다.

정남택은 "그 시절 쪽섬에는 재첩과 칼조개가 지천이었고, 꺽지와 퉁가리도 바글바글했으며, 물이 얼마나 맑은지 강바닥 모래가 보일 정도였다."고 했다.

맑은 물과 깨끗한 공기, 재첩과 칼조개, 꺽지와 퉁가리는 모두 어디로 갔을까? 경제개발로 우리가 얻은 건 무엇이고, 잃은 건 무엇일까?

억새 길을 도란도란 걸어가는 도반 뒷모습이 풀꽃과 어우러져 한 폭의 동양화다. 은행나무 마을 어귀에서 농사짓는 김용식을 만났다. 그는 말이 고팠던지 농사와 코로나를 주제로 번개 특강(?)을 했다.

"올해 고구마는 풍년이고, 호박은 흉년이다. 고구마 줄기는 물을 찾아서 죽기 살기로 뻗어 나가서 가물 때 잘되고, 파, 호박, 마늘은 꽃이 피었지만 크지 못하고 말라비틀어졌다. 작년 이맘때 코로나 3차 접종을 받고 밭에서 일하다가 갑자기 쓰러졌다. 구급차를 타고 병원에 갔더니 뇌출혈이라고 했다. 다행히 수술이 잘 되어 지팡이를 짚고 퇴원할 수 있었지만, 눈동자가 가끔씩 흔들리고 몸이 예전 같지 않다. 코로나 접종 후유증인 듯싶었지만 어떻게 입증할 수도 없고……. 어쨌든 이렇게 살아 돌아와서 농사를 지을 수 있으니 감사할 뿐이다. 농사도 하늘이 짓고 목숨도 하늘이 준다."

필자는 책보다 길에서 배우는 게 더 많다. 길이 학교요, 만나는 자는 모두 스승이다. 반계리 조박골이다.

정남택은 "조박골에 고모집이 있었다. 여름방학 때 쪽섬에서 아이들과 헤엄치며 놀다가 모래사장에서 몸을 말린 후 반계리 은행나무 밑에서 잠들곤 했다."며 어린 시절을 회상했다.

장소는 오랫동안 잠들어 있던 기억을 불러오는 추억의 마법사다. 소리, 냄새, 맛도 그렇다. 아련하고 애틋한 추억이 많은 자는 행복하다. 나이 먹으면 추억의 힘으로 살아간다. 당신에겐 어떤 추억이 있는가?

반계리 은행나무다. 어른 여덟 명이 양팔을 벌려야 겨우 잡힌다. 뿌리에서 가지 두 줄기가 올라가서, 2.5m 높이에서 다시 일곱 개로 퍼져 올라갔다. 사방으로 퍼진 폭이 약 13m다. 수나무라서 은행이 열리지 않지만, 사방 십 리 안에 암나무 백여 그루가 은행을 맺고 있다. 은행나무 안에는 백사가 살고 있어 신목(神木)으로 받들고 있으며, 한꺼번에 단풍이 들면 풍년이 들고, 서리가 내리면

천년 은행나무 뿌리가 우리네 삶처럼 얽히고설켜 있다. 나무의 내공은 뿌리에서 나온다. 어디 은행나무만 그렇겠는가?

한꺼번에 잎이 떨어진다고 한다. 은행나무는 제자리에서 한 발자국도 움직이지 않고 천년의 세월을 묵묵히 살아냈다.

　은행나무 쉼터에서 잔치가 열렸다. 누구는 두릅을 삶아왔고, 누구는 밤과 계란을 삶아왔다. 누구는 파인애플을 가져왔고, 누구는 빵을 잘라왔다. 누구는 커피를 내려왔고, 누구는 복분자주를 담아왔다. 석 달 만에 나온 자는 오징어를 삶아왔다. 쑥떡도 있고 사과도 있다. 나눔의 고수들이다. 좋은 말 고운 말이 이어졌다. 말에도 영혼이 있다.
　이해인 수녀는 "매일매일 돌 같이 차고 단단한 결심을 해도 슬기로운 말의 주인이 되기는 얼마나 어려운지……. 한마디 말을 위해 때로는 진통 겪는 어둠의 순간을 이겨내고……. 좀 더 분별 있는 사랑의 말을 하게 해 달라."고 기도했다.

바른 말 고운 말, 힘이 되고 격려하는 말만 하며 살 수 있다면 얼마나 좋겠는가. 조고각하(照顧脚下), 문득 내 발밑을 돌아보게 된다.

작백동이다. 잣나무가 있었다고 '잣배기'라 불렀는데 한자로 벼슬 '작'자와 잣나무 '백'자를 써서 '작백(爵伯)'이 되었다고 한다. 마을 사람한테 '작백'이 무슨 뜻이냐고 물었더니, "옛날 노인들은 잣배기라고 했는데 왜 작백이 되었는지 모르겠다."고 했다. 나도 모르고 너도 모르는 한자 지명이 동네 이름이 된 것이다. 정치 권력은 시간과 더불어 사라지지만 지명 권력은 두고두고 영향을 미친다. 정치 권력보다 지명 권력이 더 세다.

미군 헬기가 뜨고 내리면서 장마로 고립된 쪽섬 주민을 실어 날랐던 잣배기는 현대자동차 출고센터가 되었다. 잣배기 입구에 마을 유래비라도 세워주면 좋겠다.

폐교된 취병분교다. 주말이면 차박 야영지로 북적거리지만, 오늘은 적막하다. 류동희 교수가 배낭에서 수박을 꺼냈다. 출발 때부터 배낭에 넣어지고 왔다고 했다. 입이 딱 벌어진다. 그는 수박을 잘라서 한 조각씩 나눠주었다. 이건 아무나 할 수 있는 일이 아니다. 사랑의 힘은 강하다. 문막 사는 고광석 목사가 조도형 목사를 통해 점심 초대장을 보냈다.

"조도형 목사가 원주굽이길을 걸을 때마다 사진을 올리곤 했는데 마침 반계리 은행나무 사진이 올라왔기에 걷기 가족과 점심을 함께하고 싶다."고 했다. 고광석 목사는 부인과 함께 치악산 둘레 길을 완보했고, 주말마다 인제 천도리 을지부대 수색대대 장병을 찾아가서 기도해 주고 격려품을 전달하고 있다고 한다. 군 장병은 국민의 응원과 격려를 먹고 산다. 국회에서 군 장성과 전 국방부

장관을 불러놓고 모욕을 주고 조롱하는 장면을 보며 울컥했던 적이 있다. 묻고 추궁하더라도 금도라는 게 있다. 비판만 하지 말고 잘한 건 잘했다고 칭찬도 해주자. 칭찬은 고래도 춤추게 한다고 하지 않는가? 고 목사를 보면 세상은 그래도 희망이 있고, 살아볼 만하다는 생각이 든다.

다시 길을 나섰다. 취병리다. 취병리는 옛 원주군 사제면(沙堤面) 분2리와 3리였다. 1914년 두 지역을 일부 통합하여 취병리라 이름 짓고 건등면에 편입하였다. 건등면은 문막면을 거쳐 1995년 문막읍이 되었다. 동쪽은 문막읍 건등리, 서쪽은 여주시 강천면 도전리, 남쪽은 반계리, 북쪽은 지정면 안창리와 맞닿아 있다. 취병리 '벌새터길'이다. 벌판에 터를 닦고 마을이 새로 생겼다고 벌새터다. 한자 지명 평신대보다 벌새터가 훨씬 알기 쉽고 부르기 쉽지 않은가? 원주 원씨 운곡 제천공파 재실이다. 원주 원씨 시조는 고구려 보장왕 2년(643) 당 태종의 외교 특사로 고구려에 파견되었다가 귀화한 원경이다. 중시조로 운곡공계(원천석), 원성백계(원극유), 시중공계(원익겸)가 있다.

취병산(304m)이 우뚝하다. 섬강 절벽이 병풍처럼 펼쳐졌다고 취병산(翠屛山)이다. 전설이 있다. 마고 할미가 할배와 함께 용문산을 만들기 위해 치마폭에 흙과 돌을 담아 나르고 있었는데 산을 다 만들었다는 소식이 들려오자 확 쏟아버렸고 흙과 돌은 취병산이 되었다고 한다. 취병산 칠부 능선에는 절터가 남아 있다. 고려 태조 때 왕사로 활약했던 흥법사 진공 대사가 머물렀다는 설이 있다. 취병리에서 만난 늙은 농부는 조폭 스님과 아이 못 낳는 여인 이야기를 들려주었다.

"40년 전만 해도 취병사에는 전국에서 아이 못 낳는 여인들이 줄지어 찾아왔다. 당시 건장한 조폭 출신 스님이 있었는데 기도발이 용하다는 소문이 자자했다. 무슨 일이 있었는지 전두환 정권 때 갑자기 문을 닫았다. 스님은 인근 절로 옮겨갔고, 얼마 지나지 않아 입적했다는 소문을 들었다.”

가짜 뉴스인지 진짜 뉴스인지 알 수 없지만 폐사된 이후에도 오랫동안 마을 사람들 입에 오르내렸다고 한다. 절은 없어져도 이야기는 살아남아 전설이 되었다. 이야기의 힘은 강하다.

취병서원 터 밑에 사는 경주 김씨는 1980년대 취병리와 건등리를 잇는 석지 나루터 풍경을 눈앞에 보이는 듯 생생하게 들려주었다.

“당시 나루터는 반짝이는 모래사장이 길게 펼쳐져 있었다. 여름에는 야영객으로 북적였고, 가을 팀스피리트 훈련 때는 미군 텐트로 꽉 찼다. 문막 장날 때는 나루터 양쪽에 줄을 매어놓고 오가는 사람들을 건네주었는데 저녁 무렵 석양빛을 받으며 여럿이 걸어가던 모습이 눈에 선하다.”

취병리가 고향인 곽신 목사는 “70년 전 석지에서 친구들과 다슬기, 새우, 모

중국 사신 진좌요와 김창일이 맞은편 취병산 앞을 흐르는 섬강을 바라보며 시문을 주고받았던 취병정 터

래무지 잡던 생각이 난다. 섬강에는 쏘가리, 꺽지, 메기, 큰 잉어, 큰 붕어, 황어가 참 많았다. 그물로 물고기를 잡아서 매운탕 끓여 먹던 때가 엊그제 같다."고 했다.

그 시절 그림 같은 풍경이 떠오른다. 요즘 아이들에겐 이런 추억이 없다. 가슴 따뜻해지는 아름다운 추억이 많은 자는 흔들릴 때마다 추억의 힘으로 고난의 시간을 헤쳐나갈 수 있다. 당신에 겐 어떤 추억이 있는가?

석지나루 부근 세골에 취병정 터와 취병서원 터가 있다. 주인공은 조선 중

홍천 무궁화 공원에 있는 현감 김창일 청백 선정비

기 문신 사한(또는 취병) 김창일이다. 사한(四寒)은 송(松), 죽(竹), 매(梅), 옹(翁, 자신)이다. 김창일은 신라 49대 헌강왕 후손인 경주(월성) 김씨다. 기축옥사(정여립 모반사건)에 연루되어 벼슬길이 막혔다가 동문수학하던 한준겸(김창일은 한백겸. 한준겸 형제와 행촌 민순 문하에서 같이 공부했다)이 선조 27년(1594) 원주목사로 부임할 때 식솔을 이끌고 따라왔다. 처음에는 원주 관아 앞에서 살다가, 건등산 밑 등안리 너그내(내가 너르다는 뜻)를 거쳐 세골(細洞, 문막읍 건등리 1096-9번지)에 세 칸 초가집을 마련했다. 초가집에는 양씨라는 부자가 살고 있었는데 호환으로 죽자 비어있던 집을 샀다. 등안리는 김창일의 입향을 계기로 경주 김씨가 대를 이어 모여 사는 세거지가 되었다.

이후 김창일은 정여립모반사건 연루 혐의가 풀리면서 마흔여섯 살 때 벼슬길

에 나아갔다. 장원서 별제(궁중 정원관리와 화초. 과일 재배를 담당하던 관청 정6품), 사헌부 감찰(정6품), 의금부 도사(정5품)를 거쳐, 홍천현감(홍천 무궁화 공원에 선정비가 있다), 고창현감 등 일곱 개 고을 수령을 지내면서 현장에서 백성들의 곤궁한 삶을 경험했다. 광해군 5년(1613) 동계 정온과 함께 영창대군 폐서인에 반대 상소를 올렸다가 칼자루를 쥔 북인 이이첨 일파한테 미운털이 박혔다. 이이첨의 뒤끝이 작렬했다. 광해군 6년(1614) 이귀와 함께 해주목사로 있던 최기의 형장남 용혐의를 조사하면서 진술조서를 수정하였다는 이유로 탄핵을 받고 삭탈관직되었다. 한 다리가 길면 한 다리는 짧은 법. 김창일은 인조반정으로 기사회생하여 청도군수가 되었고, 한성부 서윤(서울시 종4품), 장악원 첨정(궁궐 행사에 악기. 노래. 춤을 담당하던 관청 종4품)을 거쳐 취병리로 돌아왔고 정묘호란이 일어나자 관설 허후의 추대로 여든 살 노구를 이끌고 의병장이 되었다.

《인조실록》 5년(1627) 2월 25일 기록이다.

"전 군수 김창일과 전 교관 허후 등이 이미 쌀과 콩 각각 1백 석을 모았다. 은명(恩命, 어여삐 보고 명령을 내리다)에 관계되니 임금께서 조치하소서."

이후 선공감(조선 시대 토목. 영선에 관한 일을 맡아보던 관청) 첨정(종4품)을 거쳐, 인조 8년(1630) 중추부 지사(정2품)에 올랐으며 기로소(耆老所, 나이 많은 고위 문신을 예우하기 위해 설치한 기관)에 들어가는 특전을 받았다.

김창일은 보은의 뜻으로 인조에게 천추오감록(일명 論 王政之大本 논 왕정지대본, 중국 한 · 당 고사를 인용하여 임금이 나라를 다스리는 데 필요한 다섯 가지를 거울로 삼고 경계할 것을 당부하는 글이다. 규장각에 보관되어 있던 것을 12대 후손 김동익이 필사본으로 편찬하였다)을 지어 올렸다. 김창일은 지행합일을 주장하며 양명학에 심취하여 실학의 기초를 닦았으며, 성운, 최영경 등 남인 학자와 교유하였다. 김창일의 학문과 사상은 당시 실세였던 서인으로부터 배척당했다. 저서는 소실되어 전하지 않는다.

김창일은 인조 9년(1631) 10월 13일 문막 동화리 산 28번지 노노산 아래 8년 전 세상을 떠난 부인 신천 강씨 곁에 묻혔다(합장묘로서 문중에서는 노노산 밑에 있다고 노노묘라 부른다). 여든네 살이었다.

14대 손 김문기는 "선생은 묫자리를 동화2리 산 103−1번지에 마련해두었으나 정주 판관으로 있던 동생 김의일이 먼저 세상을 떠나자 양보하였다."고 했다. 묫자리까지 양보할 정도로 우의가 돈독했던 형제였다. 행장은 관설 허후가 짓고 묘갈 비문은 미수 허목이 썼다.

수운 최영경은 "깨끗한 행실과 높은 절개(潔行高節, 결행고절)를 지닌 선비"라고 극찬했다. 후손인 중천 김충렬도 김창일 선생을 추모하며 천추오감록 연구 논문집 '1995 사한 김창일의 생애와 학문; 17세기 초 실학사상의 대두 김창일의 천추오감록을 중심으로'를 남겼다.

취병정 터에는 김창일이 섬강을 바라보며 유유자적했던 흔적이 남아있다. 그는 취병산 절벽을 '벽립천인기상(壁立千仞氣象, 절벽이 길게 늘어서 있는 기상)'이라고 하며 호를 취병(翠屛)이라 하였다. 취병정 터는 원래 '세골 뒷산 은행나무 옆에 있었다.'고 하는데, 경주 김씨 문중 약도에는 현 취병정 터로 나와 있다. 필자는 2023년과 2024년 봄 취병서원 밑에 사는 경주 김씨 부부를 만났다. 부부는 취병산, 취병서원, 석지나루터, 풍수, 노노묘 보수 과정, 취병 선생 이야기를 오랫동안 들려주었다. 취병정 터에는 명 사신 진좌요와 김창일이 주고받았던 시문이 남아있다. 임진왜란 직후 진좌요가 김창일을 찾아왔다. 김창일의 친구였던 유서경이 명에 사신으로 갔을 때 진좌요와 시문으로 사귀었는데, 마침 조선에 사신으로 오게 된 것이다. 진좌요가 유서경에게 "조선의 기품 있는 선비와 교유하고 싶다."며 추천을 부탁하자, 유서경은 망설이지 않고 김창일을 소개했다. 진좌요와 김창일이 섬강과 취병산 절벽이 바라보이는 정자에 앉아 바둑을 두면서 주고받은 시가 《조선환여승람》에 전한다. 제목은 '취병정'이다.

진좌요가 읊었다.

"소박한 초가집이 선계 명당에 자리하니 / 사철 아름다움 뜰 안에 찾아드네 / 강은 평야를 휘감아 돌며 은띠를 풀어놓고 / 산은 하늘에 꽂혀 푸른 병풍으로 둘러섰구나 / 뜨락의 꽃향기와 새소리 처마 끝에 감도는데 / 한 잔 술에 바둑판 놓고 마주 앉아있으니 / 웃음소리 절로 가득하구나 / 호방한 늙은 주인 / 감히 짝할 만한 이 없으니 / 참으로 이 어지러운 세상에 / 숨어 있는 덕성이 아니런가."

김창일이 화답했다.

"늙어서 조용한 곳 찾아 여생을 보내니 / 푸른 바람, 맑은 아지랑이 때때로 찾아들고 / 큰 강물에 내 생애 온갖 더러움 씻어 보내네 / 둘러선 산봉우리 병풍을 친 듯 / 세상 인연 끊어주네 / 난세에 이만한 산천 갖고 어초(漁樵, 어부와 나무꾼)로 살아감도 은사의 복 아닐런가 / 태평한 마을에서 백성의 노랫소리 평화롭게 들려오고 / 자연을 즐기며 분수를 알아 / 한 점 의혹 없이 살아가니 / 스스로 인간 중에 하나의 작은 별이 되었노라."

취병정 터에 잠시 들러 420여 년 전 두 선비 모습 떠올리며 섬강과 병풍바위 풍경을 감상해 보면 어떨까? 초가을 섬강은 노란 금계국 지천이다. 이현교는 "외국에서 번식력이 강한 금계국이 들어오는 바람에 코스모스가 사라졌다."며 안타까워했다. 근묵자흑(近墨者黑)이다. 박사 옆에 있으면 귀동냥만 해도 준 박

금계국 꽃밭 일곱 여인 앞으로 섬강과 건등산이 한 폭의 그림이다.

사가 된다.

　문막교다. 다리 밑에서 꼬마 다섯 명이 멱을 감고 있다. 다리 밑을 내려다보며 소리쳤다.

　"얘들아, 물이 차갑지 않아?"

　꼬마들이 소리쳤다.

　"괜찮아요. 아저씨, 사진 잘 찍어주세요."

　꼬마들이 활짝 웃으며 손가락으로 '브이(V)' 자를 펼쳐 보였다. 어른들은 다슬기 줍느라 정신없고, 아이들은 멱을 감고 있다. 어른과 아이는 이렇게 다르다. 아이 같은 어른이 되고 싶다. 동화작가 정채봉이 퀴즈를 냈다. "이것을 찾아주시는 분은 제 행복의 은인으로 모시겠습니다. 그것이 무엇이냐고요? 흔히들 이렇게 부릅니다. '동심!'"

문막교(옛 물굽이나루터) 밑에서 다슬기를 줍고 있는 어른들

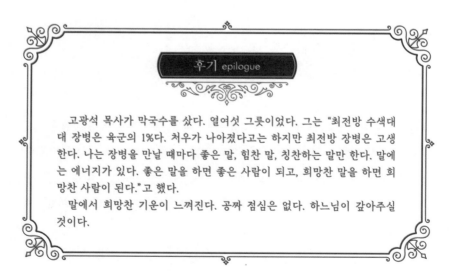

후기 epilogue

　　고광석 목사가 막국수를 샀다. 열여섯 그릇이었다. 그는 "최전방 수색대대 장병은 육군의 1%다. 처우가 나아졌다고는 하지만 최전방 장병은 고생한다. 나는 장병을 만날 때마다 좋은 말, 힘찬 말, 칭찬하는 말만 한다. 말에는 에너지가 있다. 좋은 말을 하면 좋은 사람이 되고, 희망찬 말을 하면 희망찬 사람이 된다."고 했다.

　　말에서 희망찬 기운이 느껴진다. 공짜 점심은 없다. 하느님이 갚아주실 것이다.

원주굽이길 동화마을 진달래길 (옛 원점회귀 4코스, 현 1ㄱ코스)

명봉산은 치악산 남대봉에서 남쪽으로 뻗은 능선이 가리파재를 넘어 서쪽으로 휘어져 백운산과 덕가산을 이루고, 여맥이 북쪽으로 이어져 문막 동쪽에서 솟은 산이다. '봉황이 소리 내어 울었던 산'으로서, 메나동과 동화골로 흐르는 계곡이 있고, 북서쪽 간현과 판대역에서 바라보는 원경이 일품이다. 이 길은 동화마을수목원 주차장에서 명봉산 기슭을 시계방향으로 걷는 코스다. 동화마을수목원에는 향기원, 전시온실, 약용식물원과 산책도로가 잘 조성되어 있다.

> 동화마을수목원 주차장 ⊕ 숲길들머리 ⊕ 동화골삼거리 ⊕ 갈림길 ⊕ 벤치쉼터 ⊕ 진달래쉼터 ⊕ 수목원 ⊕ 방문자센터 ⊕ 잔디광장 ⊕ 동화마을수목원 주차장

주지 스님이 오동나무를 베었더니

폭우와 폭염이 이어졌다. 흙물이 내려오고 계곡물도 빠르게 늘어났다. 플랜 A. B. C를 놓고 망설였다. 이 세상 모든 완장은 매 순간 선택의 기로에 선다. 결정은 빠르고 단호했다. 처음 계획대로 진행하기로 했다. 어떤 선택을 하던 기회비용이 뒤따른다. 완장으로 산다는 건 쉽지 않은 일이다. 문막 동화마을수목원으로 향했다. 이 코스는 원래 명봉산 능선 따라 걷는 산길이었으나, 말이 들끓어 동선도 바꾸고 이름도

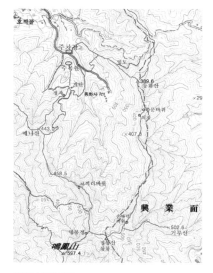

명봉산 등산지도

명봉산 능선과 진달래길 이정표

동화마을 진달래길로 고쳤다. 길마다 색깔이 있고 스토리가 있는데, 시류 따라 그때그때 바꾸고 고치면 이상한 길이 되고 만다. 길 정체성과 길 이름, 길 동선이 일치되는 스토리 길이 되었으면 좋겠다.

명봉산 기슭에는 숙종 때 백두산정계비를 세워 청과 국경을 확정지었던 귀암 박권이 잠들어 있고, 개성의 명기 황진이와 염문을 뿌렸던 벽계도정 이종숙(1508~? 세종의 17번째 아들 영해군 이당의 손자)도 잠들어 있으며, 생육신 매월당 김시습이 묵어갔던 동화사 터도 남아있다. 무엇보다 이 길의 하이라이트는 봉황이 소리 내어 울었다는 명봉산(鳴鳳山)이다. 봉황은 봉명조양(鳳鳴朝陽)이라고 봉(수컷)과 황(암컷)이 짝이 되어 아침 해가 떠오르는 동쪽 산 오동나무에서 화답하며 운다는 상서로운 새다. 오동나무에 살면서 샘물을 마시고 대나무 열매를 먹고 살며, 다섯 가지 신비로운 소리를 낸다고 한다. 새 중의 왕이라 하여 황제의 상징이 되었다. 중국에서는 황제가 사는 궁궐 문에 봉황 무늬를 장식하고 '봉궐'이라 했으며 황제가 타는 수레를 '봉거'라고 했다.

《조선왕조실록》에는 "까마귀나 소리개 알을 깨뜨리지 않아야 봉황새가 모여든다."(정조 19년 11월 3일)고 했고, "조정에 어진 이가 많으면 봉황이 나타나는 상서로운 세상이 된다."(순조 9년 10월 27일)고 했다. 봉황은 기린과 함께 신령한 존재로 역사 속에 자주 등장한다.

고종 2년(1865) 11월 15일 기록이다. "좌의정 김병학이 아뢰기를 '지극한 덕으로 도를 이루어 온 나라 백성들이 덕화를 받는 일이 나날이 늘어나게 된다면 숲속에는 기린이 나타나고, 정원에는 봉황새가 날아드는 광경을 다시 보게 될 것이다.'라고 했다. 봉황만 아니라 기린도 신령한 존재로 받들어 영물(靈物)이 나타나면 상서로운 일이 생긴다고 믿었다. 말이 씨가 된다고 정조 때 문막 명봉산에 기린이 나타났다.

《정조실록》17년(1793) 12월 3일 기록이다. "기린(麒麟) 비슷한 짐승이 원주의 명봉산에 나타났다. 원주 판관 원우손이 첩보하기를 '어떤 짐승이 있는데 머리와 꼬리는 말과 같고, 소의 눈에 발굽은 둥글며, 크기는 세 살 난 송아지만 하다. 털은 잿빛인데 반짝반짝 윤이 나며, 이마 위에는 길이가 두서너 치쯤 되는 털이 있고, 그사이에 숨겨진 뿔이 있었다. 지난 11월 15일 사제면 민가에 나타났고 12월 9일(지난해?)에는 명봉산에서 큰길 따라 건등산으로 들어갔는데, 다닐 때는 풀을 밟지 않고 곡식을 뜯어 먹지 않으며, 사람을 만나면 꼬리를 흔들어 마치 길들인 짐승과 같았다.'(사관의 기록에 착오가 있는 듯하다. 기록일은 정조 17년 12월 3일인데 '기린 비슷한 짐승'이 건등산으로 들어간 날짜는 12월 9일이다. 고개가 갸우뚱거려진다)고 하였다."

놀라운 일이다. '기린 비슷한 짐승'이 명봉산에서 나와서 사제면(명봉산이 있는 문막읍 동화리는 옛 사제면 분5, 6리였다) 민가에 나타났다가 건등산으로 걸어 들어갔다니, 명봉산은 봉황과 기린이 살았던 신령스러운 산이 틀림없다. 앞으로 명봉산을 소개할 때 오동나무와 봉황 전설만 아니라 '기린 비슷한 짐승'이 나타났다는 이야기와 역사 인물 이야기도 함께 곁들이면 좋겠다. 관광 자원이 따로 있겠는가? 이런 이야기를 잘 정리해서 널리 알리면 관광도시 원주가 되는 것 아니겠는가? 명봉산 동화사(桐華寺)에는 봉황과 오동나무 이야기가 전해온다. 민초들은 이야기꾼이었다. 이야기에 의지해서 고단한 삶에 스스로 생기를 불어넣으며 길 없는 길을 걸어갔다. 이야기 속으로 들어가 보자.

옛날 어떤 스님이 명봉산 골짜기에 절을 지으면서 봉황은 오동나무가 아니면 깃들지 않는다는 말을 듣고 절 앞에 오동나무를 심고 절 이름도 '오동나무 桐字'를 써서 동화사라 지었다. 절을 짓고 수백 년이 지나자 나뭇가지가 무성해지면서 지붕을 덮었다. 주지 스님은 나무를 베어야겠다고 마음먹고 작은 나무부터 한 그루씩 베기 시작했다. 마지막으로 큰 나무를 베어 넘기려는 순간 골짜기에 봉황의 피 울음 소리와 함께 날개 치는 소리가 울려 퍼졌다. 계곡에도 시뻘건 핏물이 흘렀다. 이 모습을 보고 깜짝 놀란 스님들은 하나둘씩 절을 떠나기 시작했고 주지 스님 혼자 남게 되었다. 스님이 떠나버린 건물 곳곳에 빈대가 들끓기 시작했다. 마지막까지 남아 있던 주지 스님마저 절을 떠나자 폐허가 되고 말았다. 동네 사람들은 주지 스님이 오동나무를 베어서 명봉산 정기가 빠져나가는 바람에 절이 망했다고 했다.(2020년 원주문화원 간 〈천년고도 원주의 길〉, 177쪽)

원주시 비지정문화재 조사팀장 이희춘 교수(오른쪽)와 필자(왼쪽)

동화사(桐華寺)는 큰절이었다. 현 동화사 서쪽 골짜기에 옛 절터가 남아있다. 창건과 폐사 시기는 알 수 없다. 절터 서쪽 너머 부도골에는 일제강점기 때 사리탑 1기가 남아있었다고 한다. 필자는 2022년 7월 원주시 비지정 문화재 조사팀(팀장 전 상지대 교수 이희춘, 전 한신대 교수 윤선길)과 함께 동화사 터를 찾았다. 풀숲을 헤치며 며칠간 찾아 헤맸으나 찾을 수 없었다. 동화사 총무 스님께 안내를 부탁했더니 "맑은 날 다시 오라."고 했다. 맑은 날(?)까지 마냥 기다릴 수 없었다. 조사팀은 장마철 빗기 머금은 풀숲과 가시덤불을 헤치며 두 팀으로 나누어 골짜기를 샅샅이 훑었다. 얼굴에서 땀방울이 뚝뚝 떨어지고 날파리가 쉴 새 없이 달려들었다. 이건 무슨 사명감 없이는 할 수 없는 일이었다. 가시나무에 긁힌 손등과 팔뚝에서 피가 배어 나왔다. 조사팀은 서서히 지쳐갔다. 그만 포기하려 할 즈음 건너편에서 팀장의 목소리가 들려왔다. "찾았어요, 찾았어. 여기에요, 여기!" 지쳐가던 몸이 화들짝 피어났다. 이희춘 교수가 폐사지를 찾아냈다. 역시 팀장이다. 그는 집요했고 끝까지 포기하지 않았다. 깨어진 기왓조각을 따라가자 칡넝쿨과 잡초더미에 뒤덮여있던 석축이 조금씩 모습을 드러냈다. 말로만 들었던 폐사지를 발견하는 순간이었다. 팀장은 울컥했고 필자와 윤 교수도 눈시울이 붉어졌다. '발견의 기쁨'이 하얀 목련처럼 피어났다. 그날의 노고를 몇 줄의 글로 남겨 위안으로 삼는다. 기록하지 않으면 기억되지 않는다.

2023년 늦은 가을 문막 역사유적을 찾아다니는 노픈누리 아동센터 양순금 원장도 동화사 터를 찾았다. 동화사 터가 세상에 모습을 드러낼 날은 언제쯤일까? 2024년 6월 7일 명봉산 정상에서 서울에서 온 노부부를 만났다.

노부부는 "딸이 혁신도시에 있는 건강보험심사평가원에 다니고 있어서 원주에 관심을 갖게 되었다. 모처럼 1박 2일 시간을 내어 용수골과 백운산을 다녀왔고 오늘은 명봉산에 올랐는데 부근에 문화유적지나 전설은 없느냐?"고 물었다.

봉황과 기린, 박권, 이종숙, 동화사와 김시습 이야기를 해 주자, "왜 이런 이야기를 널리 알리지 않느냐? 길만 만들지 말고 이야기를 발굴해서 알리면 많은 사람이 찾아올 텐데."라고 아쉬워했다.

스토리 있는 길과 없는 길 차이는 크

견고하게 쌓은 석축이 그대로 남아있는 동화사 터
(문막읍 동화리)

왼쪽은 황진이와 염문을 뿌렸던 벽계도정 이종숙 묘소, 오른쪽은 숙종 때 백두산정계비를 세워 청나라와 국경을 확정지었던 귀암 박권 묘소(호적골 40)

다. 이야기가 돈이 되는 세상이다. 구슬이 서 말이라도 꿰어야 보배다.

동화사 터에는 생육신 매월당 김시 습(1435~1483)이 묵어간 흔적이 남아있 다. 김시습은 스물한 살 때 삼각산 중흥 사에서 과거 공부를 하다가 수양대군이 왕위를 찬탈했다는 소식을 듣고 머리를 깎고 방랑길에 나섰다. 양평 용문사와 여주 신륵사를 지나 문막 동화사에 들 러 며칠간 묵어갔다.《매월당집》‘유관 동록’에 ‘숙동화사(宿桐花寺, 동화사에 묵으 며)’가 나온다. 지금은 ‘오동나무 동(桐)’, ‘꽃필 화(華)’자를 써서 ‘桐華寺’지만, 그

매월당 김시습

때는 '꽃 花(화)'자를 써서 '桐花寺'였다. 시문에 나오는 '동화지산(桐花之山)'은 동화산(389.6m)이다. 명봉산 쪽문 바위 오름 길에 있는 왼쪽 봉우리다. '유관동록' 에는 원주도중(原州途中, 원주가는 길), 치악산, 숙각림사(宿覺林寺, 각림사에 묵으며)도 함께 실려 있다. (원주시립중앙도서관 소장 세종대왕 기념사업회 간, 《매월당시집》 국역본 2권 165쪽)

560여 년 전 매월당 김시습이 묵어갔던 고찰 동화사. 봄날 그 화사하고 넉넉한 풍경 속으로 걸어 들어가 보자. 김시습과 주지승, 산봉우리와 나물 밥상 풍경이 눈에 보이는 듯하다.

동화사에 묵으며(宿桐花寺, 숙동화사)

동화산은 하늘 높이 솟아있고	桐花之山高揷天(동화지산고삽천)
옛 절 동화사는 안개구름에 떠있네	桐花古寺浮雲烟(동화고사부운연)
산속 늙은 중은 스스로 흥에 겨워	山中老僧自有趣(산중노승자유취)
드러누워 푸른 산 흰 구름 바라보네	臥看白雲生翠巓(와간백운생취전)
화사한 봄날 따뜻하여 기분 좋고	怡怡春日煖可人(이이춘일난가인)
매화 시들자 산 살구 봉오리 올라오네	山杏吐萼梅始仁(산행토악매시인)
시냇가 미나리 싹 연약하기 실 같은데	澗底芹芽嫩如絲(간저근아눈여사)
뜯어서 무쳐놓으니 채소 밥상이 새롭구나	采采行廚蔬盤新(채채행주소반신)
만릿길 떠돌다 보니 가을 가고 다시 봄인데	遊遊萬里秋復春(유유만리추복춘)
들새 우는 곳에 산꽃 따라 피었구나	野鳥啼處山火嚬(야조제처산화빈)
동쪽을 바라보니 푸른 산봉우리 벽공에 기대 있고	東望靑峰倚碧天(동망청봉기벽천)
푸른 노을빛 하늘까지 물들였구나	嵐光滴翠空嶙峋(남광적취공인순)

세상만사 모든 일이 봄날 꿈속 같고	世間萬事屬春夢(세간만사속춘몽)
오대산 은자 찾아 발걸음을 옮기네	我向五臺尋隱淪(아향오대심은윤)
하늘 보며 크게 웃고 넉넉하게 떠나가니	仰天大笑浩然去(앙천대소호연거)
우리가 어찌 하찮은 벌레 같은 인간이랴?	吾輩豈是虫臂人(오배개시충비인)

쏟아지던 장맛비가 멈췄다. 동화마을수목원으로 향했다. 570여 년 전 김시습이 머물렀던 동화사 터 부근에 수목원이 들어섰다. 수목원과 옛 동화사 터를 잇는 걷기 길을 만들어보면 어떨까? 과거와 현재, 생태와 역사가 살아 숨 쉬는 멋진 스토리 길이 될 수 있지 않을까? 수목원을 지나자 명봉산 능선길과 진달래길이 갈린다. 이마에서 땀이 뚝뚝 떨어진다. 땀 냄새를 맡고 날파리가 마구 달려든다. 날파리는 신 냄새를 좋아한다. 날파리는 걷기 훼방꾼이다. 장마철 걷기 때는 '라이방'을 써야 한다. 라이방 하면 한국전쟁 때 인천상륙작전을 지휘했던 맥아더 장군이 떠오른다. 어릴 때는 라이방을 멋으로만 쓰는 줄 알았는데 그게 아니라는 것을 뒤늦게 깨달았다. 아들과 백두대간 종주 산행 때 라이방을 쓰고 다녔더라면 눈 수술(망막박리)을 받지 않아도 되었을 텐데. 까불다가 호된 대가를 치렀다. 몸이 천 냥이라면 눈이 구백 냥이다. 햇볕 강렬한 날 라이방은 필수다.

동화마을수목원 전경

이선숙이 앞서간다. 그는 "2017년부터 길 걷기를 시작했다. 걷기 전에는 고혈압, 고지혈, 고혈당 '쓰리고'였는데, 걸으면서 좋아졌다."고 했다. 쓰리고라니! 말도 참 잘 지어낸다. 우리나라 사람은 말 짓기의 귀재다.

걸어야 산다. "인간은 걸을 수 있는 만큼만 존재한다." 프랑스 사상가 장 폴 사르트르의 말이다.

간식시간이다. 마음과 마음이 모여 근사한 밥상이 차려졌다. 노래도 곁들어졌다. 넉살 좋은 조철묵 시인이 '고향의 노래'와 '바람부는 세상'을 연이어 불러 젖혔다. 조도형 목사도 하모니카를 꺼내 들었다. 두 조 씨의 즉석 이벤트에 도반들은 박수를 치며 분위기를 들어 올렸다. 시인과 목사, 관객이 어우러진 명봉산 산속 음악회가 열렸다. 카르페 디엠이요 '앉은 자리가 꽃자리'다. 무슨 자리든지 사람과 사람, 마음과 마음이 이렇게 하나로 모이고 어우러지면 환상적인 분위기를 만들어 낼 수 있다.

"사람이 하늘 아래서 제아무리 애를 태우며 수고해 본들 돌아올 것이 무엇이겠는가? 날마다 낮에는 뼈아프게 일하고, 밤에는 마음을 죄어 걱정해보지만, 이 또한 헛된 일이다. 수고한 보람으로 먹고 마시며 즐기는 일만큼 사람에게 좋은 일은 없다."

성경 전도서에 나오는 말이다. 무슨 자리든지 사람과 사람, 마음과 마음이 하나로 모이고 어우러지면 이렇게 환상적인 분위기를 만들어 낼 수 있다.

하산길이다. 뒤따라 오던 도반이 느닷없이 대한제국 황태자 영친왕을 낳은 엄 귀비(귀비 엄씨, 순헌 황귀비)에 대해 물었다.

"혹시 귀비 엄씨라고 아는지요?"

"갑자기 뜬금없이?"

"가까운 궁촌리에 귀비 엄씨 별장 터가 있다고 해서 들러보려고요."

마침 며칠 전 현장에 다녀왔고, 공부해 둔 것도 있어서 맛보기로 살짝 이야기

문고리를 잡아당겼다.

"귀비 엄씨 별장 터로 추정되는 집 입구에는 검문소 역할을 하던 석감당이 남아있고, 마당에는 별장을 관리하던 궁녀가 말을 타고 내리던 승하마석도 남아있어요."

"영친왕이라면?"

"고종 아들이며 순종의 배다른 동생인 대한제국 황태자입니다."

"왕세자와 황태자는 무슨 차이가 있나요?"

이쯤 되면 역사 공부다.

"……."

"너무 길어지는데요, 나중에……."

밥 한 끼 사준다는 말에 못 이기는 척 숨겨둔 이야기를 꺼냈다.

'고종이 사랑했던 여인 귀비 엄씨 이야기'는 다음 장에 따로 실었다. 조선의 구중궁궐에서 벌어졌던 여인들의 드라마틱한 스토리 속에 소용돌이치는 역사의 현장이 고스란히 담겨있다. 귀비 엄씨 스토리는 하산길 내내 이어졌다.

걷다 쉬다를 반복하며 다시 동화마을수목원 주차장이다. 등판에서 땀이 줄줄 흐른다. 이럴 땐 얼음장 같은 계곡물이 청량제다. 신림 사는 김종욱 형도 등과 바지가 흠뻑 젖었다.

"형, 옷 좀 벗어봐."

"왜?"

"등목해 줄게요."

형이 계곡에서 웃옷을 벗었다. 젊었을 때 복싱을 해서 그런지 일흔 넘은 나이인데도 몸매가 탄탄하다.

"형, 엎드려 봐요."

형이 엎드려뻗쳐 자세를 취했다. 형의 등에 계곡물을 끼얹었다.

"으어, 으어! 야야 조금씩 해. 아이 시원해 아아아아!"

형이 옷을 입으며 말했다.

"등목해 본 지 정말 오래되었다. 추억의 등목이다."

세수까지 하고 나자 형의 얼굴에서 빛이 났다. 욕심 없는 해맑은 어린아이 얼굴이었다.

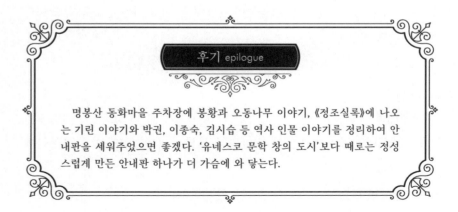

후기 epilogue

명봉산 동화마을 주차장에 봉황과 오동나무 이야기, 《정조실록》에 나오는 기린 이야기와 박권, 이종숙, 김시습 등 역사 인물 이야기를 정리하여 안내판을 세워주었으면 좋겠다. '유네스코 문학 창의 도시'보다 때로는 정성스럽게 만든 안내판 하나가 더 가슴에 와 닿는다.

고종이 사랑했던 여인 귀비 엄씨 이야기

> ※ 귀비 엄씨 스토리는 송우혜 《못생긴 엄상궁의 천하》, 박종인 《땅의 역사 2권》, 민갑완 《대한제국 마지막 황태자 영친왕의 정혼녀》, 김용삼 《조선왕비 시해되다》, 한영우 《명성황후와 대한제국》, 김구 《백범일지》, 이사벨라 L. 버드 비숍 《조선과 그 이웃 나라들》, 김훈 《하얼빈》 등을 참고하였고, 일부 내용은 발췌하거나 인용하였다.

1897년 2월 러시아 공사관에서 경운궁(덕수궁)으로 돌아온 고종은 국호를 대한제국으로 바꾸고 청으로부터 자주독립을 선언했다. 청나라 제후국이 아니라 어엿한 황제국이 된 것이다. 이때부터 왕은 황제, 왕비는 황후, 세자는 황태자가 되었다. 고종은 민비가 낳은 세자 이척(후일 순종)이 후사가 없자, 귀인 장 씨가 낳은 이강(의친왕, 1877~1955)을 제쳐두고, 귀비 엄씨가 낳은 이은(영친왕, 1897~1970)을 순종 뒤를 이을 세자로 책봉했다. 이은은 1907년 8월 7일 대한제국 황태자가 되었다. 귀비 엄씨의 강고한 집념 덕분이었다. 여자는 약하지만, 엄마는 강하다. 지금부터 문막읍 궁촌리(귀문로 1270-5)에 별장 터가 남아있는 귀비 엄씨의 파란만장하고 흥미진진한 역사 속으로 걸어 들어가 보자.

명성황후

타고난 정력가였던 고종은 일곱 여인 사이에서 9
남 3녀를 낳았다. 8명은 어릴 때 죽고 아들 세 명과
딸 한 명만 살아남았다. 순종(이척), 의친왕(이강), 영
친왕(이은), 덕혜옹주가 그들이다. 순종을 제외한 세
명은 모두 후궁이 낳았다. 1866년 3월 열다섯 살 고
종은 한 살 많은 민치록의 딸 여흥(여주) 민씨 민자영
을 배필로 맞았다. 고종은 혼례를 치르기 전부터 성
에 일찍 눈을 떠서 아홉 살 많은 스물네 살 궁녀 이
순아에게 마음을 빼앗겼다. 궁중 비사에 따르면 이순
아는 "인물이 훤칠하고 살결이 씻어놓은 배추 줄기
같이 하얀 미인"이었다고 한다.(송우혜 《못생긴 엄상
궁의 천하》 50쪽)

귀비 엄씨

　고종은 민비와 혼인 후에도 하루가 멀다 하고 영
보당(경복궁 만춘전에 속한 상궁 처소)을 찾아가 이순아(영보당 이씨)를 품었다. 2년 후
1868년 윤 4월 이순아가 아들을 낳았다. 고종의 첫째 아들 완화군(1868~1880) 이선이다.
완화군은 어머니 이순아를 닮아 인물이 수려하고 준수해서, 궁녀들은 "왕자가 들어오면
해와 달이 함께 뜬 듯 방안이 환해진다."며 칭찬이 자자했다. 손이 귀하던 왕실에 이목구
비가 수려한 왕자가 태어났으니 조대비(순조의 며느리이자, 헌종의 부친 효명세자 부인

순종

의친왕

영친왕

덕혜옹주

풍양 조씨다. 헌종이 부친을 사후 익종으로 추존하면서 신정왕후가 되었고, 이후 철종이 후사 없이 죽자 대왕대비가 되어 대원군의 둘째 아들 이명복을 고종으로 낙점하였다. 대원군은 이때의 고마움을 잊지 못해 경복궁을 중건할 때 자경전을 지어주고 십장생 담장과 아름다운 굴뚝을 만들어 주는 등 죽을 때까지 보은했다)와 흥선대원군은 기쁨에 넘쳐 완화군을 고종의 뒤를 이을 원자로 삼으려고 했다.

고종이 멀쩡한 왕비(민비)를 놔두고 후궁이 낳은 아들을 원자로 삼으려고 하다니! 민비는 화가 치밀어 올랐지만 급한 불부터 꺼야 했다. 궁중의 큰 어른 대왕대비 조씨를 찾아가서 읍소하며 매달렸고, 시아버지 대원군도 설득하여 영보당 이씨 아들 완화군에 대한 원자 책봉 기도를 막아냈다. 민비는 다급했고 간절했다. 항간에는 '민비가 암 여우 성기를 말려서 속옷에 차고 다니는가 하면 진주를 곱게 갈아 분단장을 하며 고종을 유혹하고 있다.'는 소문이 파다했다. 심지어 무당을 불러들여 굿을 하기도 했다. 간절함이 통했는지 민비에게 태기가 느껴졌고 1871년 11월 아들을 낳았다. 스물한 살, 왕비가 된 지 5년 만이었다. 적자탄생에 온 대궐이 기뻐했지만, 기쁨도 잠시 태어난 아기는 항문이 없었다. 민비는 대원군이 보내준 산삼을 갈아 먹이는 등 좋다는 약은 다 써 봤지만, 아기는 태어난 지 닷새 만에 죽고 말았다. 민비는 다시 잉태하기 위해 비방을 찾았고 동시에 조 대비를 통해 고종에게 자신(민비)과 잠자리를 자주 가지도록 압력을 넣었다.

왕비는 허드렛일을 하는 무수리부터 상궁, 후궁, 대비마마에 이르기까지 궁궐 안에 있는 모든 여인을 관리하는 내명부의 수장이었다. 궁녀라고 같은 궁녀가 아니었다. 품계가 달랐고 소원, 숙용, 소용, 숙의, 소의, 귀인, 빈에 이르기까지 위계가 엄격했다. 왕비는 궁궐 안 여인들의 대통령이었다. 그러나 아무리 내명부의 수장이라도 아들을 낳지 못하면 허사였다. 하늘을 봐야 별을 딴다고 민비는 고종을 품기 위해 쉴 새 없이 졸라댔고, 어떤 때는 고종의 침전을 불쑥 찾아가기도 했다. 1873년 2월 민비는 딸을 낳았으나 또 죽고 말았다. 민비는 후사를 보기 위해 집요했고 무서웠다. 다시 눈에 불을 켜고 고종을 드잡이하여 틈만 나면 대전을 찾아가서 합궁했고 금강산, 묘향산 등 전국 명산에 궁녀를 보내 치성을 드렸다.

하늘도 감동했는지 2개월 만에 다시 태기가 있었고 1874년 2월 아들이 태어났다. 후일 순종이 되는 이척이다. 나중에 알게 된 사실이지만 순종은 여인과 잠자리를 할 수 없는 타고난 성불구자였다. 민비는 권력욕이 강하고 두뇌가 비상한 여인이었다. 잉태 노력 중에도 시아버지 대원군을 권좌에서 끌어내리기 위해 고종을 수시로 압박했다. 1873년 11월 대원군은 10년간의 섭정을 끝내고 권좌에서 내려왔다. 정치 권력 풍향계는 민비 쪽으로 향했다. 민비와 여흥 민씨 척족이 정치 권력을 거머쥐었다.

민비는 고종을 들들 볶아서 한 살짜리 이척을 원자로 책봉했다. 그제서야 민비는 한숨을 돌렸다. 아들 이척을 원자로 책봉하고 걸림돌이었던 흥선대원군까지 몰아냈으니 걱정이 없었다. 세상만사 호사다마라고 친정집에서 큰 사건이 터졌다. 1874년 11월 28일 친정 오빠 민승호 집에서 우편 폭탄 테러가 발생했다. 배달된 소포를 여는 순간 폭탄이 터졌다. 친정 오빠와 친정엄마 감고당 이씨가 그 자리에서 즉사했다. 흥선대원군이 기획했다는 소문이 돌았지만 확인할 수 없었다. 고종은 민비의 마음을 달래주기 위해 1875년 두 살짜리 원자 이척을 1년 만에 왕세자로 책봉했지만, 민비는 안심할 수 없었다. 청나라가 마음에 걸렸다. 만약 두 살짜리 왕세자라고 청나라에서 허락하지 않고 차일피일 미룬다면 예상하지 못한 일이 생길 수도 있었다. 민비는 내친김에 청나라에 사신을 보내 왕세자 책봉을 빨리 허락해 달라고 뇌물을 썼다. 청나라 주재 일본 공사에게도 측면 지원을 부탁했다. 소문을 들은 부산에 사는 훈도 안동준이 상소를 올려 민비의 행동을 비판했다. 민비는 부들부들 떨며 안동준을 즉시 체포하여 목을 베었다. 민비는 독하고 대담한 여인이었다. 민비는 안심이 되지 않았는지 영보당 이씨와 완화군을 궁 밖으로 내쫓았다. 사가에서 쥐죽은 듯이 살아가던 열세 살 완화군(후일 완친왕, 1868∼1880)이 갑자기 죽었다. 민비가 사람을 시켜 독살했다는 소문이 돌았다. 영보당 이씨는 궁궐에서 쫓겨날 때 받은 고문 후유증과 아들을 잃은 충격으로 실어증에 걸려서 오랫동안 시름시름 앓다가 여든 살, 한 많은 삶을 마쳤다.

민비는 아들 이척을 세자로 책봉하고 권력까지 거머쥔 여인이었지만 어쩔 수 없는 게 딱 하나 있었다. 고종의 정력과 바람기였다. 고종은 타고난 호색한이었고, 민비는 질투의 화신이었다. 민비는 고종의 일거수일투족을 감시하기 위해 곳곳에 간자를 심어놓고 촉각을 곤두세우고 있었다. 고종이 민비의 처사에 넌더리를 내기 시작하면서 민비는 독수공방하는 날이 점점 많아졌다. 고종은 첫사랑이었던 영보당 이씨를 궁 밖으로 내보낸 후 더

젊고 더 예쁜 궁녀를 찾아 계속 눈을 두리번거렸다. 그때 고종 눈에 번쩍 뜨인 미인이 있었다. 궁녀 장씨였다. 고종은 한 번 마음에 드는 여인이 있으면 물불 안 가리고 깊이 빠져들었다. 고종은 틈만 나면 궁녀 장씨를 품었고 1877년 3월 아들을 낳았다. 의화군(후일 의친왕) 이강이다. 민비는 궁녀 장씨와 아들 의화군을 또 궁궐 밖으로 내쫓았다. 10년 후 1887년 10월 궁녀 장씨는 돌보는 이 없이 쓸쓸히 죽었고, 1900년 종4품 숙원을 거쳐 1904년 종1품 귀인으로 추증되었다. 민비는 고종이 좋아했던 여인을 궁 밖으로 내쫓았고 재기할 수 없도록 철저하게 짓밟았다. 단 한 사람 예외가 있었으니 박색이요 모과 같았던 귀비 엄씨였다.

고종의 후궁 귀비 엄씨는 철종 5년(1854) 종로 육의전 거리에서 장사하던 엄진삼의 2남 3녀 중 둘째 딸로 태어났다. 엄진삼 아들 엄봉원과 엄학원이 요절하고 엄진삼(1812~1879)도 죽자 대가 끊겼다. 엄 귀비 모친 박씨는 1890년 5월 엄진삼의 형 엄진일의 둘째 아들 엄준원(귀비 엄씨보다 한 살 어린 1855년생)을 양자로 맞아들여 대를 이었다. 철종 10년(1859) 엄진삼의 둘째 딸이 궁에 들어갔다. 여섯 살(엄귀비 묘소 영휘원 묘비에 철종 5년 갑인년 출생, 철종 10년 기미년 입궁이라고 했다)짜리 어린 딸은 운 좋게도 지밀(왕, 왕비, 대비가 거처하는 곳) 소속 아기 내인(內人)이 되었다. 출발부터 궁녀들이 선망하는 꽃 보직을 받은 셈이었다.

궁녀는 왕실의 수족으로서 천민이나 양인 집안 자녀가 대부분이었다. 《효종실록》 4년(1653) 9월 24일 기록을 보자.

"내수사 관리가 여러 날에 걸쳐 민가를 돌아다니며 궁녀를 뽑으려 하자 마을이 소란해지고, 열 살 넘은 딸이 있는 집에서는 앞다투어 혼인시켜 차출을 피했다."

조혼이 성행하자 세 살짜리를 궁녀로 데려가기도 했고, 18세기 이후에는 양반의 서녀나 몰락 양반의 딸까지 궁녀로 뽑았다. 궁녀는 정5품에서 종9품까지 품계를 받은 여관(女官)도 있었고 궁녀가 부리는 천비(賤婢)도 있었다. 천비는 물을 긷고 아궁이에 불을 땔 때는 무수리, 세숫물과 목욕물을 담당하는 수모, 청소와 심부름하는 어린 종 파지, 품계 받은 궁녀 집 살림살이를 도맡은 방자가 있었다.

조선의 궁녀(품계 궁녀)

조선의 궁녀(천비)

　궁녀의 격은 입궁하면서부터 결정되었다. 모시는 사람과 하는 일에 따라서 격이 결정
되었다. 처소의 격에 따라서 입궁하는 나이와 훈련 기간도 달랐다. 최고 격인 지밀 소속
내인은 4, 5세에 입궁시켰고, 침방(왕족의 의복이나 금침을 만드는 곳)이나 수방(궁중 의
복이나 장식물에 수를 놓는 곳)은 6, 7세, 세수간(세숫물과 목욕물을 대령하고 마마의 궁
내 나들이에 따라 다니며 전각 청소를 담당하는 곳), 생과방(아침저녁 간식을 준비하는
곳), 소주방(아침저녁 수라와 대소 연회 음식을 마련하는 곳), 세답방(옷 빨래와 뒷손질을
담당하는 곳), 복이처(지밀 침실의 불 때기, 등불 점화와 소등을 담당하는 곳), 퇴선간(지밀
의 중간 부엌 역할)은 12, 13세에 입궁시켜서 궁중의 용어와 법도, 관습을 가르쳤다. 어린
나이에 입궁한 아이들은 '아기 내인', '아기 항아님'이라 불렀고, 지밀 소속 아기 내인에게
는 서예와 한글, 소학, 열녀전, 궁중 규범 내훈을 가르쳤다.

　엄 상궁은 운이 좋아서 그랬는지, 남모르는 든든한 배경이 있어서 그랬는지 입궁할 때
부터 지밀 소속 아기 내인이 되었다. 아기 내인은 18, 19세가 되면 머리를 얹어 정식 내인
이 되었다. 정식 내인이 되기 전까지는 처소의 격이 높은 지밀·침방·수방 아기 내인은
머리를 생머리(사양 머리)로 빗고 '생각시'라 불렀으며, 나머지 처소 아기 내인은 그냥 땋
아 내린 머리로 빗고 '각시'라고 불렀다. 치마 입는 방식도 달랐다. 생각시는 치마를 왼쪽
(외)으로 입고, 각시는 오른쪽(바로)으로 입었다. 궁궐에 살던 궁녀는 몇 명이나 되었을까?

사도세자 부인 혜경궁 홍씨가 살았던 창경궁에는 품계 받은 궁녀가 38명, 시중들던 궁녀는 40명이었다. 세자빈 궁 이외에 대전, 대비전, 중궁전, 세손궁까지 하면 500명에서 700명가량 되었다고 한다. 이익은 《성호사설》에서 "지금(1737) 궁궐에는 환관이 335명, 궁녀가 668명인데 들어가는 경비가 1년에 쌀 1만 1,430석이다."고 했다.

1882년 구식군인이 난을 일으켰다. 임오군란이다. 형편없는 대우를 받고 있던 구식군인은 고종과 민씨 척족이 그들의 친위부대나 다름없는 별기군(400여 명으로 왜별기로 불렸다)에게만 특별대우를 해 주는 것을 보고 폭동을 일으켰다. 대원군의 사주를 받은 성난 군인이 일본공사관을 습격했다. 일본공사 하나부사는 기밀문서를 불태우고 직원 28명과 함께 인천으로 탈출하여 월미도 앞바다에 정박해있던 영국 군함(플라잉 피시호)을 타고 나가사키로 도주했다. 구식군인은 창덕궁으로 쳐들어갔다. 정문인 돈화문을 지키고 있던 경비병은 일찌감치 도망갔고, 구식군인의 밀린 봉급 13개월 치를 착복하고, 급료인 쌀에 모래와 겨를 섞어 지급한 선혜청 당상 민겸호와 김보현이 체포되었다. 민겸호는 화승총 개머리판에 얼굴이 짓이겨지고 총검에 난자당했으며, 김보현은 입궐하다가 맞아 죽었다. 황현은 《매천야록》에서 "군인들이 죽은 김보현의 배를 차면서 이놈은 돈을 좋아했으니 돈으로 배를 채워주는 게 좋겠다고 하며 입을 찢어 엽전을 집어넣고 엽전이 갈비뼈 사이로 튀어나올 때까지 총대로 마구 짓눌렀다."고 했다. 성난 군인은 그야말로 눈에 보이는 게 없었다.

다급한 고종은 대원군에게 SOS를 쳤다. 민비도 위험했다. 구식군인이 궁궐 안을 헤집고 다니면서 민비를 찾고 있었다. 성난 폭도가 된 그들에게 잡히면 무슨 일이 벌어질지 몰랐다. 고종의 구조 요청을 받고 대원군과 함께 가마를 타고 급히 창덕궁으로 들어온 부대부인 민씨는 며느리 민비의 목숨을 구하기 위해 발 벗고 나섰다. 민비를 궁녀 복장으로 갈아입히고 자신이 타고 온 가마에 태워 궁궐 밖으로 내보냈다. 돈화문을 막 통과하려는 순간 군인들이 가마를 불러 세웠다. 민비는 눈을 꼭 감고 숨을 깊이 들이마셨다. 구식군인 중 한 명이 다짜고짜 가마에 타고 있던 민비의 머리채를 잡고 끌어내렸다. 죽음의 그림자가 다가오고 있었다. 순간 놀랍게도 도움의 손길이 다가왔다. 지켜보던 무예별감 홍재희가 "그 사람은 건들지 마라. 궁녀가 된 내 누이다."라고 소리치며 민비를 둘러업고 뛰다시피 빠르게 창덕궁을 빠져나갔다.

홍재희는 민비를 이천 장호원에 있는 충주목사 민응식의 고향 집으로 피신시켰다. 홍재희는 이후 홍계훈으로 개명하고 갑오농민전쟁이 일어나자 동학농민군을 토벌하는 관군 사령관이 되었다. 홍계훈은 황토현 전투에서 크게 패한 후 동학농민군 진압을 위해 청군 파병을 건의하여 청일 전쟁의 빌미를 제공했던 인물이다. 인간은 어떤 때는 속수무책으로 역사의 물결에 휩쓸려 떠내려갈 때도 있지만, 어떤 때는 순간의 선택으로 운명이 바뀌기도 한다. 절체절명의 순간 민비를 구해냈던 홍계훈은 1895년 10월 8일 민비 시해현장에서 궁내부 대신 이경직과 함께 일본 낭인에게 저항하다가 장렬하게 전사했다. 어떻게 살 것인가? 우리는 매 순간 선택의 기로에 선다.

1900년 고종은 이경직과 홍계훈 등 을미사변(민비시해사건) 때 전사한 자와 춘생문 사건(1895년 11월 28일 고종의 밀지를 받고 이도철이 동별영 군사를 이끌고 경복궁 동쪽 춘생문으로 들어가 고종을 미국 공사관으로 데려가려다 내부자 안경수의 기밀 누설로 실패한 사건. 이도철은 사형되었고 고종은 그에게 충민공 시호를 내리고 장충단에 모셔 제사 지내게 하였다) 때 희생된 자를 기리는 장충단(獎忠壇)을 세우고 봄, 가을로 넋을 기렸다.
고종 37년(1900) 10월 27일 기록이다.
"전 남소영(前南小營, 수도방위 임무를 띤 군사주둔지 어영청의 분영) 터에 장충단을 세웠다. 원수부에서 조칙을 받들어 나랏일을 위해 죽은 자에게 제사 지내기 위함이었다."

1910년 8월 한일병합 직후 일제는 장충단을 헐어버렸고, 1920년 일본의 국화인 벚꽃을 심어 공원으로 만들었다. 이후 1932년 10월 26일 이토히로부미(伊藤博文) 사망 23주기를 맞아 박문사(博文寺)를 세웠다. 박문사 정문은 경희궁 정문인 흥화문을 옮겨왔고(1988년 서울시에서 경희궁 복원을 위해 다시 제자리로 옮겼다), 스님이 거처하는 집과 창고는 경복궁 선원전(선대왕의 초상화를 모셨던 곳) 목재를 뜯어서 지었다. 또 종각은 환구단(고종이 대한제국을 선포하고 하늘에 제사 지내던 곳) 석고각(石鼓閣, 돌북을 보관하던 전각)을 뜯어서 지었다.

일제의 민족정기를 말살 시도가 얼마나 집요했는지 알 수 있다. 해방 후 박문사는 철거되었고 1967년 박정희 정권 때 박문사 본당 자리에 영빈관을 지어 사용하다가 1973년 절 주변 국유림과 함께 삼성에 넘겼다. 그 자리에 신라호텔이 들어섰다. 가슴 아픈 역사의 흔

1932년 이토히로부미(이등박문) 사망 23주기를 맞아 세운 절 박문사

을미사변과 춘생문 사건 때 희생된 장병을 기렸던 장충단 터

적이다.

　임오군란 때 장호원으로 피신한 민비가 없는 궁궐은 고종의 독무대였다. 왕비 없는 궁궐에서 호색한 고종을 한눈에 사로잡은 궁녀가 있었으니 스물아홉 살 엄 상궁이었다. 못생긴 엄 상궁은 잠 못 이루는 고종을 위해 좋아하는 군밤을 갖다 주는 등 정성을 다해 시중을 들면서 승은의 기회만 노리고 있었다. 엄 상궁은 방중술을 익히며 하룻밤에 고종을 사로잡기 위해 만반의 준비를 하고 있었으나 기회는 쉽게 오지 않았다. 3개월 후 피신해 있던 민비가 궁으로 돌아왔다. 민비는 고종을 알뜰하게 보살펴 주었던 엄 상궁을 칭찬하면서 왕비의 몸종과 다름없는 내전 지밀상궁(정5품)으로 임명했다.

　아기 내인으로 여섯 살 때 궁에 들어가 치열한 경쟁을 뚫고 스물아홉 살 때 궁녀 최고 품계인 정5품 지밀상궁까지 올랐던 엄 상궁은 더 큰 꿈을 꾸었다. 꿈은 승은(承恩, 임금의 총애를 받아 잠자리를 가짐)을 입어 임금의 아들을 낳는 것이었다. 엄 상궁은 잠자리 기회만 엿보고 있었다. 모든 궁녀는 임금의 여인이었다. 아무리 미천한 궁녀라도 별의 순간(임금의 승은)을 잡으면 신분이 달라진다. 민비는 왜 못생긴 엄 상궁을 내전 지밀상궁에 임명했을까? 만약 미색이 뛰어난 궁녀를 자신의 곁에 두었다간 고종이 가만두지 않을 것 같았기 때문이다. 키가 작고 박색이지만 눈치 빠르고 명민한 엄 상궁은 민비의 최측근 보좌역에 적임자였다. 아무리 색을 밝히는 고종이라도 모과처럼 못생기고 뚱뚱한 여인을 가까이하지는 않을 것 같았다. 정치 권력을 틀어쥔 카리스마 넘치는 민비였지만 남자의 마음은 잘 몰랐다. 민비의 패착이었다. 민비는 안심하고 있다가 엄 상궁한테 허를 찔렸다. 하늘은 못생긴 여인에게도 한두 번쯤은 기회를 주는 법. 엄 상궁은 별의 순간을 놓치지 않았다.

고종 22년(1885), '못생긴 서른두 살' 엄 상궁에게 기다리고 기다리던 그 날이 왔다. 마침내 고종이 엄 상궁을 품었다. 아니 엄 상궁이 고종을 품었다. 이날을 학수고대하던 엄 상궁은 현란한 방중술로 호색한 고종을 한 번에 사로잡았고 흐물흐물하게 녹여버렸다. 고종은 매일 밤 엄 상궁의 처소를 찾아와 황홀한 열락의 밤을 보냈다. 고종은 엄 상궁의 우물에 푹 빠져버렸다. 엄 상궁이 왕의 침전을 나오면서 치마를 돌려 입었다(승은을 입은 궁녀는 임금의 침소를 나올 때 치마를 돌려 입어서 임금과 잠자리를 같이 했음을 알리는 전통이 있었다)는 소식을 들은 민비는 눈에 불을 켜며 길길이 뛰었다.

"여봐라! 당장 형구를 대령하고 그년을 잡아 오너라."

민비는 엄 상궁을 문초하여 때려죽일 작정이었다. 자신의 몸종이나 다름없던 지밀상궁한테 뒤통수를 맞았다고 생각하니 도저히 참을 수가 없었다. 엄 상궁은 억울했다. 임금이 잠자리를 원하는데 거부하는 궁녀가 있을 수 있겠는가. 질투심에 눈이 먼 민비는 눈에 뵈는 게 없었다. 엄 상궁이 끌려왔다. 민비는 내관에게 "저 추물을 형틀에 단단히 묶어라."고 소리 질렀다. 엄 상궁을 죽여서 젊은 궁녀들에게 본보기를 보일 작정이었다. 소식을 들은 고종이 부랴부랴 달려왔다.

"이보시게 중전! 엄 상궁을 죽일 것까지는 없지 않은가. 다시는 엄 상궁을 가까이하지 않겠으니 목숨은 살려주시게."

민비는 내명부의 수장이었지만 고종의 청을 뿌리칠 수 없었다.

1885년 겨울, 서른두 살 엄 상궁은 궁에서 쫓겨나고 말았다. 고종의 승은을 입고 부귀영화의 문이 활짝 열리는가 싶었는데 열리려던 문이 갑자기 '쾅' 하고 닫혀 버렸다. 세상사 알다가도 모를 일이었다. 엄 상궁은 억울하고 원통했지만, 이 또한 궁녀의 숙명이었다. 엄 상궁은 포기하지 않고 절치부심하며 다시 한번 반전의 기회를 노렸다. 그녀는 궁 안에 심어놓은 심복을 통해서 수시로 궁궐 동향을 전해 듣고 있었다. 살다 보면 때로는 어떤

왼쪽은 '조선 왕비 시해 사건'을 보도한 프랑스 주간지 〈르 주르날 일루스트레〉 표지사진. 오른쪽은 민비 시해에 가담한 일본인들(〈한성신보사〉 앞)

때는 남의 불행이 나에게는 기회가 되기도 한다. 10년 후 1895년 10월 8일(음력 8월 20일) 새벽 경복궁 건청궁에서 민비가 일본 낭인에게 시해당했다.

비극의 현장 건청궁은 어떤 곳일까? 유래를 알아보자. 경복궁에서 임금의 침전은 강녕전이고, 왕비의 침전은 교태전이다. 대원군의 간섭에서 벗어나고 싶었던 고종은 1873년 경복궁 북쪽에 건청궁을 따로 지었다. 건청궁에는 왕이 머무르는 장안당, 왕비가 생활하는 곤녕합, 상궁의 거소 겸 곳간으로 쓰이던 부속 건물 복수당, 정원인 향원정, 임금의 서재 겸 외국 사신을 맞이하던 집옥재 등이 있었다.

왕이 머무르는 장안당과 왕비가 생활하는 곤녕합은 긴 회랑으로 연결되어 있었다. 1876년 경복궁 강녕전에서 큰불이 나자 고종은 창덕궁으로 거소를 옮겼고, 1885년 1월 2일 다시 건청궁으로 돌아와서 민비가 시해되던 1895년 10월 8일까지 머물렀다. 두려움에 떨던 고종은 3개월 후 1896년 2월 11일 러시아 공사관으로 피신(아관파천)했다가 1897년 2월 20일 경운궁(덕수궁)으로 돌아왔다. 1909년 일제는 주인 잃은 건청궁을 헐어버렸다. 일제의 부끄러운 역사 지우기였다.

청과 일본은 대원군을 이용하여 민비를 견제했지만, 민비는 청일 전쟁과 삼국간섭을 틈타 러시아를 끌어들였다. 청일 전쟁으로 조선에서 승기를 잡았던 일본은 닭 쫓던 개 지붕 쳐다보는 격이었다. 기껏 청나라를 물리쳐 놨더니 민비가 고종을 부추겨 러시아를 끌어들였던 것이다. 가만히 있을 일본이 아니었다. 일본은 고종과 러시아에 강력한 견제구를 던졌다. 일본은 1895년 9월 17일 외교관 출신 이노우에 가오루 주한 일본공사를 소환하고, 육군 중장 출신 미우라 고로를 보내 민비 시해 계획을 세우고 실행에 옮겼다. 비운의 사건 을미사변이었다. 외국인 눈에 비친 민비는 총명하고 유능한 외교관이었다. 영국 지리학자 겸 탐험가 이사벨라 L. 버드 비숍은 《조선과 그 이웃 나라들》에서 1895년 민비를 만난 소감을 이렇게 묘사했다.

"왕후는 마흔 살이 넘은 여인으로서 마른 체구에다 미인이었다. 검고 윤이 나는 머리카락에 피부는 진주 가루를 발라서 창백했다. 눈은 차갑고 날카로웠는데, 이는 그녀가 훌륭한 지성의 소유자임을 보여주는 것이었다."

지난 20년간 사실상 조선의 국왕 노릇을 했던 민비가 러시아를 끌어들여 일본을 견제하려다가 목숨을 잃게 된 것이었다. 단 한 번의 오판으로 민비는 다시는 돌아오지 못할 역사가 되었다. 민심이 들끓었고 의병이 일어났다.

엄 상궁에게 을미사변은 하늘이 내려준 절호의 기회였다. 궁에서 쫓겨난 지 10년. 마흔두 살 늙은 엄 상궁에게 다시 한번 기회가 찾아왔다. 민비가 죽고 닷새 후, 고종은 엄 상궁을 임금을 모시는 대전 지밀상궁으로 불러들였다. 아무리 엄 상궁이 보고 싶어도 그렇지 이해할 수 없는 처사였다. 고종은 힘들고 지칠 때마다 엄 상궁의 품이 그리웠다. 지난 10년간 엄 상궁이 보고 싶어 어떻게 살았을까 싶었다. 황현은 《매천야록》에서 "고종이 전(前)상궁 엄씨를 불러 입궁시켰다. 민후(1894년 음력 12월 12일 홍범 14조 반포 이전까지는 민비, 반포 이후부터 을미사변 때까지는 민후, 대한제국 선포 이후부터 명성황후로 불렀다)가 살아있을 때는 두려워하여 감히 곁눈질도 못 했다. 10년 전 고종은 우연히 엄씨와 정을 통했는데 민후가 이를 알고 크게 노하여 엄씨를 죽이려 하였으나 고종의 간곡한 만류로 목숨을 부지하여 밖으로 쫓겨났다. 때가 이르러 엄씨가 부름을 받고 입궁하니 민후가 참변으로 돌아가신 지 겨우 닷새밖에 안 된 때였다. 장안 사람들은 모두 상감에게 심간(心肝, 깊이 감추어둔 마음)이 없다면서 한스럽게 여겼다."고 했다.

고종은 지쳐 있었고 가까이 있는 자는 믿을 수 없었다. 자기 마음을 알아주고 위로해 줄 여인이 필요했다. 고종은 날마다 엄 상궁을 품었고, 엄 상궁은 고종의 몸을 깊이 받았다. 백성들은 엄 상궁에게 푹 빠져있는 고종을 보고 "민심보다 높은 게 임금의 궁심(宮心)이다. 궁심은 엄 상궁이다."고 했다. 고종은 밤마다 방중술로 무장한 여인의 몸을 탐하며 열락을 맛보았고 무장해제당했다. 엄 상궁은 고종의 몸을 받는 밤의 여인만이 아니었다. 부하 궁녀를 통솔하는 카리스마가 대단했고, 시시각각 급변하는 정치 상황을 바라보는 안목과 판단력도 탁월했다. 민비가 시해된 후 고종은 독살을 염려하여 수라간 음식 대신, 날달걀과 깡통 연유만 먹었고, 서양 선교사 부인이 만든 음식조차 상자에 넣고 자물쇠로 채웠다가 눈앞에서 꺼내 먹었다. 목숨의 위협에 시달리던 고종은 믿고 의지할 만한 자를 찾을 수 없었다. 그때 무릎을 '탁' 치며 떠오르는 여인이 있었으니 엄 상궁이었다. 엄 상궁은 고종의 외로움을 달래줄 밤의 여인이자 낮의 복심이요 뛰어난 정치 참모였다.

고종의 정력은 대단했다. 예순 살 고종은 귀비 엄씨 장례 기간 중에도 서른 살 소주방 궁녀 양춘기를 품었고 이듬해 덕혜옹주가 태어났다. 예순한 살 때는 스물일곱 살 세수간 궁녀 이완덕을 품어서 아들 육(墳)을 낳았고, 예순두 살 때도 서른두 살 궁녀 정씨를 품어서 아들 우(堣)를 낳았다. 예순일곱 살 꺼져가는 모닥불은 남은 힘을 다해 온몸을 쥐어짜듯 어린 궁녀 김옥기를 품었지만, 후사가 없었다. 1919년 마침내 불이 꺼졌다. 고종이 죽었다. 늙은 임금과 젊은 궁녀 사이에서 태어난 아들 육과 우도 따라 죽었다. 육은 세 살, 우는 육 개월이었다. 어린 영혼은 서삼릉 왕자 묘지에 잠들어 있다.

다시 엄 상궁 이야기로 돌아가자. 궁에서 쫓겨났다가 10년 만에 고종 품으로 돌아온 엄 상궁의 통찰력과 순발력이 빛을 발하기 시작했다. 친러파 대신 이범진은 엄 상궁을 통해 고종에게 "김홍집 내각이 일본과 결탁하여 폐하를 폐위시키고 시해하려 하니 속히 주한 러시아 공사관으로 파천하여 해를 피하는 것이 상책"이라며 신호를 보냈다. 내시 강석호, 통역관 김홍륙, 시위대 대대장 이학균, 궁내관 홍종우도 가세했다.(한영우 《명성황후와 대한제국》 69쪽) 주한 러시아 공사 스페에르(Alexis de Speyer, 베베르 후임)는 군사 150명을 데려왔다. 100명은 러시아 공사관 경비병으로, 50명은 고종 탈출 호위병으로 대기시켰다.

1896년 2월 11일 새벽 6시, 고종과 세자(후일 순종)는 엄 상궁이 준비한 궁녀 복장으로 갈아입고 커튼이 쳐진 가마 두 대에 나눠 탄 뒤, 감쪽같이 경복궁 서쪽 영추문을 빠져나가 러시아 공사관으로 향했다. 여성이 탄 가마는 들여다보지 않는 게 관행이었고, 고종이

늘게 잠자리에 들었다가 정오 무렵 일어나는 생활 습관을 알고 있는 궁궐 경비병들도 경계가 느슨해져 있었다. 이날 새벽 궁녀가 갖다 준 술과 밥까지 얻어먹었으니 모든 게 무사통과였다.(김용삼 《조선왕비 시해되다》 344~346쪽)

일본은 아연실색했다. 뒤통수를 맞았다. 아관파천의 기획자요 실행자는 엄 상궁이었다. 엄 상궁은 궁궐 안에서 가마를 타고 다니며 수시로 경비병에게 뇌물을 주었고, 러시아 공사 베베르와 친러파 이범진을 비밀리에 만나 지원 약속을 받았다. 엄 상궁은 용의주도했다. 거사 실패를 대비해 전날 새벽 경기, 충청, 황해도 보부상에게 소집령을 내려 경복궁 부근에 수천 명이 대기했고, 유사시 주한 일본공사관 습격계획까지 준비했다. 엄 상궁에게 아관파천은 목숨을 건 거사였다. 엄 상궁은 뱃심과 지략이 뛰어났고 정치 권력의 풍향을 읽어내는 정치 감각이 탁월했다.

김구는 《백범일지》에서 "임금은 개혁파가 싫어서 러시아 공사관으로 도망갔고, 수구파는 러시아 세력을 등에 업고 총리대신 김홍집을 때려죽였다. 개혁의 수레바퀴를 되돌려놓은 것이다. 이로부터 조선에서 러시아와 일본 세력 다툼이 시작되었고, 친러파와 친일파가 싸우기 시작했다."고 했다.

조선에 와 있던 영국 지리학자 이사벨라 L. 버드 비숍은 《조선과 그 이웃 나라들》에서 고종이 머무르던 러시아 공사관 풍경을 이렇게 묘사했다.

"러시아 공사관으로 통하는 길은 조선 병사들이 지켰으나 정문은 러시아 해병 80명이 지켰다. 창문 아래 테라스에는 대포 포문이 있었으며, 왕에게는 많은 수행원이 있었다. 왕실 주변과 테라스에는 대신과 하인, 내시, 궁녀가 있었다. 재미있는 것은 왕의 탈출을 도운 엄씨(엄 상궁)와 박씨라는 궁정 여성 관리가 항상 왕 곁에 보이는 것이었다."

고종이 러시아 공사관에 있을 때 엄 상궁은 24시간 내내 붙어 다녔던 수행 비서이자 최측근 여성 경호원이었다.

러시아 공사관에서 고종과 엄 상궁은 누가 먼저랄 것도 없이 거침없이 뜨거운 사랑을 나누었고 영친왕을 잉태했다. 1897년 2월 20일 고종과 엄 상궁이 경운궁(덕수궁)으로 돌아왔다. 화려한 귀환이었다. 10월 12일 고종은 환구단에 올라 대한제국을 선포하고 황제가 되었고 연호를 광무라 하였다.

잠깐 환구단과 황궁우, 소공동 유래에 대해 짚고 넘어가자.

옛 러시아 공사관으로 가는 돌담길

중국은 황제만 하늘에 제사 지내고 달력을 만들 수 있다고 하여 제후국에서 해마다 한해가 시작되는 동짓날에 맞추어 동지사를 연경에 보내 달력을 받아가게 하였다. 고종은 대한제국을 선포하고 황제가 되었고 환구단을 세워 하늘에 제사 지냈다. 환구단을 세우고, 2년 뒤 다시 북쪽에 팔각삼층 전각인 황궁우를 세워 태조(이성계), 하늘, 땅 세 신위를 모셨다. 천장에는 황제의 상징인 발톱이 7개인 칠조룡을 조각했다. 환구단이 있었던 조선호텔 자리 소공동은 원래 태종의 둘째 딸 경정공주가 개국공신 조준의 아들 평양군 조대림과 혼인하여 살던 집이 있었다고 소공주택, 소공주골로 불리던 곳이다. 임진왜란 때는 선조가 명나라 장수 접견 장소로 이용하면서 남 별궁으로 불리게 되었다. 1913년 일제는 대한제국의 자취를 없애려고 환구단을 헐어버린 후 총독부 조선 철도호텔을 지었다. 환구단 대문은 1960년대 해체되었고 2007년 우이동 옛 그린파크호텔 대문으로 사용하다가 2009년 12월 제자리에 복원되었다. 현재는 황궁우 팔각삼층 전각만 남아있다.

대한제국 선포 일주일 후인 1897년 10월 20일 오후 10시 마흔네 살 늙은 엄 상궁이 영친왕을 낳았다. 엄 상궁은 아들을 안고 뜨거운 눈물을 흘렸다. 고종은 싱글벙글하며 이틀 뒤 정5품이었던 엄 상궁을 종1품 귀인으로 올리고, 3년 후 정1품 순빈으로 봉작했다. 한발 더 나아가 순비를 거쳐 귀비로 책봉(1903년 12월 25일)한 후 황후로 삼으려 했으나 숙종이 만들어놓은 '장희빈 법'에 가로막혀 포기하고 말았다. 장희빈 법은 기사환국(1689년 계비 인현왕후를 지지했던 서인이 물러나고 후궁 장옥정을 지지하는 남인이 권력을 장악한 사건)으로 후궁 장옥정을 왕비로 삼았다가 숙종 20년(1694) 6월 1일 인현왕후를 다시 불러들이면서 앞으로는 후궁을 왕비로 책봉하지 못하도록 대못을 박아놓았던 '후궁 왕비책봉금지법'이다.

영친왕을 낳고 귀비 엄씨는 왕비에 버금가는 핵심 실세가 되었다. 정치 권력을 거머쥐자 돈과 집과 땅이 마구 쏟아져 들어왔다. 대가성 있는 뇌물이 많았지만 빼앗은 것도 있었다. 귀비 엄씨는 부동산 재벌이 되었다. 재산 관리는 엄 귀비의 거처였던 속칭 '경선궁(덕수궁 동쪽 담장 뒤 성공회 구내 언덕 한옥이다. 귀비 엄씨의 궁호 경선을 따서 지었다)' 소속 심복 궁녀가 맡았다. 1905년 10월 5일 고종은 엄 귀비에게 서봉대수훈장을 수여했다. 1904년 3월 새로 만든 서봉장은 여자 전용 훈장이며 엄 귀비가 첫 수훈자였다.

을사늑약(1905) 이후 고종 44년(1907) 급박하게 돌아가던 정치 상황을 예의 주시하던 귀비 엄씨는 고종을 채근하여 며느리(영친왕 부인) 간택을 서둘렀다. 그해 3월 12일(음력 1월 28일)을 초간택일로 정한 후 전국에 있는 아홉 살부터 열일곱 살 처녀에게 금혼령을 내리고 처녀 단자를 받기 시작했다. 처녀 단자 첫째 줄에는 생년월일, 둘째 줄에는 부친, 조부, 증조부, 외조부 이름을 적었다. 3월 2일 처녀 단자를 내는 자가 적었던지 고종은 내부대신을 문책했다.

"처녀 단자를 거두기로 한 기한이 이미 지났으나 봉입(捧入, 접수)한 자가 매우 적으니 놀라운 일이다. 우선 내부대신을 견책하고 며칠 안으로 일일이 거두어들이도록 각별히 엄히 신칙(申飭, 단단히 이름)하라."

고종의 명을 받고 궁궐에서 나온 상궁들이 초간택 후보로 뽑힌 처녀 집을 방문해서 사주단자를 받아갔다. 전 영국공사 민영돈 집에도 상궁이 찾아와서 딸(민갑완)의 사주단자를 받아갔다.

1907년 3월 12일 아침, 초간택 후보자 49명이 사인교(四人轎)를 타고 경운궁(덕수궁)으로 모여들었다. 가마 행렬이 대한문 앞에 멈추자 궁에서 상궁과 각시 나인이 나와서 후보자 팔을 끼고 부축해 주었다. 준명당에는 내관이 대령하고 있었고 부친의 직위와 이름이 적힌 명패대로 대청마루에 줄지어 앉았다. 세 줄이었고 맨 앞줄은 중신 딸이, 맨 뒷줄은 '시골에서 올라온' 처녀가 앉았다. 후보자 49명 가운데 7명이 뽑혔다.

《고종실록》 44년(1907) 3월 12일 기록이다.

"영친왕 부인 초간택을 했다. 조령을 내리기를 '총판 민봉식의 딸(민영규의 손녀), 유학(幼學) 김용구의 딸, 전 주사(前主事) 조병집의 딸, 전 주사 심항섭의 딸, 진사 송병철의 딸, 진사 김현경의 딸, 유학 홍순범의 딸을 재간택에 들이고, 나머지에게는 모두 혼인을 허락하라."

7명 중 민봉식의 딸이 수망(首望, 1등)으로 뽑혔다. 1907년 3월 14일자 〈황성신문〉은 "영친왕 전하 부인 간택을 재작일(3월 12일) 거행하였는데 간택할 때 수망(일등)은 동부총판 민봉식의 따님으로 정하였더라."고 했다.

영친왕 정혼녀 민갑완

재간택 대상자 7명에 대한 심층 면접이 시작되었다. 면접 위원은 순종과 순종비였다. 삼간택 대상자로 세 사람이 뽑혔다. 뽑힌 자는 누구였을까? 민갑완은 《대한제국 마지막 황태자 영친왕의 정혼녀》 47쪽에서 "양전마마(순조와 순조비)께서 물으시는 대로 거침없이 대답을 하자 무릎을 치며 기꺼워하였다. 내심으로는 거의 나로 확정된 셈이다. 나랏법은 그렇지 않아서 형식적으로 세 명을 뽑아야 하므로 나 외에 의정대신을 지낸 민영규 씨의 따님(민영규의 손녀이자 민봉식의 딸을 오인한 듯)과 심씨 댁 따님(심향섭의 딸) 이렇게 셋이 첫 간택에 뽑혔다."고 했다. 이상한 것은 《고종실록》을 비롯한 《승정원일기》, 관보, 당시 신문 등 어디에도 초간택 심사에서 뽑힌 7명 중에 민갑완은 나오지 않는다. 1907년 4월 26일 〈공립신보〉는 '영왕(영친왕) 부인 내정설'이라는 기사에서 "영친왕 전하의 부인을 전 의정대신 민영규 씨의 손녀로 내정한다는 말이 있더라."고 했다.

재간택 대상자 7명에도 뽑히지 못한 민영돈의 딸 민갑완이 어떻게 영친왕의 정혼녀가 될 수 있었을까?

1907년 정미년은 굵직굵직한 사건이 이어지면서 정국은 한 치 앞을 내다볼 수 없었다. 을사늑약으로 외교권을 박탈당하고 일본의 내정간섭까지 받게 된 고종은, 만국평화회의 의장국이었던 러시아의 도움을 기대하며 6월 네덜란드 헤이그에서 열리는 제2차 만국평화회의에 밀사 세 사람을 파견했다. 국제회의에서 을사늑약의 불법성을 폭로하고 대한제국을 국제법상 독립주권 국가로 인정받으려고 한 것이다. 쳐다만 보고 있을 일본이 아니었다. 국내외 정보망을 통해서 고종의 움직임을 포착한 일본은 특명전권대사 츠즈키 게이로쿠를 헤이그에 파견하여, 러시아와 강대국 대표에게 한국 밀사의 회의장 입장을 거부해 달라고 요청했다. 이런 사실도 모른 채 6월 4일 러시아 상트페테르부르크에 도착한 이

준과 이상설은 전 주한 러시아 공사 베베르의 도움으로 황제 니콜라이 2세에게 면담을 요청했으나 거부당했다. 6월 25일 헤이그에 도착한 두 사람은 이위종과 같이 회의장에 들어가려 했으나 거부당했고, 회의 의장인 러시아 넬리도프와 미국·영국·프랑스·독일 위원에게 면담을 요청했으나 모두 거부당했다. 러시아는 고종의 헤이그 밀사 파견 사실과 한국의 동향을 일본에 전달하면서 물밑에서 자국 이익을 위해 비밀협상(러시아는 한국과 만주에 대한 일본의 권익을 인정하고, 일본은 외몽골에 대한 러시아의 권익을 인정하기로 합의)을 진행하고 있었던 것이다.(김용삼 《지금 천천히 고종을 읽는 이유》 451~418쪽, 한상일 《고종과 이토히로부미》 261~270쪽)

국제 외교 무대에서 대한제국은 러시아와 일본의 국익을 위한 흥정대상이요 먹잇감일 뿐이었다. 회의장 입국을 거부당한 헤이그 밀사는 헐버트와 함께 외신기자회견을 열어 을사늑약의 불법성을 폭로했지만 소용이 없었다. 고종을 끌어내릴 기회만 엿보고 있던 조선통감 이토히로부미는 1907년 7월 2일 헤이그 밀사 사건 책임을 물어, 이완용과 송병준에게 "고종이 스스로 물러나도록 압력을 가하라."고 지시했다. 7월 6일 어전회의에서 농상공대신 송병준은 고종에게 "스스로 일본 천황에게 사과하든지, 아니면 대한문 앞에서 밀사 파견에 대해 조선주차군(주둔군) 사령관 하세가와에게 사죄하라."고 협박했다.

친일파 대신에게 고종은 거추장스러운 걸림돌에 불과했다. 1907년 7월 18일 친일단체 일진회가 덕수궁을 둘러싼 가운데 내각 회의가 열렸다. 대신들은 품속에 권총을 품고 들어갔고, 법부대신 조중응은 외부로 나가는 전화선을 절단했다. 정교는 《대한계년사(대한제국 말년역사)》에서 "이완용 등 7명이 입궐했다. 황제(고종)가 양위를 거부하자 이완용과 송병준이 불순한 언사를 무수히 했고

이토히로부미와 영친왕. 일본으로 끌려간 영친왕은 군사교육을 받고 일본군 장교가 되었고 메이지 천황 조카인 나시모토노미야 모리마사 왕의 장녀 이방자와 혼인하였다. 이토히로부미는 1909년 10월 26일 하얼빈역에서 안중근 의사가 쏜 총탄을 맞고 즉사했다.

이병무는 칼을 휘두르며 협박했다."고 했다. 황현은 《매
천야록》에서 "이완용이 칼을 뽑아 들고 '폐하는 지금이
어떤 세상인지 모르시오.'라고 소리쳤다. 시종들은 폐하
말만 떨어지면 이완용을 칼로 찔러 갈래를 내고자 하였
으나, 임금이 이완용을 흘겨보며 '그렇다면 선위하는 게
좋겠다.'라고 하자 이완용 등이 비로소 물러갔다."고 했다.
고종은 어쩌다가 나라가 이 지경이 되었는지 참담했지만
돌아보면 모두 자신 탓이었다.

안중근 의사

　1907년 7월 19일 새벽 고종은 순종에게 양위를 선언했고 다음 날 스물네 살 황태자 이
척(순종)이 황제가 되었다. 일본군 200명이 덕수궁을 둘러싸고 있는 가운데 중화전에서
열린 즉위식에는 고종과 순종 없이 내시 두 명이 황제와 황태자 역할을 대신했다. 대한제
국은 나라도 아니었다. 마지막 가쁜 숨을 몰아쉬고 있었다. 7월 24일 제3차 한일협약으로
불리는 정미7조약(군대해산 비밀각서 포함)이 체결되었고, 8월 1일 대한제국 군대가 해산
되었다. 곳곳에서 의병이 일어났다. 조선주차군사령부 '조선폭도 토벌지'는 1910년 8월 29
일까지 의병과의 전투횟수는 2,819회 참여, 의병은 4만 1,603명이라고 밝혔다.

　순종이 황제로 즉위하자 영친왕은 황태자가 되었다. 엄 귀비는 더 이상 아들 영친왕의
가례를 미룰 수 없었다. 4개월 전, 1907년 3월 12일 삼간택 대상자 3명을 뽑아놓고 국내 정
치 상황과 이토히로부미의 방해 공작 때문에 진행할 수 없었던 최종 정혼녀 간택일을 10
월 26일(음력 9월 20일)로 정했다. 이토히로부미가 한발 빨랐다. 이토히로부미는 다 계획
이 있었다. 영친왕을 일본으로 데리고 가서 일본 황족과 혼인시킬 계획이었다. 순종 즉위
년(1907) 12월 5일 영친왕은 이토히로부미 손에 이끌려 대한해협을 건넜다. 유학이라고 했
지만, 볼모로 데려간 것이다. 순종은 끝까지 반대했지만, 허수아비 황제의 말은 아무런 힘
이 없었다.
　귀비 엄씨는 닭 쫓던 개 지붕 쳐다보는 격이 되었다. 영친왕이 일본으로 떠나고 20일
후, 1907년 12월 24일 귀비 엄씨는 영친왕 정혼녀로 내정되었던 민봉식의 딸을 제쳐놓고,
초간택 자리에 나왔다가 탈락한 전 주영공사 민영돈의 딸 민갑완에게 약혼 선물을 보냈
다. 민영돈과 민갑완은 기가 막혔다. 민갑완은 초간택 대상자 49명 중에 들긴 했으나 재간

택에서 탈락했던 처녀였다. 귀비 엄씨가 왜 이런 돌발 행동을 했는지 수수께끼로 남아있다.

민갑완은 《대한제국의 마지막 황태자 영친왕의 정혼녀》 55쪽에서 약혼 선물을 받던 날 (1907년 12월 24일) 풍경을 이렇게 묘사했다.

"동짓달 스무날이 되었다. 아침에 전갈이 오기를 시국이 혼란스러워 예법을 지킬 수 없어 그냥 택일을 하여 신물을 전달하려 하니 그리 알고 사수(査受, 받아달라)하라고 한다는 것이었다. 오후가 되자 순종황제의 보모인 문 상궁이 신물을 가지고 나왔다. 거죽은 다홍 공단이요, 안은 초록공단으로 된 겹보 위에 한 매듭을 넘는 가락지 두 짝을 곧추세워 다홍 실로 동심결(同心結)을 맺었다. 네모지게 싼 위에 먹글씨로 '약혼지환' 이라고 쓰여 있었다. 이젠 재간택까지 치른 셈으로 영원히 이왕가(李王家)의 사람이 된 것으로 느껴졌다."

10년 후 1917년 12월 1일 영친왕은 일본 육사를 졸업하고 잠시 귀국했다. 고종은 영친왕에게 민갑완과 가례를 권했으나 일제의 방해로 만나지 못하고 돌아갔다. 이완용 등 친일파는 신경이 쓰였는지 12월 18일부터 3일간 창덕궁, 덕수궁, 경우궁에 있는 제조상궁을 동원하여 민영돈의 집을 교대로 드나들면서 약혼 신물을 환수하려 했고 민갑완에게 다른 남자와 혼인하라고 권유하기도 했다. 4일째 되던 날 전갈이 왔다. "영친왕께서 일본 황족 공주(이방자, 마사코)와 혼인하게 되었으니 대감 댁에서도 다른 사위를 택하여 성혼하여 주십시오. 만약 무엇하다면 금릉위궁 박영효 댁으로 하면 어떻겠습니까?" 민영돈과 민갑완은 무슨 말이냐며 펄쩍 뛰며 거부했지만, 제조상궁이 펑펑 울면서 제발 좀 살려달라며 끈질기게 매달리자, 결국 신물을 내어주고 말았다. 이완용 등 친일파는 그래도 안심하

영친왕과 이방자 여사

지 못했는지 이번에는 순종의 시종부관을 시켜 민영돈에게 '신의 여식을 금년 내로 타 가문에 출가시키지 않으면 부녀가 중죄를 받아도 좋다.'는 서약서에 도장을 받아오게 하였다. 민영돈은 '임금의 하명'이라는 말에 눈물을 머금고 사인하고 말았다.(《대한제국의 마지막 황태자 영친왕의 정혼녀》 63쪽~77쪽)

민영돈은 화를 삭이지 못하고 술로 나날을 보내다가 1919년 1월 5일 만취되어 돌아와 피를 토하며 쓰러졌다. 이듬해 1920년 4월 28일 영친왕은 일본 황족 자녀 이방자와 혼인했다. 민갑완은 다른 남자와 혼인하라는 압박에 계속 시달리다가 1923년 동생 민천식과 함께 상해로 피신했다. 그는 23년 후 1946년 5월 귀국하여 영친왕과의 혼인 스토리를 기록한 자서전을 남기고 1968년 2월 19일 부산 초량동에서 세상을 떠났다. 일흔한 살이었다. 평범한 사대부 집 규수와 가문이 역사의 소용돌이에 휘말리면 어떻게 망가지는지 생생하게 보여주는 가슴 아픈 이야기다. 또 나라가 무너질 때 지도자는 어떤 선택을 했고, 결과는 어떻게 되었는지? 나라의 운명에 따라 한 인간의 삶이 어떻게 결정되고 어떻게 롤러코스터를 타며 살다 갔는지를 보여주고 있다.

문막읍 궁촌리 789-16번지에는 귀비 엄씨가 궁녀를 파견해서 관리하던 별장 터가 남아있다. 마당에는 궁녀가 말을 타고 내리던 승·하마석이 남아있고, 마을 입구에는 재앙

왼쪽은 귀비 엄씨 별장을 관리하던 궁녀가 말을 타고 내리던 승·하마석, 오른쪽은 마을 입구에 있는 재앙과 액운을 막아준다는 석감당(전 상지대 이희춘 교수 제공)

과 액운을 막아준다는 장승 모양의 석감당(궁촌리 1455–23)도 남아있다. 1904년 8월 제1차 한일협약(한·일 외국인 고문 용빙에 관한 협정서)으로 그해 10월 탁지부 재정고문으로 들어온 메가타 다네타로가 제실제도정리국(1907년 11월 궁내부 산하 제실재산정리국으로 확대되었다가 1908년 6월 황실재산 국유화 조치로 폐지됨)을 만들어 궁실 소유 재산을 환수하려 하자, 명민한 귀비 엄씨는 그동안 배우고 싶어도 배울 수 없었던 조선 여성을 위해 여학교 설립에 많은 재산을 기부했다. 1905년 친정 조카 엄주익이 운영하던 양정의숙(양정고)에 전답 2백만 평을 기증했고, 1906년 4월 21일 개교한 진명여학교(진명여고, 현 진명고)에 전답 2백만 평, 1906년 5월 22일 개교한 명신여학교(숙명여대)에도 전답 3백만 평을 기증했다. 축재과정은 비판받아야 하지만 재산처리 과정은 시의적절했고 칭찬받아 마땅하다.

"여자가 글을 배우면 친정집에 편지질해서 시댁을 흉보고 고자질한다며 한글을 가르치지 않았고, 아흔일곱 할매가 어릴 때 아궁이에서 불을 때다가 재를 긁어내서 그 위에 ㄱㄴ을 쓰면서 한글을 깨우쳤던……"(김훈《연필로 쓰기》 263~269쪽)
암흑기에 조선의 앞날을 내다보며 여성 교육에 투자한 귀비 엄씨의 뛰어난 안목은 사후에도 빛을 발했다.
1980년 펴낸 '진명 75년사'를 보자.

"진명의 설립은 순헌 황귀비와 엄준원 선생(엄진일의 둘째 아들이었으나, 귀비 엄씨 부친 엄진삼의 양자가 되었다)의 선각적인 높은 뜻에 의하여 이루어졌다. 일제는 을사늑약 이후 제실재산정리국이라는 직제를 만들어 궁실 소유 재산을 국유화하려 하였다. 황귀비는 친정 남매간인 엄준원 선생의 진언을 받아들여 여성 교육의 큰 뜻을 가지고 학교설립에 관한 일을 일임하였다."

숙명여대에는 순헌관이 있고 숙명여대 사거리에서 효창공원 삼거리에 이르는 길은 '순헌황귀비길'로 명명되었다. 높은 벼슬에 오르고 돈이 많으면 무엇 하겠는가? 동시대 백성과 나라 발전에 도움을 주지 못하고 자신의 명예와 가문의 영광으로만 끝나버리면 허망하지 않겠는가?
귀비 엄씨가 정치인과 부자에게 말한다.

"이 사람들아! 돈은 이렇게 쓰고 정치는 이렇게 하는 거야."

1962년 일본 도쿄 최고의 부촌이며 외교 1번지 미나토구 아자부에 노른자위 땅 2,500 평을 사서 주일 한국대사관 부지로 기부한 사람이 있다. 현재 땅값만 해도 약 1조 원이다. 사카모토방직 회장이었던 고 서갑호다. 그는 열네 살 때 일본에 와서 사탕을 팔고 폐지를 주우며 1948년 방직회사를 차려 큰돈을 벌었다. 서갑호는 "조국이 부끄러우면 안 된다."고 하면서 대출받아 땅을 사고 원금과 이자를 모두 갚은 다음 한국 정부에 기부했다. 1965년 한국대사관이 들어섰고 2024년 7월 12일 주일 한국대사 윤덕민은 대사관저 현판을 서갑 호 회장의 호 '동명'을 따서 동명재라 명명했다. 어떤가? '동명재'와 '순헌황귀비길.' 나라 사랑, 백성 사랑하는 마음이 느껴지지 않는가?

귀비 엄씨가 기부한 전답은 경기도 파주, 강화도, 영종도, 부천, 황해도 신천, 은율, 재령, 안악, 완도 등 전국에 퍼져 있었다. 기부하고 남은 집과 땅도 있었다. 원주시 문막읍 궁촌 리 별장과 전답도 그중 일부로 추정된다. 대한제국이 망하고 귀비 엄씨가 죽은 후, '경선 궁' 명의로 은행에 예치되어 있던 예금과 전답은 모두 조선총독부에 환수되었다. 1911년 7 월 장티푸스를 앓고 있던 귀비 엄씨는 4년 전 이토히로부미 손에 이끌려 일본으로 건너 간 아들 영친왕이 보고 싶었다. 열다섯 살이 된 영친왕은 일본군 장교 훈련을 받고 있었 다. 이제나저제나 아들 소식을 기다리던 귀 비 엄씨에게 영친왕 모습이 담긴 필름이 도 착했다. 마치 눈앞에서 아들을 만나는 듯 가 슴이 두근거렸다. 필름을 본 귀비 엄씨는 충 격을 받고 쓰러지고 말았다. 영친왕이 군사 훈련을 받으면서 일본 학생들과 들판에서 주먹밥을 먹고 있는 광경이었다. 눈에 넣어 도 아프지 않을 귀한 아들이 거친 들판에서 군사훈련을 받고 있다니! 이틀 후 순종 4년 (1911) 7월 20일 귀비 엄씨는 덕수궁 즉조당에 서 숨을 거두었다. 쉰여덟 살 파란만장한 삶

도로명 주소 순헌황귀비길. 여섯 살에 궁녀로 궁궐 에 들어가 영친왕을 낳고 궁녀 최고의 자리에 오르 기까지 롤러코스터 같은 삶을 살았던 귀비 엄씨. 그 는 가진 돈을 아무도 주목하지 않았던 여성 교육에 투자했던 선각자였다. 사람은 가도 이름은 남아 심 금을 울린다.

이었다. 순종은 귀비 엄씨에게 '순헌'이라는 시호를 내려주었다. 무덤은 영휘원에 있으며, 위패는 덕수궁 영복당에 모셨다가 사당(덕안궁)을 짓고 1929년 7월 육상궁으로 옮겼다. 육상궁은 덕안궁이 들어오면서 왕을 낳은 후궁 일곱 명을 모신 칠궁이 되었다.

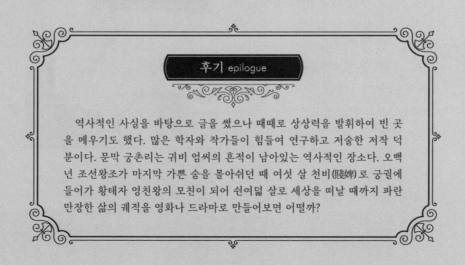

후기 epilogue

역사적인 사실을 바탕으로 글을 썼으나 때때로 상상력을 발휘하여 빈 곳을 메우기도 했다. 많은 학자와 작가들이 힘들여 연구하고 저술한 저작 덕분이다. 문막 궁촌리는 귀비 엄씨의 흔적이 남아있는 역사적인 장소다. 오백 년 조선왕조가 마지막 가쁜 숨을 몰아쉬던 때 여섯 살 천비(賤婢)로 궁궐에 들어가 황태자 영친왕의 모친이 되어 쉰여덟 살로 세상을 떠날 때까지 파란만장한 삶의 궤적을 영화나 드라마로 만들어보면 어떨까?

切頭山

제2장 흥업·판부편

매지천을 중심으로 강릉원주대학교와 한라대학교 캠퍼스를 지나는 물길과 숲길이 어우러진 낭만 코스다. 한라대 메타세쿼이어 산책로는 고즈넉하고 운치 있는 길로 이름이 나 있고, 강릉원주대 도서관으로 이어지는 금성산 등산로는 숨은 보석같은 길로서 시민에게 많은 사랑을 받고 있는 길이다.

> 흥업면 행정복지센터 ⊙ 강릉원주대 도서관 옆 정자 ⊙ 구름다리 ⊙ 금성산 ⊙ 샘터 ⊙ 반려견 쉼터 ⊙ 흥업성당 · 흥대교차로 ⊙ 매지천교 밑 ⊙ 흥업 119 안전센터 ⊙ 한라대 메타세콰이어길 ⊙ 합포원교 ⊙ 둑길 ⊙ 자감교 사거리 ⊙ 흥업면 행정복지센터

당신은 흥업에 태를 묻고 나는 살고 있으니

흥업은 젊은 땅이다. 면 소재지이지만 대학이 세 개나 있고, 육민관 중고등학교도 있어 젊은이로 활기가 넘친다. 흥업면은 옛 금물산면(현 대안리. 매지리. 흥업리)과 사제면(현 문막읍 반계리. 취병리. 동화리, 흥업면 사제리) 지역이었다. 1914년 사제면이 폐지되면서 사제리는 금물산면에 편입되었고, 금물산면은 1917년 흥업면이 되었다. 금물산(今勿山)은 대안리와 술미마을 북쪽에 있는 '거무산'에서 유래되었다. 거무는 '크고, 높고, 신성하다.'는 뜻인데 '거무산'을 한자로 바꾸려고 소리 나는 대로 적다 보니 '금물산'이 되었다. 붓 쥔 자들이 벌인 억지스

흥업면 지도

흥업면사무소 표지석

럽고 우스꽝스러운 촌극이었다. 흥업면에서 흥업은 '흥대동'의 '흥'과 '울업동'의 '업'자를 따서 지었다. 흥대동은 자갈마을(잘개미) 남쪽 '헌터'를 가리키며, 헌터는 마을이 번창하라고 '헌'을 '흥(興)'으로 바꾸고, '터 대(垈)'자를 써서 흥대동이라 하였다. 울업동은 흥업사거리에서 흥업교차로에 이르는 지역이다.

제8회 전국동시지방선거 관계로 출발지를 흥업면 행정복지센터에서 강릉원주대로 옮겼다. 출발시간이 다 되었는데도 아무 기적이 없다. 흥업 사는 권오봉이 "아무래도 엉뚱한 데서 기다리고 있는 것 같다."며 도반을 찾아 나섰다. 역시 고수 측은 남다르다. 엉뚱한 데 모여 있었다.

"아니 무슨 걷기 초보도 아니고 꼭 짚어줘야 압니까? 쿵 하면 담 넘어 호박 떨어지는 소리인 줄 알아야지."

" 하하하…….."

강릉원주대 정문에 표지석이 서 있다. '해람인의 참 뜰'이다. 누가 물었다. '해람인'이 무슨 뜻이에요? 해람(解纜)은 배가 밧줄을 풀고 먼 바다로 항해를 시작한다는 뜻이다. 누구나 알기 쉽고 부르기 쉬운 우리말을 쓸 수는 없는 걸까?

강릉원주대 뒷산 숲길로 들어섰다. 빨간 산딸기와 보라색 매 발톱 꽃이 조화롭다. 판부면 서곡리 도매촌 삼거리다. 도매촌은 봄이 되면 복숭아꽃이 피고, 매화꽃이 떨어진다는 매화낙지형(梅花落地形) 명당이다. 전국 어디 가나 명당에는 스토리가 있다.

필자는 2022년 6월 명당으로 손꼽히는 예산군 덕산면 흥선대원군 부친 남연군묘를 찾았다. 남연군묘는 권력을 향한 인간의 집념이 얼마나 무서운지 보여주는 좋은 사례. 황현의 《매천야록》에 이야기가 나온다. 철종 때 세도 가문 안동 김씨는 흥선군을 난봉꾼과 미치광이 취급했지만, 그는 마음속에 시퍼런 칼을 품고 때를 기다렸다. 흥선군은 지관 정만인에게 부친 묘를 옮길 만한 명당자리를 부탁했다. 지관이 물었다.

"2대 천자가 나올 자리를 원하는가, 아니면 대대손손 큰 부자가 나올 자리를 원하는가?"

흥선군이 말했다.

"2대 천자가 나올 자리를 골라주시오."

못자리는 가야사 금탑 자리였다. 가야사는 풍수에서 명당이자 길지의 교과서로 불리는 꿩이 엎드려 있는 '복치형(伏雉形)'이다. 흥선군은 재산을 팔아 절을 산 다음, 경기도 연천에 있던 부친 묘를 가야산 북동쪽 산기슭으로 옮겨 가매장한 후 스님을 내쫓고 절을 불태워 버렸다. 금탑을 헐기 전날 흥선군 사형제가

남연군묘 요석은 가야산 혈이 땅속으로 내려오다가 불쑥 솟은 바위다. 요석 수에 따라 판서가 난다고 한다. 대원군 아들 고종과 손자인 순종 황제가 났다. 묘 앞에 서면 땅 기운이 강하게 느껴진다. 망주석 앞으로 먼 산과 들판이 활짝 열렸다(왼쪽 대원군, 오른쪽 위는 남연군묘 도굴범 오페르트, 아래는 남연군묘 요석)

같은 꿈을 꾸었다. 꿈속에서 탑신이 나타났다.

"너는 어찌하여 내 자리를 빼앗으려 하느냐? 당장 그만두지 않으면 용서하지 않겠다."

흥선군의 형은 겁에 질려 작업을 중단하자고 했으나, 흥선군은 "그렇다면 이 땅은 진짜 명당이다."고 하며 도끼를 들고 탑을 헐기 시작했다. 도끼날이 튀었지만, 흥선군은 "나라고 왜 왕의 아비가 되지 못한단 말이냐?"고 외치며 계속 탑을 헐었다. 탑신이 흥선군의 외침을 듣고 두 손을 들었는지 더 이상 도끼날이 튀지 않았다. 흥선군의 둘째 아들 이재황은 고종이 되었고, 손자 이척도 순종이 되었지만, 남연군묘는 수난을 겪었다. 대원군의 쇄국정책으로 통상교역이 좌절되자 독일 상인 오페르트가 무덤을 파헤쳤다(1868년 남연군묘 도굴사건). 미수에 그치고 말았지만, 사람들은 "대원군이 가야사를 불태운 업보를 치르고 있다."며 수군거렸다.

금성산 오름길이다. 내려올 땐 몰랐는데 오름길이 만만찮다. 같은 산도 올라가기와 내려가기가 다르다. 오름길에서 도반이 소나무 두 그루를 가리켰다. 한 그루는 니키타 소나무요, 한 그루는 토종 소나무다. 두 나무가 손을 맞잡고 있다.

연리목이다. 흥업 사는 권오봉은 "내가 이십 년 동안 이 길을 오르내렸지만, 연리목을 발견한 건 십오 년 차 되던 해였다."고 했다. 같은 길을 걸어도 앞만 보고 걸으면 주변에 무엇이 있는지 보이지 않는다. 베이비 붐 세대는 쉴 줄도 모르고 오로지 주어진 목표를 향해 앞만 보고 살았던 일 중심 세대였다. 이젠 이따금 멈춰 서서 주변도 둘러보면서 천천히 여유 있게 걸었으면 좋겠다.

금성산(221m)이다. 숲 그늘이 별천지다. 서곡감리교회 조도형 목사가 벤치에 앉아있다. 그는 "서곡에서 곧장 올라왔다."고 했다. 박명원이 치악산 막걸리와 삶은 양상추, 초고추장을 펼쳤다. 도반에게 막걸리를 권하자 누구는 "나이가 어려서 아직 술을 못 배웠다."고 했고, 누구는 "요즘 술을 배우고 있다."고 했다. 좌중에서 웃음이 터져 나왔다. 다들 한때는 술 상무 소리를 듣던 사람이었다.

무수막과 샘터 갈림길이다. 무수막(無愁幕)은 '1801년 신유박해 때 천주교인들이 모여서 물가에 막을 짓고 살았다.'는 이야기가 전해온다. 한자만 보면 '아무 근심 걱정 없이 사는 동네' 같지만, 전설은 이렇게 다르다. 무수막과 잇대어 있는 분지울(芬芝洞, 분지동)도 신유박해 때 이벽, 이승훈, 이가환 가족이 박해를 피해 숨어든 곳으로 알려져 있다.

산길을 천천히 내려오자 옹달샘이다. 샘터 주변을 빗자루로 깔끔하게 쓸고 정갈하게 다듬어 놓았다. 샘물 한 바가지를 떠서 목을 축였다. 물맛이 순하다. 내장까지 시원하다. 물맛은 '동네 인심 따라간다.'는 말이 있다. '마을 동(洞)'자 는 '물 수(水)'와 '같을 동(同)'자 합성어로서 같은 물을 먹는 사람이 모여 사는 마을이라는 뜻이다. 물맛이 순한 걸 보니 마을 인심도 좋을 듯하다.

금성골 물을 모아 농업용수로 쓰고 있는 '자재기' 저수지다. '자재기'는 한자로 자작리(自作里)다. 자재기는 '자작나무와 자치기 방언'이라는 말도 있고 '자체로 마을을 이루었다.'는 말도 있다. 필자는 '자치기 방언'에 한 표다.

흥업성당 뒷길을 지나자 당골이다. 골짜기에 불당(부처를 모신 집)이 있었다고 당골이다. 우리말 지명에서 '당'은 십중팔구 성황당이나 '불당'을 뜻한다.

흥대교차로를 지나자 원주시농업기술센터다. 옛날에는 밤나무가 많았던 '편

골짜기에 당이 많았다는 당골

한국전쟁 때 피난민수용소였던 밤들. 현재 원주 농업기술센터가 들어섰다.

평한 밤들'이었는데, 한국전쟁 때 양구, 인제, 화천에서 피난 온 사람들이 모여 살던 수용소가 들어서면서 '밤들 수용소 터'로 불리게 되었다. 한국전쟁 중에도 장이 열렸고 피난민 자녀 팔백여 명을 가르치던 흥일초등학교(1951~1953)도 문을 열었다. 흥일초등학교는 한국전쟁 직후 흥업초등학교에 통합되었다. 밤들 수용소 피난민 중에는 양구에서 피난 온 조철묵 시인 부모도 있었다. 시인은 한국전쟁 중이던 1953년 '밤들 수용소'에서 태어났다. 시인은 저서 《빛나는 꽃 청춘에게》에서 "포성이 지축을 흔들고, 인민군이 무서워 자유를 찾아 물설고 낯선 땅 원주시 흥업면 밤나무골 수용소에 난민으로 살면서 어머니는 야산에 나의 태를 묻었다. 전쟁 중이라 산모가 먹지 못해 젖이 나오지 않아 우유로 연명하던 중, 체하여 원주기독병원으로 달려갔다. …… 조금 낫는듯하다가 아프기를 반복했다. 아버지는 학성동 원주역전 근처에 방을 얻어놓고 미군 부대에 일자리를 잡았다. 아버지는 일터로 출근하고, 어머니는 나를 업고 병원으로 달려갔다."고 했다.

원주세브란스기독병원은 1911년 미국 감리교 안도선(Dr. A. G. An Derson) 의료
목사가 설립한 스웨덴 감리교 병원에서 시작되었다. 처음에는 17병상 규모였으나 일제
강점기와 한국전쟁을 거치면서 불타버렸고 1954년 미국 목사 주디(Rey Carl Judy)와
캐나다 목사 겸 의사 모레리(Dr. F. Murary)가 5년여 준비 끝에 1959년 50병상 규모
의 원주기독병원을 세웠다. 1978년 신촌세브란스병원에서 원주기독병원을 인수하여
의과대학을 세웠고, 2012년 원주기독병원에 '세브란스'를 넣어 '원주세브란스기독병원'
이 되었다. 초대병원장은 크리스마스실을 발행하여 결핵 환자 퇴치에 앞장섰던, 문이
비인후과 원장 문창모 박사였다.

시인은 "어머니가 살아계실 때 원주 밤골 얘기를 자주 했다. 그래서 그런지
나는 밤골을 지날 때마다 마치 오래전에 살았던 느낌이 들곤 한다."고 했다. 흥
업 사는 권오봉이 시인에게 악수를 청했다.
"당신은 흥업에 태를 묻었고, 나는 흥업에 살고 있으니 우리는 다 같은 흥업
사람이네요."
가슴이 뭉클해진다. 정이란 이런 걸까? 밤들에 이렇게 깊은 사연이 숨어있는
줄 누가 알았겠는가? 필자는 차를 타고 농업기술센터 부근을 지날 때마다 밤들
수용소와 시인 모습을 떠올려보곤 한다.

흥대마을 청년회에 세운 마을 표지석이 눈에 띈다. '모든 일에 인정을 남겨두
면 나중에 좋은 낯으로 만날 수 있다. 지극히 즐거운 것은 독서만 한 게 없고,
지극히 중요한 것은 자식 교육만 한 게 없다.' 《명심보감》 계성편과 훈자편에
나오는 말이다. 사람 사는 도리는 예나 지금이나 다르지 않다. 원수는 외나무

매지천 다리 밑에서 바라본 고래실들. 왼쪽은 한라대 뒷산 문필봉. 오른쪽은 원주시민이 즐겨 찾는 배부른산

다리에서 만난다. 싸울 땐 싸우더라도 철천지원수를 만들지 말고 인정을 남겨 두어야 한다. 독서와 자식 교육은 아무리 강조해도 지나치지 않다. 독서는 안 해서 탈이고, 자식 교육은 지나쳐서 탈이다. 스마트 폰이 독서를 대신하고 학원이 밥상머리 교육을 대신하고 있는 디지털 시대다. 어떻게 사는 게 잘사는 걸까?

　매지천 다리 밑이다. 어디 가나 다리 밑은 최고의 쉼터다. 삼복더위 때도 다리 밑에 자리 깔고 앉으면 신선이 따로 없다. 매지천 건너 너른 들판이 펼쳐진다. 1년 내내 들판에 논물이 마르지 않는다고 마을 사람들은 '고래실 구렁(들)'이라 부른다.
　흥대3리 마을회관이다. 할머니(86세)가 정자에 앉아있다. "들이 너르고 시야가 트여 살기 좋은 마을 같다."고 하자, "어디 땅 보러 다니는 사람이냐?"고 묻는다. 땅 보러 다니는 자가 얼마나 많았으면 이런 말을 하겠는가?

한때 〈SBS〉 인기 드라마였던 '어게인 마이라이프'에 이런 대사가 나온다.

"자네 부동산이 뭔 줄 아는가? 땅으로 시작해서 건물 올리고 나무 심어서 땅값 올리는 거야. 부동산은 곧 탐욕이란 말일세. 탐욕의 대가가 뭔지 아는가?"

고개가 끄덕여진다. 하늘은 한 사람에게 모두 주지 않는다. 가진 게 많으면 근심도 많다. 돈, 집, 차, 땅, 힘. 자리……. 많으면 많을수록 좋을 것 같지만 그거 잠깐이다. 산이 높으면 골이 깊고 빛이 밝으면 어둠도 깊다. 땀 흘리며 운동한 후 따뜻한 물로 샤워하고 맛있는 된장찌개에 소맥 한잔하고 깊이 잠들 수 있다면 그게 바로 '소확행(소소하지만 확실한 행복)' 아니겠는가?

홍대마을 옛 지명은 '헌터'였다. 옛날에 금광굴이 있어 사람들이 모여들자 마

한라대학교 메타세쿼이어길. 뒷산은 문필봉이고 뒷길 따라 걸어가면 연세대학교 미래캠퍼스 도서관에 이른다. 사색에 안성맞춤인 걷기 명소다.

을이 번창하라고 '흥할 흥(興)'자와 '터 대(垈)'자를 써서 '흥대'로 고쳤다.

한라대 후문 '메타세콰이어길'이다. 쉬는 시간은 토론시간이다. 선거 이야기부터 성씨 본관 이야기까지 담아두었던 말들이 봇물 터지듯 쏟아진다. 옆에서 가만히 듣고만 있어도 박사가 된다. 나이 먹으면 말이 고프다. 듣기만 잘해도 '괜찮은 사람' 소리를 듣는다. 집에서는 이게 왜 안 되는 걸까?

한라대 뒷산이 가깝다. 산 이름은 자지봉(紫芝峰), 별칭은 자주봉이다. 고종이 승하했을 때 산봉우리에서 망곡례를 지냈고 3·1 만세운동 때는, 낮에는 사제리 백사장에서, 밤에는 자지봉에서 봉화를 올리며 대한 독립 만세를 외쳤다고 한다. 자지봉은 이름이 거시기하다고 한라대 개교 때 총학생회 건의로 문필봉으로 고쳤다. 2023년 겨울 필자는 걷기 회원과 함께 문필봉에 올랐다.

한라대 정문이다. 정문 부근에 금광굴이 있었고, 금광이 마치 이불처럼 깔려 있어 광부 수백 명이 마을에 북적거렸다고 한다. 금광굴에도 스토리가 있다. 일제강점기 때 금광을 찾아다니던 늙은이가 어느 날 꿈을 꾸었다. 돼지와 금 수탉이 어울려 노는 꿈이었다. 늙은이는 꿈이 참 신기하다고 생각하고 다음 날 꿈에 보았던 곳으로 달려가 곡괭이로 땅을 파기 시작했다. 얼마 지나지 않아 금광석이 노다지로 쏟아져 나왔다. '금광석이 노다지로 쏟아져 나온' 자리에 한라대가 들어섰다. 한라대는 돈방석 자리다.

한라대 정문을 나와 도로로 들어섰다. 일제강점기 때 금광 노동자로 북적였던 자감마을(紫甘村, 자감촌)이다. '자감촌 카페', '잘개미 지짐이' 식당이 눈에 띈다. '자감촌'과 '잘개미'는 같은 말이다. 누구는 "잘개미 지짐이는 먹어봤어도 잘개미가 무슨 뜻인지 몰랐다."고 했다. 한라대 뒷산 문필봉과 봉우리를 잇는 능선이 마치 개미허리처럼 잘록하게 생겼다고 '잔 개미', '잘 개미'라고 부른다. '잘

서곡천. 남송천. 매지천이 모여서 섬강으로 흘러드는 합수머리다. 옛날에는 합헌주막이 있었고 나루터도 있었다고 한다. 다리를 지나면 선조계비 인목왕후의 올케 친정집이 있던 행가리와 배부른산으로 이어진다.

개미'가 한자로 '자감촌'이 된 것이다.

　합포원 뒤쪽 범파정(泛波亭)사거리다. 범파정은 '파도 위에 떠 있는 정자'란 뜻이다. 정자는 어디로 가고 언덕길만 남아있다. 대안리 해삼 터로 가는 '원수고개'가 가깝다. 고개 넘기가 얼마나 힘들었으면 '원수고개'라고 했을까? 원수고개는 이름이 거시기하다고 '풍년고개'로 고쳤다고 한다. 우리말 지명에는 선조들의 희로애락이 고스란히 담겨 있다. 고칠 게 따로 있지 옛 지명은 손대는 게아니다. 고치거나 버려야 할 것은 남겨두고, 보존하고 지켜야 할 건 고치거나없애고 있는 건 아닌지 돌아볼 일이다.

　합포원(合浦院)이다. 외 남송 서곡천과 내 남송 남송천, 흥업 매지천이 몸을 섞는 곳이다. 합포원에는 나루터도 있었고 '합헌(합포원이 변음되어 합헌이 되었다)주막'도 있었다고 한다. 걷다 보면 궁금한 게 많다. 누구는 꽃 이름을 줄줄 꿰고, 누구는 부락 명칭과 지명유래를 줄줄 꿴다. 읽어서 알게 된 박제화된 지식이 현장을 만나자 펄떡펄떡 살아 숨 쉬는 산지식이 되었다. 들은 말을 놓치지 않기 위해 되뇌고 중얼거리며 기억 수첩에 적었다. 기록이 기억을 지배한다. 걷기 수첩 위로 봄 햇살이 하얗게 쏟아져 내렸다.

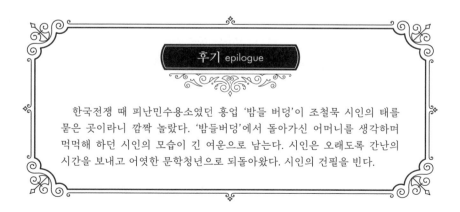

후기 epilogue

한국전쟁 때 피난민수용소였던 흥업 '밤들 버덩'이 조철묵 시인의 태를 묻은 곳이라니 깜짝 놀랐다. '밤들버덩'에서 돌아가신 어머니를 생각하며 먹먹해 하던 시인의 모습이 긴 여운으로 남는다. 시인은 오래도록 간난의 시간을 보내고 어엿한 문학청년으로 되돌아왔다. 시인의 건필을 빈다.

원주굽이길 백운산자연휴양림길(옛 원점회귀 3코스, 현 15코스)

치악산 지맥이 갈라져 나온 백운산(1,087m)은 원주시 판부면과 제천시 백운면에 걸쳐있는 산이다. 2006년 10월 문을 연 백운산자연휴양림은 조림목과 활엽수가 조화를 이루고 있어 아름다운 원경을 자랑하고 있으며, 입구부터 연립동까지 1.7km 구간은 병꽃나무와 산벚나무가 반갑게 맞아준다. 용의 전설이 있는 대용소와 소용소는 맑은 물과 기암괴석이 어우러져 비경을 이루고 있으며, 길 곳곳에 금낭화, 매발톱, 노루귀 등 야생화도 자라고 있어 임도 따라 걷는 사색 길로 호평받고 있다.

> 송암정 ⊙ 용수골2교 ⊙ 매표소 ⊙ 산림욕장 ⊙ 용소폭포 ⊙ 숲속 수련장 ⊙ 표지목 ⊙ 백운정 ⊙ 임도 ⊙ 매표소 ⊙ 용수골2교 ⊙ 송암정

용소에 명주꾸리를 풀어 넣으면

이른 새벽, 시커먼 비구름과 강풍이 몰려 왔다. 밤새도록 세찬 비가 쏟아졌다. 기상청은 150mm가 온다고 했다. 먼 곳에서 승용차를 몰고 와서 도반을 태워주는 자가 있다. 한두 번도 아니고 매번 그렇다. 이건 무슨 소신이나 철학 없이는 할 수 없는 일이다. 세상 사람들은 이런 자를 '바보'라고 부른다. '귀천' 시인 천상병도 바보였고, 김수환 추기경도 바보였고, 예수도 바보였다. 세상살이가 팍팍해도 '아름다운 바보'가 곳곳에 숨어있어 숨통이 트인다. 빗살을 뚫고 판부면 서곡리 송암정에 열세 명이 모였다. 모두 날쌘돌이요 걷기 사랑에 눈먼 청춘들이다.

백운산이 있는 판부면 서곡리는 옛 원주군 판제면 분이리(分二里)였다. 중촌, 외남송, 내남송, 도매촌, 백운정, 동막, 후리절, 소용소, 대용소를 모아 1914

백운산자연휴양림. 바라만 보아도 청량감이 느껴진다.

년 서곡리라 이름 짓고 판부면이 되었다. 서곡 옛 이름은 '수리실'이었다. 수리실이 '서리실'을 거쳐 '서곡'이 되었다. 수리실은 '수리봉 아래 골짜기 마을'로서, '수리'는 높은 곳, 꼭대기라는 뜻이다. 서곡리에는 신라 진흥왕 때 서곡대사가 창건한 후리사(厚理寺, 후리절)가 있었다. 수리실에 절이 있다고 '수리절'이었는데 수리절이 후리절을 거쳐 후리사가 되었다. 용수골에는 '후리절교'라는 다리도 있고 '후리절 사랑방'도 있다. 후리사 터(서곡사 터)는 용수골 탑 거리에 있다. '탑 거리'는 후리사 입구에 탑을 쌓아 놓은 데서 유래한다. 후리사 터는 논이 되어 흔적을 찾아볼 수 없지만 몇 년 전만 해도 절터에는 석탑재와 석 부재가 여기저기 흩어져 있었다고 한다.

필자는 2022년 여름 원주시 비지정문화재 조사팀과 함께 서곡리 이장 김정윤을 만났다. 김정윤은 오랫동안 고향을 떠나 살다가 귀향하여 이장을 맡게 되었고, 용수골을 정비하고 흩어져 있던 후리사 석탑재와 석 부재를 모으던 과정

후리사 터에서 발굴된 석탑재와 석 부재를 모아놓은 곳

을 실감 나게 들려주었다.

고향을 떠나 도시에 살다가 돌아와 보니 용수골은 옛 고향이 아니었단다. 계곡은 야영객이 텐트를 치고 삼겹살을 구워 먹고 아무 데나 쓰레기를 버려서 파리 떼가 들끓고 음식물 썩는 냄새가 진동했다. 어느 날 마을 어르신 몇 명이 모여서 저를 부르더니 "정윤아! 고생스럽겠지만 네가 이장을 맡아서 마을 좀 살려주면 좋겠다."고 부탁했다. 고민 끝에 딱 6개월만 해 보겠다고 약속하고 다음 날부터 팔을 걷어붙이고 계곡 정비에 나섰다. 아무 데나 쓰레기를 버리지 못하게 하고, 몰래 버린 쓰레기는 한곳에 모아서 빠르게 처리했다. 삼겹살도 굽지 못하게 했고, 악다구니하는 사람과 드잡이도 하면서 질서를 잡아 나갔다. 계곡이 차츰 깨끗해지면서 소문이 나기 시작했다. 원주시에서도 주민이 스스로 알아서 하니 무척 좋아했다. 계곡이 깨끗해지자 카페도 하나둘씩 생겨났다. 마을이 조금씩 제 모습을 되찾기 시작할 무렵 노인들이 깔고 앉은 돌기둥이 눈에 들어왔다. 아무리 봐도 그냥 돌이 아니었다.

"어르신, 그거 보통 기둥이 아닌 것 같은데. 어디에서 났어요?"

"응, 저 아래 마을 절터에서 가져왔어. 거기에 쓸 만한 돌이 꽤 많이 있었는데, 마을 사람들이 집에서 쓴다고 하나둘씩 가져갔어. 집집마다 이런 돌이 한두 개씩은 있을걸."

김정윤은 "솔직히 나는 문화재에 대해서는 잘 모르지만 아무리 그래도 이건 아니다 싶었다. 모아두면 동네 이미지도 좋아질 것 같았다."고 했다. 그는 다시 한번 팔을 걷어붙이고 집집마다 돌아다녔다. 어떤 집은 석물을 빨래판으로 쓰고 있었고, 어떤 집은 맷돌이나 절구로 쓰고 있었다. 어떤 때는 설득도 하고, 어떤 때는 소리도 지르면서 마당에 있던 석물을 경운기로 실어 와서 송암정 옆에 모아놓았다. 원주시에 건의해서 석물을 모아둔 곳에 울타리도 쳤다. 모 대학 교수는 다녀가면서 '신라 말 고려 초에 있었던 절터 유물'이라고 했고, 전 단국대학교 석주선기념박물관장 정영호 교수는 "마을 이름이 서곡리이고 백운산이 있는 점으로 미루어보아 이색의 《목은고》에 기록된 원주 서곡사 터 유물로 추정된다."고 했다.

석물을 모아둔 곳에 소나무 씨가 떨어지면서 싹이 나기 시작했다. 가만히 놔두면 소나무가 자랄 수 없었다. 김정윤은 모아두었던 석물 60톤을 중장비를 동원하여 저고리봉 오름길로 옮겼다. 마을이 한눈에 내려다보이는 곳이었다. 옮겨놓고 나니 북부지방산림청에서 과태료 통지서가 날아왔다. 허가받지 않고 무단으로 옮겼다는 것이었다. 김정윤은 억울했다. 북부지방산림청에 찾아가서 취지와 과정을 설명했으나 담당자는 "이해는 가지만 법은 법이다."고 했다. 김정윤은 어쩔 수 없이 사비로 과태료 10만 원을 냈다. 이장으로 살면서 뭔가 의미있는 일을 한다는 게 이렇게 쉽지 않다. 김정윤은 비지정문화재 조사팀을 데리고 후리사 터로 안내했다. 절터는 논이 되었고 묘가 들어서 있었다.

김정윤은 "처음에는 탑부재를 원래 절터가 있던 자리로 옮겨놓을까 생각도 했지만, 마을 부근에 놔두는 게 좋을 것 같았다. 석물 배치를 어떻게 해야 하는지 물어볼 데도 마땅치 않아서 나름대로 배치했다."고 했다. 현장에서 보고 들은 비지정 문화재 관리의 현주소다.

서곡리 이장(서곡막국수 대표) 김정윤의 향토사랑 문화재 사랑에 고개가 숙여진다. 필자는 책보다 길에서 배우는 게 더 많다. 이런 얘기는 길을 나서지 않으면 알 수 없는 일이다.

탑부재를 모아둔 곳에서 능선 따라 올라가면 저고리봉(467m)과 어깨봉(708m)이 나온다. '천지가 개벽할 때 마치 저고리가 걸린 것 같았다.'는 저고리 봉에는 신선이 내려와 장기를 두었다는 바위도 남아있고, 샘터에는 소 오줌 같은 물이 흘러나온다는 전설도 있다. 저고리봉 밑에서 큰 용수골과 작은 용수골이 갈린다. 어깨봉을 따라가면 백운산으로 이어지고, 동쪽으로 내려서면 원주댐과 관설동으로 이어진다.

용수골에는 천주교 후리사 공소가 있다. 공소는 한국천주교회 신앙의 못자리다. 용수골에 천주교 교우가 모여들기 시작한 것은 신유박해(1801) 때 흥업면 매지리 분지울로 숨어들었던 이벽, 이승훈, 이가환의 친지들이 기해박해(1839) 때 용수골로 들어오면서부터라고 한다. 또 다른 설은 기해박해 때 부론면 손곡리 서지마을에 숨어 살던 최해성(1839년 9월 29일 강원감영에서 순교했고 2014년 8월 16일 복자품에 올랐다)이 포졸이 들이닥치자 마을에 살던 교우를 덕가산으로 피신시켰는데, 신앙의 자유가 주어지자 그들 중 일부가 용수골에 자리 잡았다고 한다.

서곡리 주민들은 후리절 사랑방, 후리절교, 후리사 공소 등 옛 절 이름을 고수하고 있다. 천주교 공소도 절 이름을 따서 후리사 공소라고 했다. 민심이 천심이다.

1893년~1894년 풍수원 성당 교세 통계표에는 '용수골 공소 교우는 29명'이라고 했다. 용수골 공소는 1896년 풍수원 성당 초대신부였던 르메르가 원동성당 초대신부로 오면서 원동성당 관할이 되었다. 이후 1953년 한국전쟁 때 공소회장 조상준 집이 유엔군 폭격으로 불타버리자 집터에 현 공소 건물을 짓고 원동성당 이 바드리시오 신부에게 요청하여 후리사 공소로 이름을 바꾸었다고 한다.(후리사 공소 안내판, 천주교 원주교구 평신도사도직협의회 《공소에 가볼까?》 28~29쪽 참고)

후리사 공소 뒷산 너머 분지울에 여주 이씨 선영에는 정조 때 재상감으로 손꼽히던 남인학자 정헌 이가환이 잠들어있다. 용수골과 분지울은 박해를 피해 숨어 살았던 천주교 교우촌이었다. 한국천주교회 최초 세례자 이승훈(1784년 북경 성당에서 예수회 그라몽 신부에게 세례를 받고 돌아옴)과 창립자 이벽, 남인학자 이가환 친지가 숨어 살았다는 이야기가 설득력 있게 전해온다. 이벽, 이승훈, 강완

숙, 황사영, 김대건 신부 등 한국천주교
회사에 큰 발자취를 남긴 선조들의 일
대기를 정리한 책《하늘의 문》 저자 설
지인은 268쪽에서 "이벽 부인 해주 정
씨는 1785년 이벽 사후 천주교를 박해
하는 가문을 떠나 외아들 이현모를 데
리고 먼 곳에 있는 교우촌으로 은신한
것으로 전해진다."고 했다.

한국천주교회 창립자 이벽

　설지인이 말한 '먼 곳에 있는 교우촌'
은 어딜까? 용수골과 분지울이 아닐
까? 전 상지대 교수 김은철은《원주시
지명유래집》에서 "조선 말기 천주교 박
해 때 신자들이 들어와 물가에 막을 짓
고 살았다고 무수막이라 하였다."고 했
다. 분지울은 '향기로운 지초(芝草)가 많
이 나는 마을'이다. 지초 뿌리는 왕실
의복 염색에 쓰였으며《세종실록지리
지》는 '원주에서 조정에 바치던 특산품'
중의 하나'라고 했다. 넘어진 김에 쉬어
간다고 이승훈, 이벽, 이가환 이야기가
나왔으니 한국천주교회사 이야기를 하

최초 세례자 이승훈

지 않을 수 없다. 천주교회 전래과정은 한국사에서 큰 비중을 차지하지만 따로
공부하기도 쉽지 않고, 교회사를 가르쳐 주는 과정도 드물다 보니 필자에게는

오랫동안 성역으로 남아있었다. 조선 후기 한국사의 큰 흐름이자, 알아두면 쓸모 있고 유익한 이야기다. 세 사람의 이야기는 '순교와 배교 사이'라는 제목으로 다음 장에 따로 실었다. 서양화가 반 고호는 "예술가는 풀잎 하나를 보면서 모든 식물과 계절을 떠올린다."고 했다.

후리사 공소를 나와 계곡 길로 들어섰다. 계곡물이 세차다. 오랜 가뭄 끝에 메말랐던 계곡이 물소리로 청량하다.

세 갈래 길이다. 왼쪽은 소용소동, 오른쪽은 대용소동이다. 소용소동(小龍沼洞)은 저고리봉 밑에서 백운산 쪽으로 갈라진 골짜기다. 소용소동에는 '팥배골', '자빠진골', '부처 앉은 골', '벼락 바우골', '된 절터골'이 있다. 우리말 지명에는 산골짜기에서 손바닥만 한 밭뙈기를 일구며 나물 뜯고 약초 캐고 살았던 순박한 민초들의 토속과 해학이 담겨 있다.

옛날에 가뭄이 들면 원주군수가 소용소(판부면 서곡리 백운산길 67-75에서 10년째 농사지으며 벌을 키우고 있는 박재성 댁에서 계곡 따라 약 150m 올라간 지점)에서 짐승을 잡아 피를 뿌리며 기우제를 지냈다. 비가 오지 않으면 된 절터까지 올라가 기우제를 지냈으며 비가 올 때까지 교대로 촛불을 켜놓고 밤을 지새웠다고 한다. 왜 하필이면 용소에서 기우제를 지냈을까? 동양권에서 용은 물속에 사는 신으로 여겼다. 물속에 용이 웅크리고 있어서 가뭄이 든다고 생각했고, 용이 승천하면서 먹구름과 거센 바람을 일으켜야 비가 온다고 믿었다. 용이 살고 있다는 용연, 용지, 용추, 용소, 용택에서 제사를 지내는 이유다.

홍인희는 《우리 산하에 인문학을 입히다》 3권에서 "물속에서 잠자고 있는 용을 깨울 수 있는 지상의 동물은 호랑이뿐이다. 호랑이 머리를 그려 물속에 넣고

백운산 소용소. 원주군수가 이곳에서 비가 올 때까지 기우제를 지냈다고 한다.

용과 싸움을 시키기도 했고(용호상박, 龍虎相搏), 흙으로 빚은 토룡을 질질 끌고 다니기도 했다. 또 도마뱀이나 도룡뇽을 물동이에 넣고 파란색 옷을 입은 동자에게 버드나무 가지로 자극하기도 했다. 이때 동자는 이런 주문을 외웠다. '도마뱀아, 도마뱀아! 안개를 토해내고 구름을 일으켜라. 비를 내려 흥건히 적셔, 속타는 이 마음을 씻어다오.'"라고 했다.

대용소동에는 수백 년 된 소나무 두 그루를 당목으로 모시는 당집이 있었으나 수십 년 전 불타 없어졌다고 한다. 민초들에겐 당목이 예수요 부처였다. 백운산 입구 갈림길에서 오른쪽 대용소동으로 들어섰다.

국립 백운산자연휴양림 매표소다. 젊은 직원이 "입장료는 1,000원"이라고 했다. 신분증을 보여주며 원주시민이라고 했더니 프리패스다. 단 돈 천원에 어깨가 으쓱한다. 골바람이 빗살을 품고 골짜기를 빠르게 훑으며 내려온다. 우산이 뒤집히면서 세찬 빗살이 얼굴을 때린다. 비를 맞아도 좋은지 모두 싱글벙글이다. 걸어가면서 꽁꽁 담아 두었던 이야기가 봇물 터지듯 쏟아져 나온다.

누구는 "하는 일마다 되는 일이 없었고, 희망이라곤 조금도 보이지 않았다. 달팽이처럼 집 안에 틀어박혀 있으니 갑갑해서 숨쉬기조차 힘들었다. 어느 여름날 집을 나와서 쏟아지는 장맛비를 맞으며 무작정 걸었다. 하루종일 걸었다. 울면서 걸었다. 걸으니 풀렸고 차츰차츰 진정되었다. 걷기는 구원이었다."고 했다.

또 누구는 "2년 동안 시댁과 친정 어른을 연이어 잃고 우울증이 왔다. 걸었다. 앞만 보며 매일 걸었다. 걷다 보니 위안이 되었고 활기를 되찾았다."고 했다.

걷기와 우울증을 연구한 뉴사우스웨일즈 대학교 사뮤엘 하비 교수는 "11년 동안 신체 질환이 없는 33,908명 성인을 대상으로 운동이 우울증에 미치는 영향을 관찰한 결과 하루 최소 1시간 이상 정기적으로 운동을 한 사람은 우울증의 약 12%를 예방할 수 있었다."고 했다.(세인 오마라 지음 '뇌과학자가 전하는 단순한 운동의 경이로움'《걷기의 세계》중에서)

대용소다. 다른 말로 '교룡담(交龍潭)', '용수연(龍水淵)'이다. 전설이 있다. '보름 날이 되면 옥황상제의 외동딸이 은하수를 타고 내려와 용소에서 목욕을 하는데, 그녀를 짝사랑하던 용이 함께 승천하려고 하다가 벌을 받고 이곳에 떨어져 죽었다. 용소에 명주꾸리를 풀어 넣으면 제천 의림지에서 실 끝이 나온다.'고 한다. 엄혹했던 시절 민초들은 자연에서 이야기를 만들어내고 이야기에 기대어 신분의 질곡을 뛰어넘으며 희망을 만들어냈다.

함석헌은《뜻으로 본 한국역사》에서 "전설은 역사도 아니요, 전기도 아니다.

전설은 사적과 역사, 전기에 대한 일종이 보충이요 고침이다. 전설은 민중의 것이다. 소유도 지위도 없고, 다스림과 억누름만 받는 민중은 전설 없이는 못 산다. 그들은 혹은 사랑방에서, 혹은 느티나무 밑에서, 혹은 술집에서 떠들어 대는 그 이야기 속에서 풀지 못하였던 분을 풀고, 뜻 두고 못 이루었던 소원을 이루어 본다. 거기에는 늘 참이 있다. 전설은 반드시 사실일 필요는 없다. 이따금 엉터리가 없는 것도 아니다. 그러나 언제나 동정할 놈을 동정하고, 미워할 놈을 미워하는 판단만은 잘못하지 않는다. 야사가 있는 것은 이 때문이다."고 했다. 지금 되새겨보아도 명언이다. 고개가 끄덕여진다.

허선화는 땅바닥에 널린 질경이 이파리를 보며 "자식 키우고 남편 뒷바라지 하느라 허리 한번 못 펴보고 죽어라고 일만 하다 돌아가신 선조들 모습이 떠오른다."고 했다. 질경이에서 민초들의 삶을 떠올린 상상력과 측은지심이 놀랍다.

'숲은 종합병원이요, 당신의 두 다리는 의사입니다.' 2007년 9월 29일 대한 걷기연맹 '건강숲길' 제1호 표지석이다. 숲과 걷기를 한 줄로 묘사한 멋진 슬로건이다. 일본에 다녀온 박명원은 도토리현에도 같은 표지석이 있다고 했다.

비 그치자 바람이 분다. 비옷을 벗고 바람을 맞았다. 바람 맛은 이루 형용할 수 없다. 이현교가 말했다. "바람을 모아서 택배로 받을 수는 없을까?" '바람 택배'라니! 아이디어가 놀랍다. 스티브 잡스는 "번뜩이는 아이디어는 길에서 나온다."고 했다. 숲길을 걸어보라. 숲에 들면 저절로 말길이 열리면서 아이디어가 샘솟는다. '숲속 회의' 어떤가? 근사하지 않은가? 백운산 팔부 능선에 구름 기둥이 피어난다. 허리케인 모양이다. 여기저기서 환호성이 터져 나온다.

숲은 초록으로 선명하다. 다시 세찬 비가 쏟아진다. 콧노래 소리가 들린다.

비 그치자 구름 기둥이 몽실몽실 피어 오른다.

구자희는 "속세에서 자연으로 들어오니 아무 생각이 없다. 텅 빈 마음으로 스스로 자연이 된다."고 했다. 받아 적으니 한 줄 시다. 자연에 들면 누구나 시인이 된다.

임도를 가볍게 올라서자 백운정이다. 세찬 바람이 휘몰아친다. 젖은 몸을 말리는 맑은 바람이다. 배낭을 내려놓자 간식이 쏟아져 나온다. 계란, 사과, 토마토, 참외, 파인애플, 막걸리, 엄나무 이파리, 블루베리, 커피, 비스켓……. 권하고 나누는 모습에 미소가 절로 난다. 갑자기 박명원이 손을 번쩍 들었다. "오늘은 저가 밥을 사겠습니다." 이럴 때 밥은 그냥 밥이 아니다. '밥이 하늘이다.' 치악산 막걸릿잔이 금방 비워진다.

백운산이 가깝다. 백운산은 원주시 판부면과 제천시 백운면의 경계다. 치악산 줄기를 타고 가리파재로 내려온 지맥이 백운산에서 불쑥 솟았다가 귀래로 이어진다. 선조들은 백운산이 마치 고기를 겹겹이 쌓아 놓은 듯하다고 '육산', '겹산'이라고 불렀다. 산은 섬이요, 구름은 바다다. 구름을 움직이는 건 바람이다.

"수양은 왕이 될 사람이었소. 나는 사람의 얼굴만 보았지 시대의 모습을 보지 못했소. 시시각각 변하는 파도만 본 격이지. 바람을 보아야 했는데 파도를 만드는 건 바람인데 말이오."

영화 '관상'에 나오는 내경 송강호의 명대사다. 보이는 게 전부가 아니다. 바람은 보이지 않는 손이다.

하산길은 맑고 가볍다. 강릉이 고향인 최미영이 사투리를 섞어가며 우스갯소리를 했다. "목포대 교수로 있는 친구가 동창 모임에서 강릉 사투리로 설을 풀자 박장대소했다. 친구를 통해 강릉 사투리를 들으니 얼마나 우습던지." 사투리와 유머는 긴장을 풀어주고 분위기를 반전시키는 삶의 윤활유다.

해가 나면서 골바람이 불어온다. 바람 안에 햇볕이 들어있다. 젖은 몸을 말

백운산자연휴양림. 하산길은 늘 맑고 가볍다.

려주는 훈훈한 바람이다. 다시 백운산자연휴양림 들머리다. 길 서포터즈가 '짠' 하고 나타났다.

박웅서는 "강풍과 폭우에 부러진 나뭇가지를 치우고 리본을 교체한 후 등산로 따라 지름길로 내려왔다."고 했다. 세상에 당연한 건 없다. 편안한 길은 보이지 않는 손길 덕분이다.

다시 용수골 송암정이다. 걷기의 완성은 제자리로 돌아오는 것이다. 골바람 타고 고추잠자리 한 마리가 나뭇가지에 살짝 내려앉았다.

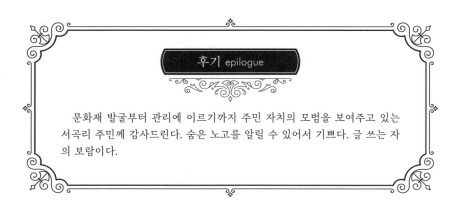

후기 epilogue

문화재 발굴부터 관리에 이르기까지 주민 자치의 모범을 보여주고 있는 서곡리 주민께 감사드린다. 숨은 노고를 알릴 수 있어서 기쁘다. 글 쓰는 자의 보람이다.

순교와 배교 사이
(이벽, 이승훈, 이가환을 중심으로)

※ 황사영 《백서》, 설지인 《하늘의 신발》, 정민 《파란》 1, 2권, 《서학, 조선을 관통하다》, 샤를 달레 《한국 천주교회사》, 김훈 소설 《흑산》, 이덕일 《조선왕 독살사건》, 김용삼 《세계사와 포개 읽는 한국 100년 동안의 역사(1)》에서 도움받았고 일부 내용은 인용하였습니다.

1800년 6월 28일 정조가 죽었다. 엿새 후 열한 살 어린 순조가 즉위하자 대왕대비(정순왕후)가 수렴청정을 시작했다. 쉰여섯 살이었다. 열다섯 살 때 예순여섯 살 늙은 영조의 계비가 된 후 41년 만에 브레이크 없는 권력을 거머쥐었다. 손봐줘야 할 자들이 많았지만, 선왕 장례 기간 중이라 참을 수밖에 없었다. 기회를 틈타 천주학쟁이는 등불을 밝히며 자유롭게 왕래했다. 집으로 돌아가는 성균관 유생과 어깨를 부딪칠 정도였다. 지나치면 문제가 생기는 법, 1800년 12월 19일 장흥동(서울 중구 회현동) 부근을 지나던 기찰포교가 골목 집 안쪽에서 뭔가 딱딱 부딪히는 소리를 들었다. 투전판이 벌어진 줄로 생각한 기찰포교는 소리 나는 집을 급습했다. '주의 봉헌 축일' 예식을 거행하면서 가슴을 치며 "내 탓이오."를 외치는 소리였다. 그들의 품속을 뒤지자 천주교 축일표가 나왔고 최필제와 오현달은 현장에서 체포되었다. 며칠 후 천주교 총회장 최창현(1759~1801)도 포도청으로 끌려왔다. 정조 장례가 끝나자 대왕대비를 등에 업은 노론 벽파와 남인 공서파의 합동작전이 시작되었다. 주적은 남인 시파였고, 명분은 사학박멸(邪學撲滅)이었다.

순조 1년(1801) 1월 10일 대왕대비가 사학 금령을 발표했다. 신유박해의 서막이 열렸다.

양화대교 건너편 절두산 성당   절두산 표지석

"선왕(정조)은 정학(正學)이 밝아지면 사학이 종식될 것이라고 했지만 옛날과 다름없이 사학이 서울부터 경기에 이르기까지 나날이 기승을 부리고 있다. 사학은 어버이도 없고 임금도 없이 인륜을 무너뜨리고 교화에 배치되며 저절로 오랑캐와 금수가 되고 있다. 어리석은 백성이 점점 물들고 어그러져서 어린아이가 우물에 빠져드는 것과 같다……. 사학을 엄금한 후에도 개전하지 않는 무리가 있으면 역률로 다스려라. 수령은 오가작통법을 활용하여 만일 사학하는 무리가 있으면 마땅히 진멸하여 종자가 하나도 남지 않게 하라."

무시무시한 말이었다. 정국은 바짝 얼어붙었다. 1801년 1월 19일 마치 기다렸다는 듯이 사학 금령 그물망에 정약종이 걸려들었다. 정약종이 교우 임대인(任大仁)을 시켜 사학 성구와 책자, 서찰이 담긴 상자를 소나무 가지로 위장한 후 지게로 옮기다가 한성부 포교의 불심검문에 걸렸다. 상자를 열어본 포도대장 이유경은 당황했다. 상자 안에는 주문모 신부와 주고받았던 편지만 아니라 정약용과 황사영의 편지도 들어있었다. 노론 벽파와 남인 공서파에게는 더할 나위 없는 좋은 기회였다. 그들은 먹잇감을 놓치지 않고 한꺼번에 덤벼들어 물어뜯기 시작했다.

20일 후 1801년 2월 9일 사헌부는 "사학 삼흉(三兇) 이가환, 이승훈, 정약용을 체포하여 국문하라."는 상소를 올렸다. 사학박멸 그물망에 한 번 걸려들면 아무리 몸부림쳐도 빠져나가기 어려웠다. 노론이 장악한 사헌부는 "이가환은 흉악한 무리의 남은 자손으로서 화심(禍心)을 포장하여 원망을 품고 있는 많은 무리를 이끌어 유혹하고 스스로 교주가 되었으며, 이승훈은 중국에서 들여온 요서를 아비에게 전하고 사학 법 수호를 달갑게 여겨 가계로 삼았고, 정약용은 두 추악한 무리와 마음을 연결하여 한 패거리가 되었다."고 했다.

2월 10일 홍문관도 상소를 올려 2년 전 죽은 영의정 채제공의 관직을 추탈(追奪)했다. 남인 우두머리로서 사학을 두둔하고 보호했다는 '사학두호죄'였다. 2월 11일 정약종과 권철신도 체포되어 의금부로 끌려왔다. 사학박멸로 포장한 정적 숙청의 피바람이 불기 시작했다.

1801년 2월 16일 이승훈은 서소문 밖 사거리에서 참수되었고, 이가환은 고문을 받고 단식 끝에 옥사했다. 다산 정약용은 경상도 장기곶으로 유배되었다. 정약용의 취조 장면이 '추안급국안'에 나온다. 의금부 형틀에 묶인 정약용은 살아남기 위해 몸부림쳤다. 셋째 형 정약종과 매부 이승훈, 조카사위 황사영을 고발했다.

"사악한 천주학을 하는 자는 나에게 원수입니다. 만약 나에게 열흘 기한을 주고 영리한 포교를 데리고 나가게 해준다면 천주학쟁이 소굴을 소탕하고 괴수를 체포해 오겠습니다.(1801년 2월 11일 '추안급국안')

"나는 이승훈을 원수로 여깁니다. 우리 집안이 사악한 천주학에 깊이 빠지게 된 것은 모두 그가 꾀어 권유했기 때문입니다.(2월 13일 '추안급국안')"

"사악한 뿌리를 제거하고 사악한 가라지를 없애기 위해 내 몸이 산산이 부서진다 해도 최선을 다하지 않을 수 없습니다. 그들을 체포하고 소탕하려면 마땅히 피를 뿌리고 심장을 갈라서 손발을 적시고 머리털을 태우듯이 해야 합니다."(2월 27일 '추안급국안')

한강에 배다리를 놓고 수원 화성을 설계했으며 거중기와 유형거를 발명했던 과학자이며 수십 권의 명저를 남긴 다산 정약용이 한 말이라고는 믿어지지 않는다.

정약용은 결국 살아남았다. "나의 형 정약전과 나의 아우 정약용은 심지가 얕고 허약해서 신앙이 자리 잡을 만한 그릇이 못 된다. 내 형제들은 천주학을 한바탕의 신기한 이야깃거리로 알았을 뿐, 그 계명을 준행하지 않았고 타인을 교회시키지도 못했다(김훈의 《흑산》 15~16쪽)."고 한 셋째 형 정약종의 진술 덕분이었다.

1801년 어느 날, 신유박해의 칼날을 피해 원주시 흥업면 매지리 분지울로 숨어든 자가 있었다. 이벽, 이승훈, 이가환의 친지들이다(고증되지는 않았지만, 서곡리 용수골 후리사 공소 안내판과 천주교 원주교구 평신도사도직협의회에서 펴낸 《공소에 가볼까?》 28쪽

~29쪽에 내용이 나온다). 이벽은 조선천주교회 설립자였고, 이승훈은 최초 세례자였으며, 이가환은 학문으로 천주학을 가까이했던 남인 학자였다. 세 사람은 정약용을 중심으로 친인척 관계로 얽혀 있다. 정약용의 큰 형수(정약현 부인)는 이벽의 누이 이정실이고, 매형은 이승훈이다. 이승훈의 외숙은 이가환이고, 이가환의 종조부(조부 형제)는 《성호사설》 저자 이익이다. 모친상을 당했을 때 신주를 불사르고 위패를 모시지 않아서 박해의 빌미를 제공했던 1791년 진산사건의 주인공 윤지충(부친 윤경)은 고산 윤선도의 7대손이며, 고모는 정약용의 모친 해남 윤씨다.

조선은 붕당의 나라였다. 성종 때부터 중앙정계에 등장하기 시작한 사림파는 선조 때 동인과 서인으로 갈라졌고, 동인은 다시 남인과 북인으로 갈라져 싸웠다. 북인은 대북과 소북으로 다시 갈라져 싸웠고, 서인은 노론과 소론으로 갈라져 피 터지게 싸웠다. 주기론과 주리론으로 100년을 싸웠고, 효종이 죽자 서인과 남인은 선왕(인조) 계비(자의대비 장렬왕후 조씨)의 상복 기간을 놓고 장자복(3년)을 입느냐 차자복(1년)을 입느냐로 치열하게 싸웠고, 효종 비 인성왕후 장씨가 죽자 또 기년복(1년)을 입느냐 차자복(9개월)을 입느냐로 죽기 살기로 싸웠다. 패한 자는 죽어야 했고, 살아남은 자는 살기 위해서 박 터지게 싸웠다. 가렴주구를 견디다 못한 민초들은 도적이 되거나 유민이 되었고 《정감록》에 등장하는 십승지(十勝地)를 찾아서 산속으로 숨어들었다.

오죽했으면 영조 3년(1727) 11월 5일 《승정원일기》에 영의정 이광좌가 당시 민심을 문학 조현명의 말을 빌려 '言民願天地改闢(언민원천지개벽)'이라고 하였겠는가?
"사람의 마음은 공정하지 못한 일 때문에 고통스러우면 난(亂)을 생각하게 된다. 몇 년 전 문학(文學) 조현명은 백성들은 천지가 개벽하기를 바란다고 말한 적이 있는데, 이 말은 공정하지 못하게 괴로움을 겪는 것을 너무 슬퍼하는 것이다. 어찌 난을 생각하는 마음(思亂之心, 사란지심)이 없겠는가?"
민초들은 세상이 확 뒤집어졌으면 좋겠다는 생각을 하고 있었다. 북경에서 들여온 서학은 간결했고, 공평했고, 든든했다. 민초들에겐 복음이자 희망이었다. 스페인 신부 판토하가 지은 《칠극》이나 《진도자증》은 사대부의 수신서로도 손색이 없었다.

서학은 명나라에 먼저 들어왔다. 마르틴 루터가 종교개혁을 선언하자, 포르투갈 · 스페인·프랑스 선교사들이 아시아로 몰려왔다. 1517년 포르투갈 토메페레스가 이끄는 사절단과 1601년 이탈리아 출신 예수회 신부 마테오리치와 스페인 출신 판토하 신부가 명나라에 들어왔다. 마테오리치는 한자 교리서 《천주실의》를 만들어 배포했고, 세계지도 '곤여만국전도'를 만들어서 황제에게 바쳤다. 천문·수학·지리·철학 서적도 소개했다. 1628년 예수회 신부 아담 샬도 명나라에 들어왔다. 아담 샬은 해박한 과학지식으로 역서를 만들고 대포를 만들어서 명나라 신종의 인정을 받았다.

조선은 병자호란이 끝난 뒤 인조 아들 소현세자와 봉림대군이 청나라에 볼모로 끌려갔다. 청 세조 홍타이지는 1644년 명나라 수도 북경을 점령했다. 조선이 천자국으로 모시던 명나라가 오랑캐라고 무시했던 청군에게 처참하게 무너지는 현장에 소현세자도 동행했다. 청 세조 홍타이지는 예수회 신부 아담 샬을 흠천감 책임자(천문대장)로 임명하고 청나라 달력인 시헌력을 만들게 했다. 아담 샬은 북경 남 천주당과 숙소인 동화문 안에 머물고 있었는데, 청군과 함께 북경에 온 소현세자와 만나게 되었다. 소현세자의 임시숙소인 문연각(명나라 목종의 사위 후씨 집)이 아담 샬의 숙소와 가까이 있어서 두 사람은 자주 만나며 우정을 쌓았다. 아담 샬은 서학을 전할 수 있는 기회였고, 소현세자는 서양문물을 접할 수 있는 좋은 기회였다. 당시 남 천주당에서 아담 샬과 같이 살았던 신부 황비묵은 《정교봉포(正敎奉褒)》에서 두 사람이 만나던 장면을 이렇게 묘사했다.

"순치 원년(청 세조 원년, 1644) 북경에 볼모로 끌려와 있던 조선 국왕(인조) 아들 소현세자는 아담 샬의 명성을 듣고 남 천주당을 찾아와서 천문학 등에 대해 자주 물어보았고, 아담 샬도 소현세자가 머물던 숙소로 찾아가 오랫동안 이야기를 나누며 깊이 사귀었다. 아담 샬이 천주교가 정도임을 계속 강조하자 듣기 좋아하는 소현세자는 자세하게 물어보았다. 소현세자가 조선으로 돌아간다고 하자 아담 샬은 자신이 지은 천문, 산학, 성교정도 등 여러 가지 서적과 지구의, 천주상을 선물로 주었다."

선물을 받은 소현세자는 답장을 보냈다.
"당신이 보내준 지구의와 과학서적은 참 고마웠다. 몇 권의 책을 보았는데 그 가운데 덕행을 실천하는 데 알맞은 최상의 교리를 발견했다. 천문학에 관한 책은 조선으로 돌아가면 곧장 간행하여 널리 읽히려고 한다. 조선인이 서구과학지식을 습득하는 데 큰 도움이 될 듯하다. 서로 멀리 떨어진 나라에서 태어난 우리가 이국땅에서 만나 형제처럼 사랑해왔으니 하늘이 우리를 이끌어 준 게 아닌가 싶다."

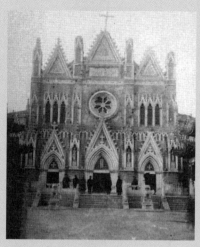

소현세자는 조선으로 돌아갈 때 서양 신부도 함께 데리고 갈 수 있게 해달라고 부탁했다. 아담 샬은 청나라도 신부가 부족하니 우선 세례받은 환관과 궁녀를 보내주겠다고 제안했다. 소현세자가 귀국할 때 함께 온 이방송, 장삼외, 유중림, 곡풍 등이 그들이었다. 소현세자는 귀국 후 두 달 만인 1645년 4월 26일 독살(추정)당했고, 함께 왔던 환관과 궁녀는 청나라로 돌아가고 말았다. 조선이 천

중국 북경 천주당

주교를 통하여 일본(1865년 미 페리 제독에 의해 개국)보다 220년 앞서 서양문물을 받아들일 수 있는 좋은 기회였는데 소현세자의 죽음과 함께 활짝 열리려던 조선의 꿈은 물거품이 되고 말았다.(이덕일의 《조선왕 독살사건》 106~108쪽, 126쪽 참고)

중국에는 예수회에 이어 프랑스 프란치스코회와 포르투갈 도미니코회가 들어오기 시작했다. 예수회는 청 황제 강희제(1654~1722)에게 조아생 부베 신부를 보내 수학을 가르쳐 주고, 조상제사와 고유 풍습을 인정해주는 등 현지 실정에 맞는 유연한 선교 활동을 펼치고 있었다. 예수회의 선교 활동을 곱지 않은 눈으로 지켜보고 있는 이들이 있었다. 프란치스코회와 도미니코회 선교사였다. 두 전교회는 예수회의 선교방법이 교리에 어긋난다고 주장하며 교황청에서 바로잡아달라고 요청했다.

청나라 흠천감(기상대) 감정 독일인 예수회 신부 아담 샬

1704년 교황 클레멘스 11세는 청나라에 특사를 보내 "공자와 조상에게 지내는 제사는 우상숭배"라고 하며 회칙이 담긴 문서(엑스일라 디에, Ex Illa Die)를 청 황제 강희제에게 전달했다. 교황의 문서를 받은 강희제는 "이는 중국의 전통윤리에 도전하는 내정간섭"이라고 화를 내면서 교황 특사를 구금하고 중국 내 선교사 활동을 중단시켰다. 집안싸움으로 혹 떼려다 혹 붙인 격이 된 것이다. 강희제의 뒤를 이은 옹정제와 건륭제(1736~1795)는 유럽 선교사의 청나라 출입을 금지시켰다. 유연한 선교 활동을 펼치던 예수회는 교황의 해산명령으로 중국을 떠났고, 프란치스코회와 도미니코회는 선교 활동을 계속했다. 중국과 조선에서 천주교 박해의 빌미를 제공했던 조상 제사 금지령은 1938년 12월 8일 교황 비오 12세에 의해 해제되었다.

중국과 달리 조선은 외부의 도움 없이 스스로 복음의 씨가 뿌려졌다. 처음에는 남인 학자끼리 학문으로 연구하고 토론하는 모임으로 시작되었다. 1779년 2월 여주 앵자봉(꾀꼬리가 알을 품고 있는 산세라고 '꾀꼬리봉'이라고 부른다. 가까이 있는 양자산을 신랑 산, 앵자봉을 각시 산으로 보아서 '각시봉'이라고 부르기도 한다. 부부가 함께 앵자봉에 오르면 금슬이 좋아진다는 전설이 있다) 주어사(走魚寺, 여주시 산북면 앵자봉 서쪽 기슭에 있었던 절이다. 창건과 폐사 시기는 알 수 없고, 한 승려가 절터를 찾던 중 잉어를 따라가는 꿈을 꾸고 얻은 터라는 이야기가 전해온다)에서 권철신이 주관하는 서학 연구 첫 모임이 열렸다. 열흘간 계속된 '주어사 강학회'는 권철신의 강의를 듣고 참석자가 토론하는 방식이었다. 모임에는 정약전, 김원성(권철신의 누이 안동 권씨의 사위), 권상학(권철신의 동생 권일신의 장남), 이총억(권철신의 사위이며 이기양의 아들), 홍낙질(홍유한의 아들) 등 10여 명이 참석했고 뒤늦게 소식을 들은 이벽도 합류했다. 이벽(1754~1785)은 모임 장소가 경기도 광주 '천진암'이라고 생각하고 집이 있던 수표교 저동을 떠나 눈길을 헤치며 밤새도록 걸었다. 100리 길을 걸어서 자정 무렵 천진암에 도착했으나 강학이 열리는 장소는 주어사였다. 이벽은 숨 돌릴 틈도 없이 다시 길을 나섰다. 이벽은 팔 척 거구였고 기개 넘치는 젊은이였다. 이벽은 잠들어 있는 스님을 깨우고 호환을 대비하여 횃불과 쇠꼬챙이가 달린 몽둥이를 들고 눈길을 걸어서 동틀 무렵 주어사에 도착했다. 앵자봉 주어사 강학회는 한국천주교회 역사의 밭에 뿌려진 민들레 홀씨였다.

샤를 달레는 《한국천주교회사》에서 다블뤼 주교의 《조선 순교사 비망기》를 인용하여 당시 모습을 이렇게 적었다.

  "주어사 연구 모임은 10일 걸렸다. 하늘과 세상, 인간 본성 등 중요한 문제해결 방법을 탐구했고, 예전 학자들의 의견을 가져와서 토의했다. 성현들의 윤리서, 서양 선교사가 한문으로 지은 철학·수학·종교 서적을 읽으면서 깊은 뜻을 알기 위해 주의를 집중했다. 책은 조선의 사신이 북경에서 가져왔으며, 초보적인 종교 개론서도 있었다. 하느님 존재와 영혼의 신령성과 불멸성, 인간의 일곱 가지 죄악을 덕행으로 극복하는 방법을 다룬 책이었다. …… 완전한 지식을 얻기에는 부족했지만 읽는 것만으로 마음이 움직이고 정신을 비추기에 넉넉했다."

  당시 강학모습이 눈 앞에 펼쳐지는 듯하다. 다블뤼 주교의 《조선 순교사 비망기》는 다산 정약용이 만년에 지은 《조선복음전래사》에 기초했다.(정민 지음 《파란》 1권 81~82쪽 참고)

이벽(李檗)은 어떤 인물일까?

  이벽은 경기도 포천군 화현리에서 경주 이씨 이부만의 3남 3녀 중 둘째 아들로 태어났다. 6대 조부 이종형은 임진왜란 때 선조를 수행했고, 5대 조부 이경상은 병자호란으로 소현세자가 청에 볼모로 잡혀갈 때 비서관으로 따라갔다. 이벽 집안은 조부 이달이 무과에 급제하여 호남 병마절도사가 되면서 무반 가문으로 세상에 알려지기 시작했다. 이벽의 형 이격과 동생 이석은 무과에 급제하였으나 이벽은 응시하지 않았다. 부친이 아무리 권해도 요지부동이었다. 부친은 이벽을 고집스럽다는 뜻으로 별명을 '벽(癖)'이라 했다. 이벽은 고집불통이요 황소고집이었다. 한 번 아니면 끝까지 아니었다.

  이덕무는 《이재난고》에서 "이벽은 과거 공부를 그만두고 서학과 수리를 전문으로 공부했다. 무인 이격의 동생이며 사람됨이 고결하다."고 했다. 정약용은 이벽을 '덕을 지조 있게 지킨다.'며 '덕조(德操)'라고 불렀고, 《여유당 전서》에서는 "선학이 인간 세상에 내려와 풍신을 우러러 보는 듯하다."며 극찬했다. 이벽은 양명학을 받아들인 성호 이익의 조카 이병휴와 이익의 제자 권철신에게 배웠으며, 정약현과 이벽 누이가 혼인하면서 나주 정씨 가문과 인연을 맺었다.

  1783년 4월, 이벽은 이승훈을 만났다. 그해 10월 이승훈이 동지사행 서장관으로 북경에 가는 부친(이동욱)의 자제군관(비공식 수행원) 자격으로 따라가게 되었다는 소식을 들었다. 이벽은 이승훈에게 "천주당에서 서학 교리를 배우고 서학서와 서양 기물을 가져오라."고 부탁했다. 이 승훈은 1784년 1월 사신 일행과 함께 북경 천주당(동서남북에 각각 1곳이 있었음)을 찾았다. 이 승훈은 수학을 좋아했고, 북경 천주당에 가면 세례도 받고 서양 수학책도 구할 수 있다는 말을 들었다. 5년 후 이승훈은 1791년 11월 3일 진산사건 관련자로 의금부에서 국문을 받을 때 1784 년 북경 천주당에서 그라몽 신부를 만나 책자를 받아오던 과정을 털어놓았다.

"계묘년(1784) 겨울 부친을 따라 연경에 갔을 때 서양인이 사는 집이 웅장하고 기묘해서 볼 게 많다는 소문을 듣고 여러 사신과 함께 한 차례 가보았다. 서로 인사를 하고 자리를 파할 무렵, 서양인이 《천주실의》 몇 질을 여러 사람 앞에 내놓으면서 마치 차나 음식을 대접하 듯이 하였다. 이어서 말이 역상(달력)에 미치자, 기하원본, 수리정온 등의 책과 시원경, 지 평표 등을 여행 선물로 주었다. 나는 펴보지도 않고 돌아오는 짐 속에 넣었다."

1784년 1월 이승훈은 청나라 궁정 수학자요 통역관이었던 북경 천주당 예수회 출신 그 라몽(1751~1808) 신부와 필담으로 소통하며 교리를 배웠다. 그라몽 신부는 다른 선교사의 반대를 물리치고 이승훈에게 세례를 주었다. 1773년 예수회 해산 후에도 북경 천주당에 남아있던 프랑스 신부 방타봉은 1784년 11월 25일자 서한에서 당시 모습을 이렇게 전했다.

"조선 사신이 작년(1783) 말에 왔는데 그들과 수행원이 성당에 찾아왔다. 우리는 그들에 게 종교 서적을 주었다. 그들 중 한 사람의 아들(이승훈)은 스물일곱 살로서 박학하였고 서적을 열심히 읽어 진리를 발견하였으며……. 그라몽 신부가 베드로라는 이름으로 세례 를 주었다."

1784년 3월 29일 이승훈은 《성교절요》, 《성경직해》 등 서학서와 십자고상, 성화, 묵주를 가지고 조선으로 돌아왔다. 이승훈을 만나 책을 받은 이벽은 서학에 깊이 빠져들었다. 다 블뤼 신부(1845년 김대건 신부와 함께 조선에 들어왔다. 1866년 3월 베르뇌 주교가 순교 하자 조선대목구장을 승계하여 주교가 되었으며, 그해 12월 갈매못에서 순교하기까지 21 년간 조선에 머물면서 조선말을 조선사람보다 더 잘한다는 평을 들었다)는 《조선 순교사 비망기》에서 "이벽은 천주교 서적을 이승훈한테 받아서 외딴집을 세내어 들어앉아 독서 와 묵상에 전념했다."고 했다. 이벽이 터득한 서학 교리를 전파하기 시작하자, 따르는 무 리가 줄을 이었다. 이벽은 머리도 좋고 풍채도 좋았으며 달변이었다. 샤를 달레는 《한국

천주교회사)에서 "이벽은 키가 8척(1979년 6월 21일 묘 이장 당시 178cm였으나 실제는 더 컸다)이요, 한 손으로 백 근을 들 수 있었다. 당당한 풍채도 주목을 끌었으나 무엇보다 자질과 재능이 빛났으며, 언변은 기세 좋게 흐르는 강물과 같았다. 이벽은 모든 문제를 연구하고 파고들었으며, 경서(사서오경)를 배울 때도 어려서부터 문장 속에 숨은 신비스러운 뜻을 탐구하려는 습성이 있었다."고 했다.

이벽은 정씨 형제(정약전, 정약용)를 서학의 길로 이끌었다. 1784년 4월 15일 이벽과 정씨 형제는 전염병으로 일찍 죽은 큰 형수(정약현 부인이며, 이벽 누님 경주 이씨, 1750~1780)의 4주기 제사(남양주시 조안면 능내리 마재 정약현 집)에 참석한 후 팔당에서 미사리로 내려오는 배 안에서 이벽한테 서학 이야기를 들었다. 다산은 그때의 놀라움을 '선중씨(정약전) 묘지명'에서 이렇게 회고했다.

"갑진년 4월 보름 맏형수 기제를 지내고 우리 형제와 이덕조(이벽)가 같은 배를 타고 내려오다가, 배 안에서 천지조화의 시작과 정신과 육체, 삶과 죽음의 이치에 대해 듣고, 멍하고 놀라워서 마치 끝없이 펼쳐진 은하수를 보는 듯했다. 한양에 와서 또 이덕조를 찾아가 《천주실의》와 《칠극》 등 여러 권의 책을 보고 비로소 기쁘게 마음이 기울어 그리로 향했다."

다산 정약용을 '마치 끝없이 펼쳐진 은하수를 보는듯한' 서학으로 이끈 자가 이벽이었다. 1784년 겨울 이벽은 수표교 저동 자택에서 이승훈한테 세례를 받았다. 정약용, 권일신, 권철신, 홍낙민, 김범우, 최창현, 김원중과 함께였다. 이승훈이 신부를 대신하여 세례를 준 것이다. 이는 독성죄에 해당하는 큰 죄였지만 이승훈은 잘 몰랐고 그래도 되는 줄 알았다. 1785년 3월 이벽은 명례방(옛 장악원 터)에 있는 역관 김범우(영조 49년 1773년, 역과 증광시에 2위로 합격했다. 증조부 김익한 때부터 부친 김의서 때까지 대를 이어 역관을 지냈으며, 6남 2녀 중 서제 김이우, 김현우와 함께 1784년 이승훈한테 세례를 받았다. 수표교 저동 이벽 집에서 정기적으로 모임을 가지다가 부를 물려받아 넉넉하게 살았던 김범우 집으로 옮겼다) 집에서 모임을 가지다가 골목을 지나던 형조 소속 기찰포교에게 들켰다. 기찰포교는 투전판인 줄 알고 덮쳤는데 집안에서 십자가와 서학 책자가 쏟아져 나오자 깜짝 놀랐다. 유명한 '을사추조적발사건'이다.

이기경의 《벽위편》 '을사추조적발조'에 모임 장면이 나온다. 《벽위편》은 18세기 말부터 19세기 중엽까지 반(反) 서학 이론과 문헌, 상소를 모아 편찬한 책이다. 벽위는 벽사위정(闢邪衛正)의 줄임말로 사학과 이단을 물리치고 정학을 고수하며 드높인다는 뜻이다.

'을사추조적발사건'으로 불리는 명례방 집회 장면

"이벽이 이승훈, 정약전, 정약용, 권철신, 권일신, 권상문(권일신의 둘째 아들) 등과 함께 장악원 앞에 사는 중인 김범우 집에서 설법하고 있었다. 이벽은 푸른 두건을 머리에 덮고 어깨까지 드리운 채 아랫목에 앉아 있었고, 둘레에는 얼굴에 분을 바른 선비 차림 수십 명이 책을 옆에 끼고 앉아 있었다. 선비들은 이벽이 하는 말에 귀를 기울이고 있었는데 예법과 태도가 유가에서 스승과 제자 사이보다 더 엄격했다. 날을 약속하고 모이는데 몇 달 만에 양반과 중인 가운데 모이는 자가 수십 명에 달했다."

이벽이 썼던 푸른 두건은 북경 천주당 서양 신부가 미사 때 쓰고 입었던 제의를 본떠 만든 것이었다. 형조판서 김화진은 기찰포교가 연행해 온 자를 조사한 후 역관 김범우만 하옥시키고, 나머지는 모두 돌려보냈다.

이튿날 아침, 훈방 조치한 자 중 다섯 명(권일신, 이윤하, 이종억, 정섭, 이름을 알 수 없는 1명)이 찾아와 압수한 물품(십자고상과 서적)을 돌려달라고 떼를 썼다. 훈방된 자는 남인 명문가 자제들이었다. 눈치 9단인 형조판서 김화진은 민감한 시기에 괜히 긁어 부스럼 만들까 봐 조용하게 돌려보냈는데 떼로 몰려와서 압수품을 다시 돌려달라고 하니 어이가 없었다. 물에 빠진 놈 건져줬더니 보따리까지 건져달라는 격이었다.

형조판서 김화진은 이들의 요구를 일언지하에 거절하고 돌려보냈으나 다음날 다시 찾아왔다. 무리 가운데 이윤하는 권철신 동생인 권일신의 매부이자 성호 이익의 외손자였고, 이종억은 이기양의 아들이며, 정섭은 이기양과 외종지간이었다. 최인길은 "나도 천주학쟁이고 김범우의 벗이다."라고 하며 같이 하옥시켜달라고 했다. 김화진은 어이가 없었지만, 문제가 불거져 시끄럽게 될까 봐 최인길만 열흘간 가두었다가 풀어주었다. 하옥된 역관 김범우는 거듭되는 태형에도 "서학은 좋은 점이 많은데 이를 믿는 게 왜 잘못이냐?"며 덤벼들었다. 용서받을 수 없는 일이었다. 김범우는 장을 맞고 단양으로 유배되었고 2년 후(1787) 유배지에서 장독으로 죽었다. 서른일곱 살이었다. 김범우는 한국천주교회 최초의 순교자로 기록되었다. 발 없는 말이 천 리를 간다고 쉬쉬했던 이 사건은 입에서 입으로 전해지며 빠르게 퍼져나갔다.

1785년 봄 '을사추조적발사건' 직후 이벽은 가택에 연금되었다. 부친 이부만(1727~1812)은 "만약 네가 배교하지 않으면 목매어 죽겠다."고 하며 자살소동을 벌였다. 샤를 달레는 《한국천주교회사》에서 "이벽은 마침내 시달림에 지치고 배교자에 속아 실망에 빠진 부친을 보고 정신이 혼미해졌다. 이벽은 눈물을 흘리며 두 가지 뜻을 가진 말을 써서 신앙을 감추었다."고 했다.
1785년 6월 말 가택 연금되어 있던 이벽이 죽었다. 가족들은 "이벽이 역병에 전염되었고, 땀을 내려고 이불을 뒤집어씌웠으나 땀구멍이 열리지 않았다."고 했다. 역병에 걸린 지 8일 만이었다. 샤를 달레는 "건강을 회복한 이벽이 페스트에 걸려 죽었다."고 했지만 1979년 6월 21일 포천 화현리에 있는 이벽 묘를 천진암으로 이장할 때, 유해 연구팀에서 독살설이 조심스럽게 흘러나왔다. 한국천주교회 창립자 서른한 살 천재의 안타까운 죽음이었다. 달레는 이벽을 배교자로 기록했다.

다산 정약용은 이벽이 죽었다는 말을 듣고 "신선계의 학이 인간계에 내려왔으니 우뚝한 인품이 드러났네……. 울음소리 하늘 높이 진동했지만, 신음소리 맑아서 이 풍진 세상에서 벗어났네. 가을 타고 홀연히 날아가 버리니 슬픔은 괴로운 이들 무너뜨리네."라고 하며 애달파했다. 설지인은 《하늘의 문》에서 "이벽이 죽자 부인 해주 정씨(첫째 부인 안동 권씨는 사별)는 외아들 이현모를 데리고 먼 곳에 있는 교우촌으로 숨어들었다."고 했다. '먼 곳에 있는 교우촌'이 어디일까? 원주시 흥업면 매지리 분지울과 서곡리 용수골 부근이 아닐까?

한국천주교회 최초 세례자 만천 이승훈이다.
이승훈은 1784년 봄 북경에서 돌아온 직후 이벽 집에서 정기적으로 모임을 가지고 세례를 주는 등 활발하게 움직였다. 꼬리가 길면 밟히는 법. 1785년 '을사추조적발사건'이 일어나자, 이승훈의 부친 이동욱은 길길이 뛰었다. 그는 집안에 있던 서학 서적을 모두 불사르고 아들에게 서학과 결별하겠다는 시문(벽이단)을 짓게 했다. 이승훈은 급한 불을 끄기 위해 서학을 멀리하겠다고 약속했지만, 속내는 그렇지 않았다.

1786년 가을, 조선 천주교회 지도부는 란동(蘭洞, 회현동 2가 부근)에 있는 역관 최창현 집 별채와 판쿠(반촌, 泮村, 성균관대 부근)에 있는 김석태 집에 모여 토의를 거듭한 끝에, 주교로 부터 사제서품을 받지 않은 평신도가 신부를 대신하여 성무를 집행하는 '가성직(假聖職)' 제도 를 만들었다. 이승훈, 권일신, 유항검, 이존창, 홍낙민, 정약전 등 10명이 신부로 뽑혔다. 달레는 《한국천주교회사》에서 "권일신이 주교로 지명되고, 이승훈, 이존창, 유항검, 최창현, 그 밖에 여 러 명이 신부로 선출되었다."고 했다. 정민은 다산독본 《파란》 1권 217~218쪽에서 "정약용과 정약전은 조선교회 출범 때부터 핵심 중의 핵심이었다……. 다산 정약용은 신부였다."라고 주 장했다.

1787년 가성직제도는 중단되었다. 교리서를 연구하던 전주 부자 유항검(추정)이 이승훈과 조선천주교회 지도부에 편지를 보냈다. "주교로부터 신부의 인호를 받지 않은 자가 신부가 되어 성무를 집행하는 건 독성죄에 해당된다."며 성무집행 중단을 요구했다. 이승훈은 독성죄 를 저질렀음을 인정하고 미사성제를 제외한 나머지 성사를 중단한 후 북경 천주당에 서한을 보내 권위 있는 해석을 요구했다. 질문 내용은 가성직제도와 전례에 관한 사항 등 서른일곱 가지였다.

1789년 10월 조선천주교회 지도부는 북경에 밀사를 파견했다. 밀사로 뽑힌 역관 윤유일 (여주 사람이며 권일신의 제자다. 가성직 신부였던 이승훈에게 세례를 받았다)은 동지사 사절단에 은자 20냥을 뇌물로 주고 마부로 가장하여 북경으로 향했다. 윤유일의 겉옷 솔 기 안에는 '명주 천에 파리 대가리만 한 글자로 깨알같이 쓴 37가지 질문'이 담긴 편지가 들어있었다. 1789년 12월 16일 북경천주당에 도착한 윤유일은 5년 전(1784) 겨울, 이승훈에 게 세례를 주었던 예수회 그라몽(중국명 양동재) 신부를 찾았다. 그라몽 신부는 보이지 않 고 대신 로(1754~1801, Nicolas Joseph Raux, 중국명 나광상) 신부가 윤유일을 맞았다. 그 라몽 신부는 1785년 광동으로 떠났고, 대신 프란치스코회 로 신부가 살고 있었다.

윤유일은 겉옷 솔기를 뜯고 조선천주교회가 보내는 밀서를 로 신부에게 전달하고 필담 으로 소통했다. 윤유일을 만난 프란치스코회 북경 교구장 구베아 주교는 조선천주교회 소 식을 듣고 크게 기뻐했다. 조선천주교회 지도부가 보낸 37가지 질문(가성직 제도와 전례 에 관한 사항 등)에 하나하나 답해 주었고, 사목 방향을 적은 글(사목 교서)을 써 주었다.

구베아 주교는 평신도가 신부를 칭하고 성사를 집행한 행위는 따로 나무라지 않았고, 구원과 성사의 은혜를 받을 수 있도록 노력하라고 격려했다. 1789년 12월 22일 윤유일은 북경 천주당에서 정식 세례(바오로)를 받았다. 이승훈에 이어 두 번째 정식 세례자가 된 것이다. 대부는 궁중 화가로 있던 판치(Giuseppe Panzi) 수사가 섰다. 구베아 주교는 윤유일에게 특별히 견진성사를 주었다. 1790년 2월 윤유일은 구베아 주교가 보내는 37가지 답변서와 8,000여 한자로 된 사목 교서를 가지고 조선으로 돌아왔다.

1790년 6월 초, 윤유일은 알파벳 'U'와 함께 8월 13일 청 건륭제 80회 생일 축하사절 틈에 끼어 권일신과 이승훈이 보내는 편지 2통을 들고 다시 북경으로 갔다. 이승훈은 편지에서 "한 글자 한 글자에 깊은 애정과 열정이 담긴 주교의 편지(사목 교서)를 100번 가까이 읽고 또 읽으면서 눈물이 쏟아졌다. 편지는 조선 교우들을 이전보다 더한 큰 슬픔으로 몰아넣었다. 지금 조선교회는 교우가 4천여 명으로 늘어났으나 날이 저물어 당황한 여행자가 깜깜한 어둠 속을 헤매다가 빛 한 줄기를 발견했지만, 그곳으로 갈 수 없는 처지와 같다."고 하면서 "교리를 가르쳐 주고 성사를 줄 신부 한 분을 모시고 싶다."고 했다. 함께 간 'U'는 우씨로 추정되며 북경 주교좌 성당인 남당(南堂)에서 세례성사와 견진성사를 받았다.

조선천주교회 지도부에서 북경 신부와 주교에게 보내는 제1, 2차 밀서 작성자는 누구였을까? 정민은 《다산독본》 1권 309, 310, 314, 315쪽에서 "이 서한은 조선천주교회 집행부의 판단 아래 공식적으로 작성되었고 이승훈이 집필자로 이름을 올렸다고 하더라도, 실제로 쓴 사람은 권일신의 지시에 따라 다산 정약용이 썼을 것으로 판단된다."고 했다. 왜냐하면, 첫째 이승훈은 처형당하기 열흘 전인 1801년 2월 18일 의금부 '공초(추국일기)'에서 "1790년 무렵 정약용이 권일신의 제자 윤유일과 함께 내 이름을 빌려 북경 서양인과 편지를 주고받았으며 서찰을 위조해서 나에게 책임을 떠넘겼다."고 했고, 둘째 당시 북경에 있던 구베아 주교나 신부들이 보기에 생뚱맞은 정약용보다 이승훈처럼 낯익은 인물이 더 신뢰받을 수 있다고 생각했기 때문이다.

황사영도 백서를 쓰면서 본인의 이름을 쓰지 않고 북경교구에 널리 알려진 황심(黃沁) 토마스(1796년, 1797년, 1798년 세 차례 연행 사절에 끼어 북경 구베아 주교에게 조선천주교회 소식을 전했던 밀사)의 이름을 빌려 썼다는 것이다. 고개가 끄덕여지지만, 근거가 없으니 짐작만 할 뿐이다. 정약용은 천주교 박해 때 주요 사건마다 이름이 오르내렸고, 그때마다 본인은 부인과 함구로 일관하거나 결백을 주장하며 사학죄인의 올가미를 요리조리 피하거나 빠져나갔다. 제1차 밀서인 1789년 10월 이승훈이 그라몽 신부에게 보낸 편지 1통과 유항검(?)이 쓴 편지 1통. 제2차 밀서인 1790년 7월 이승훈이 구베아 주교에게 보낸 편지 1통은 라틴어, 이탈리아어, 프랑스어로 번역되어 로마교황청 포교성성(현 인류복음화성) 고문서고에 보관되어 있다. 한문 원본은 전하지 않는다. 1801년 주문모 신부의 공초 기록에는 "윤유일이 1790년 권일신과 이승훈이 보내는 편지 2통을 들고 왔다."고 했는데 권일신의 편지 1통은 발견되지 않았다.

1790년 10월 22일 윤유일은 북경 구베아 주교가 보내는 사목 교서와 미사 경본, 성석(聖石, 순교자의 유해나 유품이 들어있는 돌판), 상본과 성물을 가지고 한양으로 돌아왔다. 조선천주교회 지도부는 사목 교서를 한 줄 한 줄 읽어 내려갔다. 내년(1791) 3월 동지사절단이 조선으로 돌아갈 때 신부 한 사람을 보내주겠다는 말에 환호성을 지르다가 갑자기 숨을 딱 멈췄다. 깊은 침묵이 흘렀다. '조상 제사를 지내지 말고 신주도 모시지 말라.'는 것이었다. 청천벽력이었다. 타협의 여지가 없었다. 목숨을 내어놓으라는 말과 같았다. 조선천주교회 지도부는 큰 충격에 휩싸였다.

조선의 풍속과 전통에 대한 고려 없이 교황청의 결정을 그대로 받아들인 구베아 주교의 엄격한 결정은 이후 조선 곳곳에서 큰 파열음을 내며 박해의 피바람을 몰고 왔다. 노론 벽파가 집권세력인 남인 시파를 제거할 결정적인 한 방을 노리고 있던 차에 기막힌 빌미를 준 것이다. 조상제사와 신주 봉안 금지는 타오르는 불길에 기름을 붓는 격이 되었다. 조상 신주를 모시고 제사 지내는 풍습을 두고 북경에서는 포르투갈의 지원을 받는 예수회와 스페인의 지원을 받는 도미니코회, 프란치스코회가 충돌했다. 예수회는 현지 풍습을 존중하고 유연하게 대처해야 한다는 입장이었고, 도미니코회와 프란치스코회는 우상숭배로서 엄격하게 금지해야 한다는 입장이었다. 오랫동안 충돌을 빚어오던 이 문제는 교황청이 후자의 손을 들어 줌으로써 도미니코회와 프란치스코회의 판정승으로 끝났다. 교황청의 결정으로 모든 게 일단락 된 게 아니었다.

걷잡을 수 없는 후폭풍이 밀어닥쳤다. 선교권 경쟁이라는 고래 싸움에 새우등이 터진 것이다. 프란치스코회 소속 북경교구 구베아 주교는 1805년 청나라에도 제사 금지령을 내려 박해를 불러일으켰던 교회법 원리주의자였다. 아무도 누구도 책임지지 않았던 이 결정으로 조선천주교회는 박해의 회오리 속으로 빨려 들어갔다. 천주학쟁이는 박해의 칼날을 피해 남부여대하고 깊은 산골짜기로 숨어들었고, 순교와 배교 사이에서 끊임없이 흔들리며 고난과 죽음의 터널 속으로 걸어 들어갔다. 이후 구베아 주교는 마음이 불편했던지 1797년 8월 15일 사천성에 있는 디디에 주교에게 편지를 보내 왜 이런 결정을 내릴 수밖에 없었는지 속사정을 밝혔다. 어쩔 수 없었다고 뒤늦게 변명해 본들 무슨 소용이 있겠는가?

"1790년 조선천주교회는 북경교구에 질문서를 보내 궁금한 사항을 물어보았다. 조상 신주를 모셔도 되는지, 이미 모시고 있는 조상 신주를 계속 모셔도 되는지에 관한 내용도 포함되어 있었다. 교황청은 베네딕도 교황 칙서 엑스 쿠오 싱굴라리(Ex Quo singulari)와 클레멘스 교황 칙서 엑스일라 디에(Ex Illa Die)를 통해 이 문제에 대해 단호한 입장(조상 신주를 모시고 제사지내는 것을 우상숭배로 간주함)을 표명한 바가 있었다. 나는 이런 교황청의 결정에 따라 절대로 신주를 모셔서는 안 된다고 답해주었다."(정민 《다산독본》 1권 307~308쪽)

포도청과 의금부, 지방 관아에 잡혀가서 참수되고 교살되고 능지처사 되었던 1만여 명 천주학쟁이 목숨이 교황청 문서와 구베아 주교의 편지 한 통에서 시작되었던 것이다. 샤를 달레는 《한국천주교회사》에서 구베아 주교의 결정을 두고 "제사 금지령은 조선인 모든 계층의 눈동자를 찌르는 일이었다."며 안타까워했다. 1791년 5월 충청도 진산에 사는 윤지충(정약용 모친 해남 윤씨 오빠 윤경의 아들이다. 1787년 이승훈에게 세례를 받았고 정약전이 대부를 섰다)이 모친 안동 권씨가 세상을 떠나자 장례절차를 교리에 맞게 하라는 유언과 구베아 주교의 사목 방침에 따라 권상연(윤지충의 모친 안동 권씨 오빠의 아들)과 함께 제사를 폐하고 신주를 불태웠다. 천주교 박해사에 어김없이 등장하는 그 유명한 '진산사건'이다.

진산사건 이전부터 정약용과 이승훈 등 남인 학자 사이에서는 간접적으로 조상숭배와 제사를 거부하는 일이 있었다. 예를 들어 1787년 성균관 시험에서 정약용과 이승훈은 제사에 관한 문제가 출제되자 백지를 냈고, 1789년 평택현감으로 부임한 이승훈은 임지에 도착한 후 열흘이 지나도록 몸이 아프다는 이유로 공자 사당에 배알하지 않아서 문제가 되기도 했다. 정약용은 '자찬묘지명'에서 "정미년(1789) 이후 4~5년간 서학에 자못 마음이 기울었다."고 고백했다.

1791년 11월 7일 호남관찰사 정민시는 진산사건 진행 경과와 윤지충, 권상연의 심문 결과를 최종 정리하여 정조에게 보고했고, 11월 13일 오후 3시 윤지충과 권상연은 대역죄인으로 전주 남문(전동성당 자리) 밖에서 참수되었다. 윤지충은 서른두 살, 권상연은 마흔 살이었다. 두 사람의 유해는 9일 동안 방치되었고 수습 당시 목침과 판결문이 적힌 명패에는 핏자국이 선연했다. 어떤 자는 손수건에 피를 묻혀 편지와 함께 북경 구베아 주교에게 보내기도 했고, 어떤 자는 피 묻은 명패를 담갔던 물을 마시며 치유의 기적을 기대하기도 했다.(정민 지음 《서학, 조선을 관통하다》 270쪽)

윤지충과 권상연의 유해는 230년이 지난 2021년 3월 11일 천주교 전주교구 초남이 성지(전북 완주군 이서면 남계리 초남 부락. 1801년 신유박해 때 순교한 유항검 일가가 살았던 곳) 바우배기 성역화 작업 중 발견되었다. 출토된 유골의 목과 팔에는 칼자국이 남아있

전북 완주군 이서면 초남이 성지 발굴 작업 중 무덤에서 발견된 권상연(좌)과 윤지충(우) 백자 사발 지석. 이름, 세례명, 생년, 본관, 무덤 조성 일자 등 79자가 적혀있다.

었고, 인적사항(이름, 본관, 세례명, 생년월일)을 적은 직경 15cm 백자 사발도 발견되었다. 2014년 8월 16일 프란치스코 교황은 광화문 광장에서 조선 천주교회 최초 순교자 윤지충과 권상연 등 123위 순교자를 복자로 선포하는 시복예식을 거행하였다.

1794년 12월 3일 중국인 신부 주문모가 황심(黃沁)과 함께 장사꾼으로 위장하여 의주로 들어왔다. 주문모는 17세기 초 서학이 전파되었던 중국 강남 소주에서 태어났다. 일곱 살과 여덟 살 때 어머니와 아버지를 연이어 잃고 고모 손에 자랐다. 고모는 낮에는 일하고 밤에는 주문모를 가르쳤다. 주문모는 과거시험에 몇 번 떨어지자 공부를 그만두었다. 스무 살 때 혼인했으나 스물세 살 때 부인과 사별한 후 북경 주교좌 신학교에 입학하여 제 1회 졸업생이 되었다. 주문모는 구베아 주교에게 사제서품을 받고 마흔두 살 되던 해인 1794년 2월 조선으로 파견되었다. 주문모는 북경에서부터 20여 일 걸어서 책문에 도착했으나 압록강에 얼음이 풀려서 입국할 수 없었고 책문 근처 만주교회에서 대기하면서 10개월을 보낸 후 의주 국경에 도착했다.

그는 대기하고 있던 윤유일과 지황의 도움을 받아서 마부로 위장한 후 꼬박 12일을 걸어서 1794년 12월 15일 서울 북촌 계동(옛 계산동)에 있는 최인길 집에 도착했다. 집안에는 작은 기도방도 있었고 미사를 집전하고 고해성사와 세례성사도 줄 수 있는 공간도 마련되어 있었다. 창덕궁에서 10여 분 거리에 있는 조선 최초의 성당이었다. 주문모 신부는 조선어를 배우면서 찾아오는 교우에게 고해성사를 주었다. 가성직 신부에게 세례를 받았던 교우들은 정식 세례를 받겠다고 줄을 섰다. 1795년 윤 2월 중순 조선 최초의 정식 미사가 계산동 최인길 집 천주당에서 봉헌되었다. 조선 교우들은 주문모 신부를 마치 '하늘에서 내려온 천신'처럼 환영하고 공경했다.

1795년 5월 초 주문모 신부에게 성사를 받은 여자 교우 한 명이 오빠 한영익에게 주문모 신부의 입국 사실을 전해주었다. 5월 11일 한영익(진산사건 때 배교자다. 1799년 여동생이 정약용의 서제 열다섯 살 정약횡과 혼인하여 정씨 집안과 사돈이 되었다)은 누이동생의 주선으로 주문모 신부를 만나 교리문답을 받던 중 최인길로부터 신부의 입국 경로를 알아냈다. 한영익은 문밖을 나서자마자 곧장 정조 친위부대에 근무하던 이석(이벽 동생)에게 달려가 주문모 신부의 생김새와 입국 경로, 머물고 있는 집의 위치를 알려주었다. 이석은 영의정 채제공에게 직보하였고, 채제공은 정조에게 보고한 후 포도대장 조규진에게 지시하여 즉시 잡아 오게 하였다.

한영익이 이석에게 제보하던 자리에 다산 정약용도 있었다. 당시 정약용은 부사직(오위의 무관직) 신분으로 규장각에서 '화성정리통고'를 살펴보고 있었다. 정약용은 이때의 상황을 '자찬묘지명'에서 이렇게 회고했다.

"4월에 소주 사람 주문모가 변복하고 몰래 들어와 북산(백악산) 아래에 숨어서 서교(천주교)를 널리 폈다. 진사 한영익이 이를 알고 이석에게 고했는데 나 또한 그 얘기를 들었다. 이석이 채제공에게 고하니 공은 비밀리에 임금에게 보고하고 포도대장 조규진에게 명하여 이들을 잡아 오게 하였다."

다산 정약용은 "이 얘기를 듣고 주문모가 숨어있는 계동 최인길 집으로 달려가서 빨리 몸을 피하는 게 좋겠다."고 말한 후 주문모를 피신시켰다(1797년 8월 15일 구베아 주교가 사천의 대리감목 디디에 주교에게 보낸 편지 중에서). 정약용이 주문모를 데리고 간 곳은 남대문 안쪽에 있던 강완숙 집이었다. 주문모는 장작 광 안쪽에 숨어서 석 달을 보냈고 이후 6년간 강완숙 집을 안전가옥 겸 베이스캠프로 삼았다.

주문모가 정약용을 따라 급히 피신하자 역관 최인길은 피신 시간을 벌어주기 위하여 중국인 신부 복장을 하고 기찰포교를 기다리고 있었다. 최인길의 가짜 신부행세는 금방 들통이 났고 입국을 도왔던 윤유일, 지황도 잡혀왔다. 마치 잘 짜여진 한 편의 첩보영화를 보는 듯하다. 1795년 5월 12일(양력 6월 27일) 밤, 의금부에 끌려간 세 사람은 주문모의 생김새와 도피처를 묻는 심문관의 질문에 끝까지 함구했고 가혹한 매질과 심한 고문을 견디지 못하고 이튿날 새벽 숨을 거두었다. 최인길은 서른한 살, 지황은 스물아홉 살, 윤유일은 서른여섯 살이었다. 세 사람의 주검은 어디론가 사라졌다. 지휘부는 왜 그날 밤 세 사람을 급하게 죽였을까? 주문모의 입국은 자칫 외교 문제로 비화될 수 있었고, 정조 모친 혜경궁 홍씨의 회갑연도 한 달 뒤였으며 정조의 최대 관심사였던 수원 화성 건설도 한창 진행 중이던 민감한 시기였다.

세상에 비밀은 없는 법. 1795년 7월 4일 대사헌 권유가 "최인길 등 세 사람을 타살한 것은 함구엄적(緘口掩迹, 입을 틀어막아 흔적을 없애버리려는) 하려는 계책에서 나온 것"이라면서 배후인물로 채제공을 지목하며 문책을 요구했다. 성균관 유생 김도회 등 5천명도 연명 상소를 올려 철저한 조사를 요구했다. 7월 7일 부사직 박장설과 지평 신귀조가 종전 천주교 사건을 들먹이며 공조판서 이가환과 이승훈의 처벌을 요구했다. 노론 벽파와 남인 공서파가 합세하여 집권세력인 채제공과 남인 시파를 향해 총공세를 펼쳤다. 예나 지금이나 정치판에서 벌어지는 여야 싸움 행태는 너무나 비슷하다. 꼬투리만 잡히면 물고 늘어지는 야당 행태도 그렇고 방어막을 치는 여당 행태도 별로 달라진 게 없다.

1795년 7월 26일 정조는 들끓는 여론을 잠재우기 위하여 선제적으로 노론 벽파와 남인 공서파가 지목하는 '서학 삼흉(三凶)'을 경질했다. 이가환은 충주목사로, 정약용은 "삐딱하게 기울어진 글씨체를 고치지 않는다."는 이유로 금정도 찰방(현 청양군 화성면 용당리에 역 본부인 금정역이 있었고 17개 역을 관할하던 종6품 관리. 홍주목에 속했고 용당마을 입구에 사적비가 있다)으로 좌천시켰고, 이승훈은 예산현으로 유배 보냈다. 세 사람은 부임지와 유배지에서 서학과의 관계를 완전히 끊어버렸다는 증거를 보여주어야 했다. 이가환은 천주교인을 체포하여 가혹한 고문으로 알려진 주리를 틀었다. 정약용은 부임한 지 보름 만에 금정역 부근에 있던 김복성 등 4명을 배교시켰고, 보령 성주산 부근에 숨어있던 내포 지방 천주교 지도자 이존창을 장교와 포졸 한 명만 보내 포승줄로 묶어왔다. 말이 체포지 자수에 가까웠다. 이존창은 "위대한 마음과 사람 마음을 사로잡는 특별한 재주를 가졌다."고 샤를 달레가 《한국천주교회사》에서 극찬했던 인물로서 내포 지방을 조선교회 못자리로 만드는 데 핵심적인 역할을 했던 자였다. 정약용은 5개월 후 12월 25일 내직(內職)인 용양위(조선 시대 중앙군 5위 중의 하나) 부사과(종6품)로 복귀하였다.

이승훈은 유배지인 예산에서 배교했다는 증거를 보여 주었다. '혹세무민하는 사학 실상을 제대로 깨우쳐 주는 글'을 지어 예산 지방관 홍백순과 박종우에게 보냈다. 이승훈은 천주존재, 삼위일체, 구속강생, 상선벌악을 부정했고, 지은 글을 각 면과 리에 배포하였다. 이듬해인 1796년 6월 이승훈은 유배가 풀려서 돌아왔으나 다시 등용되지 못했으며, 배교자로 낙인찍혀 교우조차 찾아오지 않았다. 정약용은 매형 이승훈을 만날 수 없어서 '월야억이형(月夜憶李兄, 달밤에 이형이 그리워)' '월야우억이형(月夜又憶李兄, 달밤에 또 이형이 그리워)'이라는 두 편의 시문을 지으며 마음을 달랬다. 샤를 달레는 《한국천주교회사》에서 "이승훈은 나약함으로 인해 사람들의 멸시를 하도 많이 받아서 아무도 그의 말을 믿으려 하지 않았다."고 했다. 이후 이승훈은 아무도 찾지 않는 곳에서 숨죽이며 살았다.

5년 후 1801년 2월 10일 새벽 의금부 도사 박조원이 나졸을 이끌고 이승훈 집에 들이닥쳤다. 이승훈은 국문장에서 모진 고문을 받았다. 2월 11일 형장 31대, 2월 14일 10대, 2월 18일 15대를 맞았지만, 초인적인 인내심으로 버텨냈다. '추안급국안'은 "이승훈이 사나울 만큼 요지부동하며 끝끝내 뉘우치지 않고 있다."고 했다. 형장(刑杖)은 어머니의 간곡한 회유에도 꿈쩍하지 않던 김백순(노론 명문가 김상헌의 후손인 김건순의 종형으로 1801년 배교자의 밀고로 잡혀 와서 순교했다)이 4대를 맞고 무조건 배교하겠다고 싹싹 빌었던 모진 고문이었다(하루에 30대 이상은 금지하였으나 지켜지지 않았다). 이승훈은 "사악한 천주학에 빠진 자(이가환)를 낱낱이 바르게 말하면 살 수 있는 길을 알려주겠다."는 영의정 심환지와 대사헌 신봉조의 회유에도 끝까지 함구하며 꿋꿋하게 버텼다. 이가환은 이승훈이 열두 살 때 서른세 살이었던 어머니 여주 이씨가 세상을 뜨자 친구가 되어주고 좋아하던 수학도 가르쳐주었던 살갑고 가슴 따스한 외숙이었다. 이승훈은 외숙 이가환을 끝까지 지켜주었다.

1801년 2월 21일, 스승 권철신도 죽고 2월 24일 외숙 이가환도 단식 끝에 옥사했다. 이승훈은 2월 26일 정약종, 최창현(중인 역관 출신으로 가성직 신부 10인 중 한 사람. 주문모는 그를 평신도 총회장으로 임명했다), 최필공, 홍교만, 홍낙민(이조정랑을 지냈으며 아들 홍재영은 정약현의 셋째 사위였다)과 함께 서소문 밖 사형장으로 끌려왔다. 망나니는 입에 물었던 술을 내뿜고 횟가루 한 줌을 집어 이승훈의 얼굴에 확 뿌렸다. 망나니가 주변을 빙빙 돌며 칼춤을 추기 시작했다. 이승훈은 지나온 45년의 시간이 영상필름처럼 빠르게 지나갔다. 화면이 멈추는 순간 시퍼런 칼이 번쩍하면서 목덜미에 내리꽂혔다. 잘린 목이 땅바닥에 뒹굴었고 몸에서는 붉은 피가 분수처럼 솟구쳤다. 시신은 돌보는 이 없이 사형장에 방치되었으나 사흘 후 용감하고 의리 있는 여종 이갑례가 거두어 왔다. 세상 이목이 두려워 아무도 조문하지 않았으나 사돈이자 오랜 벗이었던 심유가 홀로 찾아와 상복을 입고 향을 올렸다. 심유는 가슴 따뜻하고 의리 있는 친구였다.

이승훈의 부친 이동욱은 관직이 추탈(죽은 자의 죄를 논하여 살아있을 때 벼슬을 깎아 없앰)되었고, 이승훈의 동생 이치훈은 추국장에서 형을 고발하여 참수를 면한 후 거제도로 유배되었다가 제주도로 이배된 후 죽었다. 이재기는 《눌암기략》에서 "이치훈은 눈치가 자못 빠르고 남의 눈썹 사이의 기미를 잘 살폈다. 한 세상을 교만하게 휘젓고 다니면서 일을 만나도 어려워하는 빛이 도무지 없었다. 그는 스스로 천주교를 배척한 일을 밝히려 하면서 친형 승훈이 숨기려 한 일까지 폭로하고 나섰다. 그래서 추국에 참여한 사람들은 그를 개돼지처럼 보았다."고 했다. 이치훈은 살아남기 위하여 친형까지 물고 들어갔지만 결국 죽었고 죽은 후에도 '형제간에 의리도 없는 개돼지 같은 자'라는 오명을 뒤집어썼다. 세상인심이 이렇게 무섭다. 어떻게 사는 게 잘사는 길일까?

황사영은 이승훈을 어떻게 평가했을까? 황사영은 《백서》에서 "이승훈은 신해년(1791)에 체포되어 배교하고 성교회를 비방하는 글을 여러 번 썼으나, 모두 본심에서 우러난 행동이 아니었다. 부친의 엄한 반대와 약한 벗들의 온갖 비방을 받으면서도 끝까지 참아 견디며 성교회를 봉행했다."고 했다.

샤를 달레는 《한국천주교회사》에서 "이승훈은 죽을 수밖에 없었다. 하느님께 돌아온다는 간단한 행위로도 피할 수 없는 형벌을 승리로 바꿀 수 있었지만, 배교를 철회하지 않고 통회한다는 작은 표시도 없었다. 나약하여 사람들의 멸시를 받았고 아무도 그의 말을 믿으려 하지 않았다. 천주교인이라고 참수당했으나 배교자로 죽었다."고 썼다.

참으로 야박한 평가였다. 이승훈의 죽음을 놓고 황사영이 배론 토굴 안에서 쓴 글과 조선에 한 번도 와 본 적이 없는 프랑스 신부가 문헌과 자료만 보고 70여 년 후 남긴 평가는 이렇게 다르다. 서소문 성지역사박물관 입구에 이승훈이 남긴 절명 시가 새겨져 있다. 월락재천 수상지진(月落在天 水上池盡, 달은 떨어져도 하늘에 있고 물은 솟구쳐도 연못에서 다한다). 이승훈은 배교자였을까, 아니면 죽는 순간까지 천주에 대한 믿음을 저버리지 않은 순교자였을까? "나는 말이나 글로써 설명할 수 없는 그 멀고도 확실한 세계를 향해 피 흘리며 나아간 사람들을 두려워하고 또 괴로워한다."라고 했던 《흑산》 작가 김훈의 말이 가슴에 와닿는다. 보이는 것과 보이지 않는 것 사이에서 수시로 흔들리며 하루하루 살아가는 필자에게는, 순교와 배교 사이에서 서성이다 죽음의 길로 나아가야 했던 이승훈의 삶이 반면교사로 다가온다.

노론 벽파가 이승훈, 정약용과 함께 삼흉으로 부르던 마지막 한 사람이 있다.

정조가 영의정 채제공의 뒤를 이을 차세대 선두주자로 손꼽았던 남인학자 정헌 이가환이다. 1801년 2월 이가환이 의금부 국문장으로 끌려왔다. 수사 책임자는 영의정 심환지, 대사헌 신봉조였다. 심환지와 신봉조는 한때 이가환과 머리를 맞대고 국정을 논하던 사이였지만 권력 앞에서는 인정사정없었다. 이가환은 의자에 묶여서 몽둥으로 정강이를 두드려 맞았고, 엎드려서 곤장과 신장을 받았다. 이가환은 서학에 우호적이었으나 깊이 빠지지는 않았다. 1784년 이가환은 자신보다 열두 살 어린 이벽이 서학에 빠져있다는 소문을 듣고 "그 기이한 글과 괴벽한 저술이 어떻게 정도(正道)일 수 있는가?"라고 하며, 이벽 집을 찾아가 사흘간 머물며 열띤 토론을 벌이기도 했다. 정약용은 "이벽이 수표교에서 처음으로 선교하고 있을 때 공(이가환)의 소식을 듣고 수표교로 가서 이벽을 꾸짖었으나 이벽이 능란한 말솜씨로 서학을 설명하며 주장을 철벽처럼 고수하자, 공은 말로 다툴 수 없음을 알고 이후로는 발을 끊고 가지 않았다."고 했다.

1801년 2월 24일 이가환이 죽었다. 정조가 '정학사(貞學士)'라 부르며 총애했던 천재였지만 '사학박멸'의 광풍을 피해가지 못했다. 다산 정약용은 이가환의 묘지명에서 "이가환은 매를 너무 맞아 뼈가 드러날 정도였다. 죽이려 한다는 것을 알고 입을 다물고 엿새 동안 물 한 모금 마시지 않았다. 이가환이 기절하자 다시 살려서 조사하지 않고 길바닥에 내버려 죽게 하였다."고 했다. 정조를 제외하고 어떤 사람 앞에서도 머리를 숙이지 않았던 정약용도 이가환 앞에서는 머리를 숙이며 "비상한 기억력이 귀신이 아닌가 의심될 정도"라며 극찬했던 인물이었다.

황사영(다산 정약용의 조카사위다. 1790년 열여섯 살 때 증광시 진사시에 급제하여 정조가 친히 불러 손목을 잡고 격려했는데 어수가 묻은 손목이라고 하면서 평생 비단 띠를 감고 다녔다. 능지처사 되었고 시신은 경기도 양주시 장흥면 부곡리 가마골에 묻혔다. 사후 180년이 지난 1980년 9월 1일 무덤 발굴 때 청화백자 함에 들어있던 비단 띠가 출토되었다. 청화백자 함은 종손이 보관하고 있다가 천주교회 측에 기증하여 현재 절두산 박물관에 전시되어 있다)이 배론 토굴 안에서 길이 62cm, 너비 38cm 하얀 명주 위에 122행 13,384자의 깨알 같은 글씨로 써 내려간 《백서》에 이가환의 행적이 나온다.

이가환은 어릴 때부터 재주와 지혜가 뛰어났고, 성장해서는 풍채가 늠름하고, 태도가 대단히 훌륭하였다. 문장은 온 나라 안에서 으뜸이었으며 읽지않은 책이 없었고 기억력이 뛰어나 마치 신의 경지와 같았다. 또 천문학과 기하학에 정통하여 일찍이 탄식하며, 자기가 죽고 나면 조선에서 기하학은 근본이 끊어질 것이라고 하였다. 그는 매번 하늘을 쳐다보고 탄식하며 말하기를 "저렇게 크고 넓게 깔린 공간에 어찌 주재하는 자가 없다고 할 수 있겠느냐?"고 하였다. 서른 살이 넘어서 진사에 오르고 대과에 급제하였는데 정조가 그릇이 큼을 알고 중히 여겼다. 갑진. 을사년 무렵에 이가환은 이벽 등이 성교(서학)를 믿고 따른다는 말을 듣고 책망하며 말하기를 "나 역시 서양 서적(직방외기, 서학범 등) 몇 권을 보았는데 기문벽서(奇文僻書, 기이한 글과 드물고 이상한 책)에 지나지 않고 단지 내 식견은 넓힐 수 있을 뿐이로되, 어찌 그것을 믿고 마음의 평화를 얻어서 하찮은 일에 마음이 흔들리지 않으리요?"라고 하였다. 이벽이 이치를 따져서 질문에 답하니 이가환은 말문이 막혀 마침내 책을 가지고 가서 자세히 읽어보겠다고 하였다.

이벽이 기본 교리 책(천학초함, 명나라 말기 이지조가 편찬한 책으로 중국에 천주교 전래 초기 예수회 신부들이 한문으로 쓴 글을 모아 놓았다) 중 몇 가지를 주었는데, 그 때 《성년광익(천주교 성인전)》한 권이 있었으나 이가환이 성스러운 기적을 믿지 않을 듯싶어 빌려주지 않으려고 하니까 기어코 달라고 하였다. 이가환은 이벽이 가지고 있던 성교 서적을 모두 가지고 가서 정신을 가다듬고 되풀이하여 읽어본 후, 성교를 믿기로 결심하고 "이것은 진리요 정도다. 진실로 사실이 아니라면 이 책 가운데 한 말은

황사영이 손목에 감고 다니던 비단 띠가 들어있는 청화백자 함

원주시 흥업면 분지울 여주 이씨 선영에 잠들어 있는 금대 이가환과 정부인 해주 한씨 합장묘

다 하늘을 모함한 것일 뿐이요, 하늘을 업신여긴 것이니 서양 신부가 바다를 건너와 전교하지 못하고 마땅히 벼락을 맞아 죽었을 것이다.”라고 하고 마침내 제자들에게 권하여 교화하고 몰래 아침저녁으로 이벽 등과 토론하며 열심이었다. 이때 이승훈 등이(가성직 신부로서) 감히 성사를 행했는데 이가환은 다른 사람에게는 세례를 받도록 하였으나 자신은 받지 않았다. 자기는 사신이 되어 북경에서 서양 신부에게 직접 세례를 받겠다고 하였기 때문이었다. 그러나 오래지 않아 형세가 어려워짐을 보고는 마침내 공과조차 폐지하여 버렸다. 성교를 믿는다고 비방을 받았던 자들은 이가환의 일가친척이 많았으므로 성교를 반대하는 무리들이 항상 이가환을 교주로 지목하여 배척하였다.

신해년(1791) 박해 때 이가환은 광주 부윤이 되어 성교를 많이 해침으로써 자기를 변명할 계책으로 삼았다. 교우에게 도율(盜律)을 적용하여 다스리는 것도 이가환으로부터 시작된 일이다. 신해년(1791) 이후 정조가 남인을 많이 등용하자 이가환은 기회를 틈타 여러 가지 높은 벼슬을 역임하고 공조판서에 임명되었는데, 을묘년에(1795) 세 사람(주문모 신부 입국 관련자로 처형된 지황, 윤유일, 최인길)이 순교한 후에, 악한 무리는 신부(주문모)의 일은 모르고 그 죄를 이승훈과 이가환에게 뒤집어씌우고, 글로써 번갈아 가면서 공격하였으므로 정조도 어쩔 수 없이 이승훈을 예산으로 귀양 보내고 이가환을 충주목사로 좌천시켰다. 충주에 어떤 교우가 있어 전부터 남에게 비난을 많이 받아 왔는데, 이가환은 그를 혹독한 형벌로 다스리며 협박하여 배교하라고 명령했다.

교우에게 주뢰(周牢, 주리, 도둑을 다스릴 때 쓰던 형벌로서 영조 때 폐지되었다)를 사용한 것도 이가환으로부터 시작되었다. 또한 관기를 첩으로 삼았는데, 이러한 짓은 다 비방(서학을 믿는 자라고 하는)을 벗으려고 한 일이었다. 그 후로는 버림받고 다시 등용되지 아니하였으므로 집에 들어앉아 글을 지으면서 스스로 즐겼다. 이가환의 부인은 본래 성교에 대한 굳건한 믿음이 있어서, 딸과 며느리, 첩과 여종에게 권유하여 감화시켰는데, 혹 성교에 관한 책이 탄로가 나도 이가환은 조사하고 금지하지 아니하였다. 무오년(1798)과 기미년(1799) 사이에 지방에서 박해가 연이어 일어난다는 말을 듣고는 은밀히 자기 소신을 말하기를 “이것은 비유하면 막대기로 재를 두드리는 것과 같아, 치면 칠수록 더욱더 일어나는 법이오. 임금이 아무리 금하려고 해도 끝내는 어찌할 수 없을 것이다."라고 하였다. 처음 의금부에 잡혀갔을 때에는 스스로를 변명하고 죄를 승복하지 아니하였으나 옥사를 다스리는 자들이 모두 평상시에 그를 원망하고 시기하던 자들이라 기필코 사지에 몰아넣으려고 하므로, 스스로 끝내 면할 수 없음을 깨달아 마침내 본심을 인정하고 죽을 때까지 변하지 아니하였다. 혹독한 매질과 불로 지지는 형벌을 받던 중 그만 목숨이 끊어졌는데, 이때 나이 예순 살이었다.

누구든지 사학 프레임에 한 번 걸려들면 벗어나기 어려웠다. 정적 탄압 수단이 '역모'에서 '사학'으로 바뀌었을 뿐 달라진 것은 아무것도 없었다. 이가환은 죽었고 이가환을 죽였던 자도 죽어서 한 줌 흙으로 돌아갔다. 필자는 2023년 1월 초 원주시 흥업면 분지울, 눈쌓인 여주 이씨 선영에 잠들어 있는 이가환 묘소에 다녀왔다. 초라한 무덤이었다. 비정하고 허망한 정치 권력의 틈바구니에서 서학을 학문으로 깊이 들여다보려 했던 남인 학자의 억울한 죽음이었다. 노론 벽파에게 사학은 정치적 반대세력을 제거하기 위한 좋은 빌미였고, 기회를 잡은 자들은 지독하고 끈질겼다. 피바람을 몰고 다니는 박해의 칼끝은 이제 중국인 신부 주문모를 향했다.

주문모는 조선 입국(1795) 후 4월부터 계동 최인길 집으로 찾아온 이존창의 안내로 양근 윤유일 집과 전주 유관검 집 등을 순회하다가 상경하였고, 그해 5월부터 자수하기 전까지 6년 간 여인이 타는 가마 안에 숨거나 상복을 입고 서울과 지방을 오가며 포위망을 아슬아슬하게 피해 다녔다. 그때마다 자신을 그림자처럼 수행하며 지켜주던 강완숙과 아들 홍필주가 잡혀가고, 교회 지도급 인사들도 연이어 잡혀가자 고립무원 상태에 놓였다. 강완숙은 배교자 김여삼의 밀고로 1801년 2월 24일 의금부에 체포되어 "주문모의 거처를 대라."며 여섯 번이나 주리를 트는 혹독한 고문 속에서도 음성과 기색이 조금도 달라지지 않았다. 취조하던 형리조차 "이년은 귀신이지 사람이 아니다."고 할 정도였다.

주문모는 서서히 옥죄어오는 죽음의 그림자를 느꼈다. 천신만고 끝에 청나라 국경 부근 의주에 이르렀을 때 "양 떼를 버리고 어디로 가려고 하느냐?"는 천주의 음성이 들려왔다. 주문모는 발길을 돌려 1801년 3월 15일 의금부를 찾아갔다. "누구냐?"고 묻는 포졸에게 "너희들이 찾는 주문모 신부다."라고 밝히자 의금부가 발칵 뒤집혔다. 조정에서는 주문모 처리를 두고 연일 대책회의가 열렸다. 북경으로 돌려보내자는 자도 있었고 청 황제에게 보고한 후 처분을 기다리자는 자도 있었으며, 허락받지 않고 조선으로 들어왔으니 월경죄로 다스리자는 자도 있었다. 수렴청정하고 있던 대왕대비(정순왕후)는 고민에 빠졌다. 중국인을 함부로 죽였다가 동티나면 자칫 외교 문제로 번질 수 있었기 때문이다. 3월 15일, 4월 1일, 4월 17일 주문모에 대한 1, 2, 3차 국문이 끝난 다음 대왕대비는 의금부 요청에 따라 군문효수(軍門梟首, 목을 베어 군문에 매달던 형벌)를 결정했다.

이틀 뒤 주문모는 새남터로 끌려갔다. 사학죄인 처형 광경을 보기 위해 구경꾼이 구름처럼 몰려들었다. 참수되기 직전 주문모가 말했다. "목이 마르다. 술 한 잔만 달라." 주문모는 형리가 건네주는 막걸리를 받아 벌컥벌컥 마신 다음 목을 땅바닥에 길게 대고 엎드렸다. 1801년 4월 19일 오후 4시, 구름 한 점 없이 쾌청한 날씨였다. 칼을 쥔 망나니가 공중으로 펄쩍 뛰어올랐다. 목이 잘리는 순간 갑자기 먹구름이 몰려오고 세찬 비바람이 휘몰아쳤다. 새남터 모래사장 위로 돌이 날리고 천둥번개가 치면서 소나기가 쏟아졌다. 형리와 구경꾼은 놀라서 벌벌 떨었다. 잠시 후 언제 그랬냐는 듯이 비가 딱 그치고 해가 나면서 무지개가 떴다. 이재기는 《눌암기략》에서 "그가 형벌을 받는 날은 매번 돌풍이 세게 일었다. 또 목을 베던 날은 큰 우레와 비가 쏟아졌다."고 했다. 잘린 목은 닷새 동안 사형장에 매달려 있었다.

조선 조정은 주문모를 '제주 사람'이라고 속였고, 시신은 알 수 없는 곳에 묻었다. 감옥 안에서 주문모 신부의 처형 소식을 들은 강완숙은 입고 있던 치마폭을 찢어 주문모 신부의 입국 후 활동 내역을 적어서 감옥 밖으로 내보냈다. 1801년 5월 22일 강완숙도 서소문 밖 사거리에서 참수되었다.

《순조실록》 1년(1801) 5월 22일 포도청에서 형조로 넘겨준 사학죄인 강완숙의 결안(結案, 사형집행서)을 보자.

"죄인 강성(姜性, 강씨 성) 노파 완숙은 사서(邪書)를 배워서 오염되고 고혹(蠱惑, 매력에 빠져서 정신을 못 차림)되어 지아비 홍지영에게 쫓겨났으나 그칠 줄 몰랐다. 강완숙은 아들 홍필주(홍지영의 전처 아들)를 데리고 서울로 와서 머물면서 주문모를 높이 받들어 갈륭파(골롬바)라는 호(세례명)를 받았으며 6년 동안 숨겨주면서 추행이 낭자하였으나, 그 도(천주교)는 본래 이와 같다는 이유로 더러운 줄 몰랐다. 황사영이 망명했을 때는 앞장서서 숨겨 준 뒤 몸을 숨겨 피하게 하고, 사학의 괴수로 삼았으며, 남녀가 뒤섞여 밤낮으로 외우며 학습하였다. 따라서 가는 곳마다 속여서 그릇된 방면으로 인도하여 세상을 미혹되게 하였다."

강완숙은 죽기 직전 유언을 남겼다.

"나는 이미 천주학을 배워 스스로 믿었으니 죽으면 천국으로 돌아간다. 형벌을 받아 죽더라도 조금도 후회가 없다."

'총명하고 부지런하며 열심하고 자제력이 뛰어날 뿐 아니라, 일 처리를 완벽하게 해내어' 주문모 신부가 믿고 '교우회장' 직책까지 맡겼던 마흔한 살 '여장부'의 불꽃 같은 삶이었다. 목숨 바쳐 시대와의 불화를 넘어선 강완숙에게 천주학은 삶의 알파요 오메가였다.

순조 1년(1801) 12월 22일 정순왕후가 토사교문(討邪教文)을 반포했다. "온 천하가 이미 깨끗해졌으니 다시 변화된 아름다움을 기대하겠노라."

망나니 칼춤이 멈추고 잠시 피바람이 멎었다.

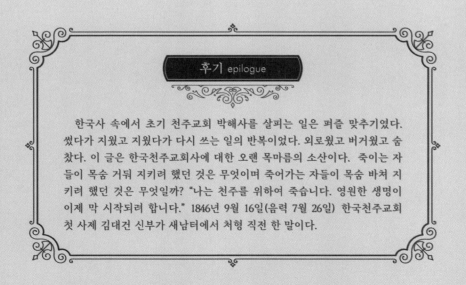

후기 epilogue

한국사 속에서 초기 천주교회 박해사를 살피는 일은 퍼즐 맞추기였다. 썼다가 지웠고 지웠다가 다시 쓰는 일의 반복이었다. 외로웠고 버거웠고 숨찼다. 이 글은 한국천주교회사에 대한 오랜 목마름의 소산이다. 죽이는 자들이 목숨 거둬 지키려 했던 것은 무엇이며 죽어가는 자들이 목숨 바쳐 지키려 했던 것은 무엇일까? "나는 천주를 위하여 죽습니다. 영원한 생명이 이제 막 시작되려 합니다." 1846년 9월 16일(음력 7월 26일) 한국천주교회 첫 사제 김대건 신부가 새남터에서 처형 직전 한 말이다.

제3장 원주시내편

원주굽이길 북원역사길(1)(옛 원점회귀 12코스, 현 10코스)

북원 문화의 꽃을 피운 원주의 자취를 따라 걸을 수 있는 길이다. 원주역사박물관, 봉산동당간지주, 강원감영, 옛 원주역 급수탑, 원주향교, 원동성당, 추월대, 자유시장, 중앙시장 등 도심을 순례하며 원주의 과거와 현재, 미래를 느껴볼 수 있는 걷기 여행길이다.

원주역사박물관 ⊙ 통일아파트 입구 ⊙ 매지막국수 ⊙ 개운해장국 ⊙ 인열왕후탄생비 ⊙ LH 개운 3단지 ⊙ 수가성 ⊙ 향교 ⊙ 동성아파트 ⊙ 남산공원 ⊙ 추월대 ⊙ 원동성당 ⊙ 강원감영 ⊙ SC제일은행원주지점 ⊙ 지하상가 사거리 ⊙ 옛 원주역 사거리 ⊙ 급수탑 ⊙ 철길건널목 ⊙ 학성초등학교 ⊙ 김미용실 ⊙ 학봉정 ⊙ 관불사 ⊙ 제일연립 ⊙ 봉산동 당간지주 ⊙ 원주역사박물관

이게 누구의 허물이냐,
하늘이여! 오, 하늘이여!

이 길은 숙제였다. 몇 번이나 미루고 미루다가 날을 받았는데, 가는 날이 장날이라고 천둥 번개가 치고 빗살이 거세다. 날씨는 어찌할 수 없다. 국민체육센터에서 두 여인을 차에 태웠다. 아니, 이 빗속에? 이쯤 되면 아무도 못 말리는 걷기 마니아다.

역사박물관이다. 또 여러 명이 기다리고 있다. 걷기가 뭐라고 이 빗속을 뚫고 모인다는 말인가? '날씨가 추워진 뒤에야 소나무와 잣나무가 시들지 않음을 알게 되었다.'고 한 추사 김정희의 세한도가 생각난다. 제주도에 유배된 '초췌하고 파리한 노인'이 귀한 책을 보내준 제자 이상적에게 그려준 그림이다. 세한도는 그림 못지않게 배경을 설명한 발문도 유명하다. 발문이 있어 그림이 더 빛난다.

추사 김정희의 세한도. 발문(왼쪽)도 그림 못지않게 유명하다.

"지난해 두 권의 책(만학집, 대운산방문고)을 보내준 데 이어 올해(헌종 10년, 1844)
또 한 권(경세문편)의 책을 보내주었다. 이 책은 흔한 것이 아니어서 천만리 먼 곳에서
어렵사리 구한 것이다. 여러 해를 거듭하여 손에 넣은 것이고 일시에 가능했던 게 아
니다. 세상 풍조는 돈과 권력을 좇기 마련인데 애써 구한 책을 권세가에게 넘기지 않고
바다 건너 섬(제주도)에서 귀양살이하는 초췌하고 파리한 늙은이에게 챙겨 보내는 일
을 마치 세상에서 잇속 좇듯이 하였구나. 사마천은 '권세나 이익을 보고 모여든 자는 그
것이 사라지면 사이가 멀어진다.'고 했는데, 자네는 어찌하여 세상의 도도한 흐름처럼
권세나 이익으로 나를 대하지 않는다는 말인가? 사마천이 틀렸다는 말인가? 공자는 날
씨가 추워진 뒤에야 소나무와 잣나무가 시들지 않음을 알게 되었다고 하였다. 소나무
와 잣나무는 사철 내내 잎이 지지 않으니 세한(날씨가 추워지기) 이전도 송백이요 세한
이후에도 변함없는 송백이다. 성인께서 특별히 세한 이후에 그것을 칭송하였다. 그대
가 나를 대하는 모습을 보면 유배 전이나 유배 후에나 변함이 없구나."

180년이 지났지만 읽을 때마다 가슴이 뭉클해진다. 책도 책이지만 제주도에
유배되어 아무도 돌보지 않는 스승을 기억해주는 제자가 있었다니! 예나 지금
이나 달면 삼키고 쓰면 뱉는 게 세상인심인데 소나무와 잣나무처럼 변함없는
제자 이상적의 모습에 가슴이 따뜻해진다. 세상이 아무리 팍팍해도 어디 가나
이렇게 의리 있는 자가 한두 명은 꼭 있다.

원주역사박물관 마당에 석탑, 석불좌상, 석인, 석조보살입상이 나란하다. 석조보살입상은 천왕사 터에서 나왔다. 천왕사는 신라 말 고려 초에 창건되었다가 조선 성종 무렵 폐사된 절이다. 절 입구였던 봉산동 회전 교차로 부근에 당간지주가 있고 절터는 원주초등학교와 원주경찰서를 아우르는 땅으로 추정된다. 박물관 옆에 대한민국 제10대 대통령 최규하 생가가 있다. 원래 생가는 평원동에 있었고, 이 터(봉산동 836번지)에는 최규하가 원주초등학교 다닐 때 살았던 집이 있었다. 1994년 김영삼 정부 때 최규하 대통령 생가와 기념관을 지으려고 하다가 거센 반대에 부딪히자 생가만 복원하고 기념관 자리에 원주역사박물관이 들어서게 되었다. 원주역사박물관의 원래 건립부지는 명륜동 치악예술관 부근(따뚜공연장)이었다고 한다(2024년 7월 15일 〈원주투데이〉 전 원주역사박물관장 박종수의 '원주문화유산 썰'편 참고). 도심 가까이 있어야 할 역사박물관이 왜 멀리 떨어진 봉산동에 들어서게 되었는지 궁금했는데 의문이 풀렸다. 정치 바람과 거센 반대를 돌파할 수 있는 역사의식으로 무장한 소신 있는 지도자가 있었더라면

최규하 대통령 생가. 부근에 호를 딴 현석길이 있고 그가 다녔던 원주초등학교가 있다.

역사박물관 모습이 크게 달라질 수 있었을 텐데 아쉬움이 많다.

1979년 10월 26일 박정희 대통령이 시해당하자 국무총리였던 최규하는 대통령 권한 대행을 거쳐 12월 6일 제10대 대통령에 취임하였다. 그해 12월 12일 전두환과 군부세력이 쿠데타를 일으켰다. 최규하는 허울뿐인 대통령이 되었고 1980년 8월 16일 대통령직에서 물러났다. 최규하 할 말이 많았지만 2006년 10월 22일 타계할 때까지 언론과의 인터뷰를 거절하며 숨겨진 이야기를 무덤까지 가져갔다. 호는 현석(玄石)이며, 봉산동에 현석길이 있고, 학봉정과 강원감영 선화당에 그가 쓴 현판이 남아있다. 최규하 대통령은 어떤 인물이었을까?

2020년 재단법인 최규하대통령기념사업회에서 펴낸 《그런 지도자 또 없습니다》에 몇 가지 일화가 나온다. 외무부 장관 시절 큰아들이 말레이시아 대학을 수석 졸업하고 영국 옥스퍼드대에 전액 장학생으로 입학하려고 했다. 그때 최규하는 아들에게 "한국 사람이라면 군대에 갔다 와야 한다."며 불러들여서 기회를 놓치고 말았다. 공직에 있는 동안 강릉 최씨를 가까이하지 않았다. 강릉 최씨가 역차별받는다는 소리도 들렸지만, 꿈쩍도 하지 않았고, 퇴임 후 강릉 최씨 최흥순을 비서실장으로 임명했다. 국무총리 시절에는 사돈이었던 경기고등학교 교장 서장석이 서울시 교육감 1순위로 물망에 오르자, "만약 사돈이 교육감이 되면 괜한 오해가 생길 것"이라며 2순위로 바꾸어 탈락시켜버렸다. 당시만 해도 고향 사람이 중앙에서 한자리한다는 소리가 들리면 청탁이 빗발치던 때였다. 다음 자리에 욕심을 내지 않았던 성품이었으니 가능했던 일이었다.

부인 홍기 여사 이야기다. 홍기는 무학이었지만 한학자 집안에서 태어나 한학을 배웠고 외국어에도 능통했다. 최규하가 국무총리 시절 "남편 빨래를 어떻게 남한테 맡길 수 있느냐."며 손수 빨래를 했고, 콩나물 몇 그램까지 꼼꼼하게 가계부에 적었던 알뜰한 내조자였다. 1980년 전두환 대통령 취임식 때 전두환이 손을 내밀자 악수에 응하지 않았던 호불호가 분명한 강골이었다. 최규하는 홍기 여사가 알츠하이머병에 걸리자 6년간 병상 곁을 지키며 일생 동안 받았던 사랑을 되돌려 주었다.

손자 눈에 비친 할아버지 최규하 대통령은 어떤 모습이었을까? 2006년 11월 손자 최경침이 〈한겨레신문사〉 입사시험 때 제출한 작문에 내용이 나온다.

"나는 할아버지가 싫었다. 무책임한 모습에 고집까지, 내 닮은 얼굴까지 혐오스러웠다. 나는 '대통령 재직 중에 일어난 일은 말하지 않는 게 좋다.'는 할아버지 말씀을 듣고, 주위 만류를 뿌리치고 사학과에 진학했다. 나는 역사에 진실하고 싶었다. 학생운동을 하며 집안에서도 '왕따'가 되었다. 할아버지는 돌아가시기 며칠 전 나를 불러서 메모를 주며 놀라운 이야기를 해 주었다. 할아버지는 말할 수 없었다고 했다. 할아버지는 새벽마다 과거의 기억에 아파했다. 새벽에 전두환에게 전화해야 했던 숙명은 감당하기엔 너무 컸다. 할아버지는 돌아가시는 날 새벽에도 무척 아파하였다. 할아버지는 메모장에 '박정희의 핵 개발', '신군부와 미국과의 관계' 등을 소상히 기록해놓았다. 역사는 기록되고 기억되어야만 한다. 나는 이제야 온 집안이 반대하던 사학과 진학을 할아버지만 아무 말씀도 하지 않았던 게 이해가 간다."

대통령 가족으로 살아간다는 것은 노블레스 오블리주의 수준 높은 품격과 솔선수범을 요구한다. 빛이 밝으면 어둠도 깊고 산이 높으면 골도 깊은 법이다. 12·12 군사쿠데타 세력에게 나라의 운명을 맡기고 역사의 무대에서 내려와야 했던 최규하. 그는 시대 격변기에 잠깐 대타로 등장했다가 새로운 주연에게 대한민국의 바톤을 넘겨주고 역사 속으로 총총히 사라져간 전형적인 젠틀맨이요 '미스터 프레지던트'였다.

너르내 사거리다. 너르내는 '들이 너르다.'고 '너른들'이라 불렀다. 김은철은 《원주지명유래총람(상)》 행구동편에서 '내'는 고구려 언어로 '들판'이라고 했다. 원주는 한때 고구려 땅(평원)이었다. 너르내는 금강아미움아파트에서 원주초등학교에 이르는 너른 들판으로 추정된다. 조선 시대 원주 진관에 소속된 7개 고을 군사훈련장이 있었던 열무당(閱武堂) 터였다. 진관은 조선 초기 군사방어체제로서 큰 진을 중심으로 각 진이 스스로 싸워 지키는 각자도생 시스템이었다. 을묘왜변(명종 10년, 1555년 해남 달량포에 왜선 60여 척이 쳐들어온 사건)을 계기로 각 고을 군사가 약속장소에 모여 대군을 이루고 중앙에서 파견된 장수의 지휘를 받는 제승방략 체제로 바뀌게 되었다.

열무당에서는 매년 봄, 가을로 일곱 고을 군사가 모여 제식훈련과 활쏘기 연습을 했다. 태종이 강무(수렵을 겸한 군사훈련) 차 치악산에 왔다가 한양으로 돌아가는 길에 열무당에 들렀다. 태종은 부대 사열식을 마치고 군사를 모아놓고 활쏘기 대회를 열었다.

"멀리 치악산 쪽으로 날아가는 기러기 떼가 보이는가? 맨 앞을 나는 기러기를 맞춘 자에게는 큰 상을 내리겠다."

둥! 하는 북소리와 함께 궁수가 쏜 화살이 차례차례 허공을 가르며 빠르게 날았다. 화살 하나가 맨 앞을 나는 기러기에 명중했다. 화살 맞은 기러기는 날개를 퍼덕이며 직선으로 땅바닥에 내리꽂혔다. 태종은 명궁수를 불러 칭찬하며 활을 쏜 너르내에서 기러기가 화살을 맞고 떨어진 곳 안쪽을 사패지로 주었다.

이후 마을 사람들은 기러기가 떨어진 곳(봉산동 번재마을 입구에 표지석이 있다)을 살 대울. 살대, 시탄이라 하였고, 사패지는 화실, 화시내, 화시래, 화시천이라 하였다.(2022년 7월 18일 〈원주투데이〉 이동진의 '하늘에서 본 우리 마을 봉산동 화실마을편'에서 일부 내용 참고)

동신아파트 뒷길을 돌아드니 원주천이다. 폭우로 물이 불어나면서 물소리가 폭포다. 새 한 마리가 고개를 처박고 물고기를 잡고 있다. 물이 있어야 고기가 놀고 고기가 있어야 새가 날아든다. 자연은 이렇게 물고 물리며 끝없이 순환한다. 통일아파트 매지막국수 골목으로 들어섰다. 개운해장국이다. 술꾼들한테는 꽤 널리 알려진 오래된 식당이다. 매지막국수, 개운해장국 같은 오래된 간판에는 고향의 푸근함과 넉넉함이 깃들어있다. 횡단보도를 건너자 조선 16대 왕 인조의 정비였던 '인열왕후 탄생비'가 서 있다.

조선 제16대 왕 인조의 정비 인열왕후가 태어난 곳
(원주고등학교 옆)

2020년 원주문화원에서 펴낸 《천년고도 원주의 길》에는 동네 어르신 말을 빌려 원래 비가 있던 자리가 '〈KBS 원주방송국〉과 봉산교 사이쯤'이라고 했으나, 〈원주읍지〉는 "어서비각(御書碑閣, 임금이 글을 써서 하사한 비를 세운 집)은 인열왕후가 탄생한 옛터다. 관아 동쪽 수십보 거리에 있다."고 했다.

인열왕후 사후 100여 년이 지난 영조 34년(1758) 탄생지에 비와 비각을 세웠다. 비각은 한국전쟁 때 부서졌고, 비는 땅속에 묻혀버렸으나, 1984년 청주 한씨 문중에서 원주고등학교 옆에 다시 세웠다. 원주시 '인동'이란 지명도 인열왕후 탄생지에서 유래되었다. 인열왕후는 선조 27년(1594) 7월 1일 원주목사 유천 한준겸과 창원 황씨 사이에서 2남 4녀 중 넷째 딸로 태어났다. 임진왜란으로 관아가 불타고 없어서 관리 최계룡 집을 임시로 빌려 쓰고 있을 때였다. 한준겸은 선조가 죽음을 앞두고 나이 어린 영창대군을 잘 보필해달라고 부탁했던 유교칠신(遺敎七臣) 중의 한 사람이다.

인열왕후는 광해 2년(1610) 열일곱 살 때 광해군의 배다른 동생이었던 정원군의 아들 능양군(인조)과 혼인하였고, 13년 후인 광해 15년(1623) 인조반정으로 왕비가 되었다. 슬하에 여섯 형제를 두었지만 네 명만 살아남았다. 소현세자, 봉림대군(효종), 인평대군, 용성대군이다. 인열왕후는 병자호란 일 년 전 마흔세 살 때 일곱째 아들을 낳고 닷새 후 산후통으로 죽었다. 《인조실록》 13년(1635) 12월 9일 사관이 쓴 졸기를 보자.

"중전이 대군의 죽음으로 병이 위독해져, 신시(15시 30분~17시 30분)에 산실청에서 승하하였다. 서평부원군 한준겸의 딸이다. 왕비의 자리에 오른 지 13년 동안 외정(外政)을 궁궐 내에 들리게 하지 않았고 내정(內政)을 궁밖에 들리게 하지 않았다. 왕이 복주도(覆舟圖)를 감상하고 있자 진언하기를 '바라건대 임금께서는 이를 보시면서 위태로움과 두려움을 생각하시고 애완하는 물건으로만 여기지 마소서.'라고 하였다."

어떤가? 무슨 생각이 드는가? 이래서 역사가 무서운 것이다. 침실에 복주도를 걸어놓고 들여다보고 있는 인조에게 가까이 다가가서 늘 삼가고 조심하라고 조언하는 지혜로운 여인 인열왕후의 모습이 그려진다. 인열왕후의 시호 '인열 (仁烈)'은 '성품이 어질고 의리에 밝으며 당찬 기세와 공이 있다.'는 뜻이다. 이긍익의 《연려실기술》에 그녀의 인품을 살펴볼 수 있는 일화가 나온다.

> "인조 즉위 후 인열왕후는 비록 광해 때 궁녀라도 늙고 죄 없는 자는 그대로 일하게 하였다. 한씨 보향이라는 궁녀가 있었는데 옛 임금(광해)을 잊지 못해 때때로 가만히 슬프게 울었다. 같이 있던 궁녀가 왕후에게 '보향이 옛 임금을 생각하며 구슬피 우니 변고가 생길까 두렵다.'고 하며 고자질했다. 왕후가 보향을 불러 이르기를 '너는 의로운 자다. 나라가 흥하고 망하는 것은 무상한 것이다. 임금은 하늘의 힘을 입어서 왕이 되었지만, 후일 광해처럼 왕위를 잃게 될지 누가 알겠느냐? 너의 마음가짐이 이와 같으니 가히 내 아들을 보육할 만하다.'고 칭찬하며 후추 한 말을 상으로 주었다. 고자질한 궁녀에게는 '네가 오늘 한 행동을 보니 다른 날의 마음을 알겠다.'고 하면서 종아리를 때렸다. 보향은 감격하여 눈물을 흘렸고, 다른 궁녀도 안심하고 복종하였다."

인열왕후는 궁녀 보향의 정절을 높이 여겨, 소현세자의 보모상궁을 맡겼고, 임금 침실만 아니라 자신의 침실에도 '백성은 물과 같아서 배를 뒤집기도 한다.'는 복주도를 걸어놓고 신독(愼獨)의 시간을 가졌다고 한다. 인조는 선조, 고종과 함께 역사가로부터 혹평을 받고 있지만, 인열왕후는 인품이 훌륭하고 지혜로웠던, 몇 손가락 안에 드는 왕비로 꼽힌다. 만약 인열왕후가 몇 년만 더 살았더라면 소현세자의 독살과 세자빈 강 빈의 사사, 손자 석철과 석린의 죽음을 막을 수 있지 않았을까? 인조 23년(1645) 6월 27일 사관은 소현세자의 시신을 본 종실 진원군 이세완의 말을 빌려 독살되었음을 암시했다.

> "임금(인조)의 후궁 소용 조씨는 오래전부터 세자 내외와 사이가 좋지 않았던 터라,

밤낮으로 임금 앞에서 참소하여 세자 내외에게 죄악을 얽어 만들어서 저주했다느니 대역부도 행위를 했다느니 하며 빈궁(세자빈 강씨)을 나쁘게 고자질했다. 세자는 귀국한 지 얼마 안 되어 병을 얻었고 수일 만에 죽었는데 온몸이 모두 검은 빛이었고, 이목구비 일곱 구멍에서 선혈이 흘러나오므로 검은 천으로 얼굴 반쪽만 덮어 놓았으나 옆에 있는 자도 그 얼굴빛을 분별할 수 없어서 마치 약물에 중독되어 죽은 사람 같았다. 이런 사실은 외부 사람도 모르고 임금도 몰랐다. 당시 종실 진원군 이세완이 친척으로서 세자의 염습(시신을 씻긴 뒤 수의로 갈아입히고 염포로 묶는 일)에 참여했다가 이상한 것을 보고 나와서 사람들에게 말한 것이다."

세자가 죽은 후 유례를 찾아볼 수 없을 정도로 간소한 장례를 치렀고, 무덤도 원(세자의 무덤을 부르는 말)이 아니라 묘로 격하시켜버렸다. 남편을 잃은 세자빈 강씨는 눈에 불을 켜고 억울함을 호소했지만, 인조는 자신의 수라에 독을 탔다는 억지 혐의를 씌워 사약을 내려 죽였다. 피붙이 손자였던 열두 살 석철과 석린도 제주로 보내 죽였다. 사인은 안개와 풍토병이라고 했지만 변명이었다.

청나라 장수 용골대가 석철을 데려다 키우겠다고 했고, 사신도 돌아갈 때 소현세자 묘에 들러 참배했다고 하니, 청 황제와 신하들이 얼마나 소현세자를 좋아했는지 알 수 있다. 폐모살제반명배청(廢母殺弟反明拜淸)했다고 광해를 끌어내리고 왕이 되었던 인조는 청 황제의 신임을 등에 업고 새로운 조선을 만들어보려던 아들을 죽였다. 며느리도 죽이고 손자마저 죽여버렸다. '삼궤구고두례'라는 삼전도의 치욕을 안겨 준 청나라가 아무리 밉더라도 볼모로 끌려갔다가 돌아온 아들과 며느리, 손자가 무슨 죄가 있다는 말인가? 인조는 피붙이마저 죽여버릴 정도로 모질고 냉혹한 인간이었다. 정치 권력의 역사는 정적 제거의 역사요 죽임의 역사였다. 예나 지금이나 적과의 동침이나 아름다운 동행은 언어의 유희요 환상일 뿐이다.

LH 3단지 입구를 꺾어 돌자 순두부 맛집 수가성이다. 필자는 날씨가 우중충할 때마다 이곳에 들러 매운맛 한 그릇을 먹으며 체력을 보강하곤 한다.

간식시간이다. 도반이 직접 농사지어 삶아온 옥수수와 치악산 막걸리를 꺼냈다. 쏟아지는 빗속에서 치악산 막걸리와 삶은 옥수수가 찰떡궁합이다.

향교다. 조선의 교육기관에는 서당, 사학, 향교, 서원, 성균관이 있었다. 서당은 초등학교, 사학과 향교는 국립중고등학교, 서원은 사립중고등학교, 성균관은 국립대학교였다. 양반자제는 7, 8세가 되면 서당에 입학하여 천자문과 명심보감, 동몽선습을 익혔고 15, 16세가 되면 서울은 사학(四部學堂, 사부학당의 줄임말로서 서울에 세운 관학 교육기관이다), 지방은 서원이나 향교에 입학하여 소학, 효

조선 시대 국립 중·고등학교였던 향교. 소과 합격자 명부인 '사마방목'에 따르면 전체 합격자 4만 8,000명 중 원주는 570명으로 서울, 안동, 충주에 이어 전국 4위를 차지했다. 원주는 조선 시대 고시로 불리는 과거 합격 명문 도시였다.

경, 사략(중국 역사책 요약서), 통감(중국 역사서), 사서삼경을 공부한 후, 소과(생원시, 진사시)에 응시했다.

향교는 조선 시대 국립 교육기관이다. 조선은 유교 이념을 바탕으로 백성을 교화하고 인재를 양성하기 위해 전국 330여 군현에 향교를 설치했다. 향교에는 교수를 파견했고 농사지을 땅과 노비도 지원했다. 조선 태종 때는 원주목에 토지 44결(4만 4,000평)과 노비 40명을 지원했다. 고을 수령은 향교 교생이 공부하고 과거에 응시하는 데 불편함이 없도록 잘 보살펴야 했다. 수령들의 인사고과에 반영되니 소홀히 할 수 없었던 것이다. 향교는 제향 공간인 대성전과 동무, 서무가 있고, 강학 공간인 명륜당, 기숙사인 동재와 서재로 이루어져 있다. 대성전에는 공자 등 이름난 중국 성현의 위패를 모셨고, 동무와 서무에는 기타 중국 성현과 조선 성현의 위패를 모셨다(1945년 이후에는 차별 없이 대성전에 함께 모셨다). 기숙사도 차별했다. 동재는 양반자제, 서재는 평민자제가 생활했다. 조선은 하나부터 열까지 일상이 차별화되었던 계급사회였다.

서원은 향교와 함께 제사와 교육을 담당했다. 최초 서원은 중종 38년(1543) 풍기군수 주세붕이 고려 말 원나라에서 주자학을 도입한 안향을 모셨던 백운동서당(송나라 주자의 백록동 학규를 모방하여 이름 지었고 3년 후 안축과 안보의 영정도 함께 배향하면서 백운동서원으로 고쳤다)에서 시작되었다. 명종 5년(1550) 풍기군수로 부임한 이황이 조정에 건의하여 명종이 소수서원(紹修書院, 旣廢之學紹而修之 / 기폐지학소이수지, 이미 무너져 버린 교학을 다시 닦는다는 뜻)이라는 현판을 써 주면서 최초 사액서원이 되었다. 백운동서원은 16세기 말 사림이 중앙으로 진출하면서 베이스캠프로 주목받기 시작했다. 서애 유성룡, 학봉 김성일, 약포 정탁이 모두 소수서원 출신이었다.

서원은 공자나 중국 성현을 모신 향교와 달리 지역 연고가 있는 학자나 장수의 위패를 모셨고, 여론을 조성하고 중대사를 결정하는 공론의 장으로 활용되었다. 폐해도 많았다. 사림은 서원을 배경으로 관아행정에 수시로 간섭하였고, 많은 토지와 노비를 소유하면서도 납세의무를 이행하지 않았다. 제사 비용을 충당하기 위하여 지역민에게 무리한 요구를 하여 원성을 사기도 했다. 달도 차면 기우는 법. 흥선대원군이 서원 철폐의 칼을 빼 들었다. 칼집에서 나온 칼은 무서운 기세로 사림의 본거지를 무너뜨렸다.

　1864년 대원군은 불법으로 지은 서원을 국가에 귀속시켰고, 1865년 3월 사림의 우상이요 대부로 추앙받고 있는 우암 송시열을 모신 화양동서원과 만동묘를 철폐했다. 공자 사상을 중국인의 관점에서 해석한 주희의 학문인 주자학을 교리화하여 왕권을 무시하고 신권 중심의 정치를 펼치던 노론에 대한 경고였다. 대원군은 1868년 10월 소수서원과 도산서원 등 사액서원 47개만 남겨두고 650여 곳을 모두 철폐했다. 원주의 칠봉서원(강원도 4대 서원 중 하나로서 숙종 19년, 1693년 사액되었다), 도동서원, 도천서원도 이때 없어졌다. 사대부와 유생들이 벌떼처럼 들고일어났지만, 대원군은 "진실로 백성을 해치는 자가 있으면 공자가 다시 살아난다고 해도 용서하지 않겠다. 서원은 선현을 제사하는 곳인데 지금은 도둑의 소굴이 되어 있다."고 하며 꿈쩍도 하지 않았다. 대차고 무섭고 결기 있는 대원군이었다.

　대원군은 오랫동안 기득권세력의 저항에 부딪혀 용두사미로 끝나고 말았던 고질적인 병폐를 개혁하기 위해 절치부심했다. 양반에게 군포를 부과하는 호포법, 비변사 폐지, 만동묘 제사 폐지, 경복궁 중건 결정을 불과 닷새(고종 2년 3월 29일부터 4월 3일까지) 만에 전광석화처럼 해치웠다. 모름지기 개혁은 뜸 들이고 좌고우면하다 보면 반대세력의 저항과 이익집단의 로비에 부딪혀 좌초하거나 변질되기 마련이다. 역사학자 박은식은《한국통사》에서 "대원군은 과감하고 용맹하며 번개처럼 빠르고 변통에 능했던 정치혁명가"라고 극찬했다.

성균관은 어떤 곳일까? 고구려의 태학, 신라의 국학, 고려의 국자감을 잇는 조선왕조 이데올로기의 상징적인 공간이며, 과거시험을 준비하는 최고의 교육기관이었다. '성균'이란 음악에서 음을 고르게 조율한다는 뜻이며,《경국대전》에는 '성현을 모시는 제사와 고급관리 양성을 위한 교육기관'이라고 했다. 성균관은 1394년 한양 천도 이후 1395년부터 3년여 공사 끝에 1398년 7월 96칸 규모로 세워졌으나, 정종 2년(1400)에 불탔고 태종 7년(1407) 다시 지었다. 임진왜란으로 또 불탔고 선조 35년(1602) 다시 지었다. 변계량은 성균관 대성전 묘정비에 건립과정을 새겼다.

"(태종이 개경에서 한양으로) 환도하고 3년이 지난 정해년(1407) 정월 문묘 옛터에 다시 지으라고 명하여 이직과 박자청이 밤낮으로 감독하고 살폈으며 마음으로 계획하고 지휘하여 목수와 공장들이 힘을 다하여 4개월 만에 문묘가 이루어지니 높고 깊고 단정하고 큰 것이 옛것에 비해 더 훌륭했다."

성균관 대성전 지붕 보수 공사 중 발견된 상량 묵서. '만력 이십구 년 시월 이십육일(1602년 10월 26일) 상량 목수 편수 김순억, 김봉송, 강항.' 상량 묵서는 서까래 밑에 가로로 길게 놓이는 도리 부재 가운데 가장 높은 곳에 놓이는 종도리에 묵으로 쓴 글씨다.

성균관 중심 건물은 공자를 모시는 사당인 문묘(文廟, 대성전)와 역대 성현을 모신 동·서무, 학생 기숙사인 동·서재가 있다. 주요일정을 관리하던 정록소가 있고 식당, 약방, 재정출납을 맡은 양현고도 있었다. 토지와 노비, 종이, 붓, 식사까지 제공하는 전액 국비 기관이었다. 노비는 많을 때는 500여 명이었고 대부분 외거노비로서 성균관 앞 반촌(泮村)에서 살았다. 그들은 마을 안에 사당을 지어놓고 제를 올릴 정도로 안향 노비의 후예라는 자부심이 강했고, 성균관 출신 고위관리에 연줄이 닿아 있어 한성 관리도 함부로 대하지 못했다고 한다. 성균관 전답은 세종 때 약 2,000결로서 200명에게 1년간 음식을 줄 수 있는 큰 규모였다. 입학 정원은 개국 초에는 150명이었으나, 세종 11년(1429) 200명으로 늘렸다가 임진왜란 후 나라 곳간이 텅 비어 75명으로 줄였다. 영조 때 다시 120명으로 늘렸으나 위상이 낮아지면서 조선 말기에는 100명으로 줄였다.

　《경국대전》은 성균관 입학자격을 세 가지로 분류했다. 첫째, 생원시와 진사시에 합격한 자, 둘째, 서울에 있는 4부 학당 유생 중 15세 이상인 자로서 소학 및 사서와 오경 중 1경에 능통한 자, 셋째, 공신이나 3품 이상 관리의 적자로서 소학에 능통한 자였다. 실제로는 생원, 진사시에 합격한 자와 부친과 조부 도움으로 입학한 하재생(下齋生)이 각각 절반이었다. 중간고사와 기말고사를 수시로 봤고 성적은 통(A), 약(B), 조(C), 불(F) 4단계로 평가했다. 유생은 기숙사 생활을 했고 엄격한 규칙을 지켜야 했으며, 규칙을 어기면 퇴학시켰다. 북을 한 번 치면 기상했고, 두 번 치면 세수를 하고, 세 번 치면 식당에 갔다. 식당에 비치된 명부에 서명을 했고 할 때마다 1점을 부여했으며, 300점을 얻어야 관시(성균관 유생만 응시할 수 있는 문과 초시)에 응시할 수 있는 자격을 주었다. 재학 기간은 제한이 없었고, 학생 자치기구인 재회(齋會)가 있었다. 회장은 '장의'라고 했으며 동재와 서재에서 한 명씩 뽑았다. 유생은 요구사항이 받아들여지지 않으

면 집단시위, 수업 거부, 동맹휴학 등 실력행사로 맞섰다. 조선 시대 수업 거부
와 동맹휴학은 90여 차례 되었다. 성균관 유생의 상소에 대해서는 사소한 내
용이라도 임금이 직접 답변해야 했으며 대신도 함부로 하지 못했다. 성균관은
죄인이 숨어도 체포하러 들어가지 못했고, 성균관 유생은 군역을 면제받는 특
권을 누렸다. 퇴계 이황과 추사 김정희는 성균관 대사성(서울대학교 총장 정3품)을
지냈고 생육신 매월당 김시습과 조선의 천재 율곡 이이, 다산 정약용 등 이름
난 학자 대부분이 성균관 졸업생이었다.(권기환《조선의 공무원은 어떻게 살았을까?》
50쪽~61쪽, 유홍준《나의 문화유산답사기 10》 서울편 2, 381~386쪽, 신병주《서울의 자서전》
199~200쪽 참고)

양반자제는 서당을 거쳐 서원이나 향교를 마치고 소과에 응시했다. 소과에는
생원시와 진사시가 있고, 생원시는 유교 경전 암기 능력을, 진사시는 시와 산
문 작성 능력을 평가했다. 정기시험은 3년에 한 번 있었다. 먼저 거주지(시험장
소는 서울은 동·서·남·중부에 있던 4부 학당, 지방은 임시로 설치된 녹명소)에서 과거 예
비고사 격인 조흘강(照訖講)에 합격해야 과거시험을 볼 수 있었다. 과거 시험장
에서 1차 시험(지역별로 인원이 할당되어 있었다. 시험장소에 따라 서울에서 보면 한양시, 지
방에서 보면 향시, 성균관에서 보면 관시라고 했다)을 보고, 한양에서 2차 시험(생원시 100
명, 진사시 100명을 뽑았다)을 봤다. 전국에서 생원시와 진사시를 합쳐서 200명이
니 만만한 시험이 아니었다. 조선 시대 소과 합격자 명부인 '사마방목(司馬榜目)'
에 나오는 급제자 수는 4만 7,997명(생원시 2만 4,221명, 진사시 2만 3,776명)으로서,
서울 1만 4,338명, 안동 783명, 충주 624명, 원주 570명, 개성 569명, 평양
529명……. 강릉 282명, 춘천 217명 순이었다. 원주가 당당히 4위를 차지한
것이다. 원주는 과거 합격자를 다수 배출한 시험 명문 도시였다.

소과에 합격한 자는 성균관에 입학하여 1년가량 공부한 후 대과에 응시했다. 대과는 문과의 경우 1차에서 240명, 2차에서 33명을 선발한 후 임금 앞에서 치르는 전시(책문)에서 성적에 따라 갑과, 을과, 병과로 순위를 정했으며, 갑과 1위를 장원급제라 불렀다. 구도장원공이라 불리는 율곡 이이는 열세 살 때 진사 초시, 스물한 살 때 진사 초시, 스물세 살 때 특별시험인 별시, 스물아홉 살 때 진사 초시와 생원 초시, 복시, 대과 초시와 복시, 전시에 모두 일등으로 합격했다. 시험합격도 하늘의 별 따기인데 수석을 싹쓸이했으니 시험의 달인이요 뛰어난 천재였다.

퇴계 이황은 스물여덟 살 때 소과, 서른다섯 살 때 대과에 합격했고, 다산 정약용은 스물두 살 때 소과, 스물여덟 살 때 대과에 합격했다. 추사 김정희는 스물네 살 때 소과, 서른네 살 때 대과에 합격했다. 대과 최고령 합격자는 고종 때 여든세 살 박문규, 철종 때 아흔 살 김재봉이었다. 유홍준은 《나의 문화유산 답사기 10권》 412쪽에서 조선의 천재라고 일컬어지는 "성균관 유생의 과거 합격 평균연령은 소과 스물다섯 살, 대과 서른다섯 살이었다."고 했다. 출세의 첫 사다리인 소과에만 합격하고 대과에 합격하지 못하면 종6품 외직인 현감까지만 올라갈 수 있었다. 열 살 때부터 최소 10년은 내다보고 과거를 준비했으며 시험에 떨어지면 양반 취급을 받지 못했고 먹고살 길도 막막했다. 과거는 개인의 영달과 가문의 명예를 드높일 수 있는 유일한 수단이었다. 퇴계 이황과 다산 정약용도 자식에게 잔소리를 늘어놓으며 과거 준비를 단단히 하라고 닦달할 정도였다.

대과의 꽃이요 수석합격자를 뽑는 전시(殿試)는 임금이 직접 문제를 출제하기도 했다. 중종은 '처음부터 끝까지 잘하는 정치란 무엇인가?'라고 물었고, 광해는 '지금 가장 시급한 나랏일은 무엇인가?'라고 물었다. 전 서울대 교수 한영우는 《과거, 출세의 사다리》에서 조선 개국 때부터 과거시험이 폐지되는 갑오개혁 때까지 시험 횟수는 총 749회(3년마다 한 번씩 치르는 식년시 168회, 비정기 특별시 581회), 문과 급제자는 1만 4,600여 명이었으며, 가장 많은 합격자를 배출한 가문은 전주 이씨(866명), 안동 권씨(367명), 파평 윤씨(346명), 남양 홍씨(331명) 순이었다고 했다. 지금도 그렇지만 대과 합격은 낙타가 바늘구멍 들어가기였고, 장원급제는 가문의 영광이었다. 이렇게 어려운 관문을 뚫고 과거에 급제한 인재들이 나라와 백성을 위해 과연 무슨 업적을 남겼는지 생각해 보면 가슴이 답답해진다. 왜 공부를 하고 왜 벼슬을 하는지 묻고 또 물어야 한다.

남산이다. 남산은 강원감영 남쪽에 있는 산이다. 어디 가나 남산은 고을에서 가장 높은 벼슬아치의 집무실에서 바라보이는 산이다. 경복궁이 그렇고 강원

2022년 여름 남산 재개발 현장. 멀리 봉산 너머 치악 능선이 아스라이 펼쳐진다. 포크레인에 허물어져 가고 있는 남산 모습을 카메라에 담았다.

감영도 그렇다. 남산에 오르면 치악산과 원주천, 강원감영이 한눈에 들어온다. 남산은 한국전쟁 직후 피난민이 모여 살았던 판자촌이었다. 《장일순 평전》 49쪽에 당시 모습이 나온다.

"한국전쟁 직후 중앙동·원동·평원동 일대는 폭격으로 잿더미가 되었고 남아있는 건물이라곤 강원감영과 조선식산은행(제일은행), 학성동 철교 정도였다. 원주에는 피난 갔다 돌아온 사람과 북에서 내려온 피난민으로 넘쳐났다. 피난민은 원주천변과 남산 주변에 다닥다닥 붙어 있는 판잣집을 짓고 살았다. 원동 남산 언덕배기 비탈진 기슭부터 산 넘어 명륜동 일대까지 판잣집으로 가득 찼다."

서민들의 애환이 담겨있는 달동네 남산이 사라지고 있다. 남산 재개발 공사가 한창이다. 골목길은 도시의 실핏줄이다. 집집마다 '절대 출입금지' 경고문이 붙어 있다. 추월대길 3통장 댁 대문 '입춘대길 건양다경' 사이로 마당 화장

사람 냄새 물씬 나는 골목길. 추월대길 3통장 댁 대문에 절대 출입금지 경고문이 붙어 있다. 2024년 여름. 골목길은 사라지고 아파트가 들어서고 있었다. 가난했지만 대문을 열고 서로서로 정을 나누던 이웃 사람들은 모두 어디로 갔을까?

실 문고리에 빛바랜 휴지가 걸려있다. 휴지 대신 헌책이나 공책을 화장실 줄에 매달아 놓고 종이를 찢어 똥을 닦았고, 부엌 아궁이에서 나온 재를 똥에 붓고 발효시켜서 비료로 썼다. 궁핍한 시절을 헤쳐 나왔던 가슴 따스해지는 삶의 흔적이다.

허선화는 골목집 울타리에 핀 꽃을 보며 애틋해 했고, 신동복은 "집을 헐어 아파트를 짓는 것보다, 숲을 보존하면서 공원으로 만들었으면 좋았을 텐데."라고 하며 아쉬워했다. 포크레인에 부서지고 사라져가는 남산 모습을 카메라에 담았다.

남산 추월대다. 깊어가는 가을밤 귀뚜라미 소리를 들으며 휘영청 둥근 보름달을 감상하던 최고의 전망대였다. 《여지도서》는 "추월대는 원주고을 뒤쪽 산

강원도 관찰사 이민구가 남산에 올라 시문을 남긴 추월대. 사람은 가도 시문은 남아 가슴을 울린다. 2022년 여름 빗속에 함께 걸었던 원주 수요 걷기 회원들과 함께

기슭에 있다. 강원도 관찰사 동주 이민구(재임 1635. 8.~1636. 5.)가 올라 가을 달을 보며 이름 지었다."고 했다. 홀로 우뚝한 시비에 관찰사 이민구가 쓴 '등추월대(登秋月臺)' 전문이 새겨져 있다.

'작은 산은 눈에도 차지 않는데 / 올라가 바라보면 아주 높은 곳이라네 / 동쪽 산마루에 올라 / 가을 달을 바라보며 추월대라 이름 붙였네 / 넓은 들판에 추위 막을 일은 다 가오는데 / 한줄기 물은 얽히고 둘러싸며 흘러가네 / 멀리 황폐한 마을 깔려 있는 연기 속에 / 뽕나무 이파리 가을바람에 떨어지네 / 곡식은 차츰 무르익어 가는데 / 기러기 떼 날아와 배회하는구나 / 높은 영원산성 바라보고 있노라니 / 옛일이 생각나서 그 뜻 아득하기만 하네 / 오래도록 앉아 있으니 서리와 이슬이 두려워 / 저녁 무렵에 술잔 들었다네 / 좋은 일 있는 것도 잠깐이어서 / 노래와 피리 소리는 맑고 슬프기만 하네 / 경치나 구경하면서 나그네 회포 달래려니 / 늙어가면서 기쁨과 슬픔만 재촉할 뿐이라네 / 알지 못할 일은 천년 뒤에도 / 어느 누가 나를 뒤이어 올 것인가?'

시만 보고 이민구를 낭만 관찰사로 생각했다면 오산이다. 이민구는 병자호란 때 강화도 검찰 부사(중대 사변이 발생하거나 군사상 중대한 일을 감찰하기 위해 임명한 임시관직. 2품 이상 관료를 검찰사와 검찰 부사로 임명하였다)로 있으면서 왕자(봉림대군 후일 효종)와 빈궁, 백성을 버려두고 검찰사 김경징과 함께 도망쳤다가 죽을 때까지 꼬리표가 붙어 다녔던 비운의 관리였다. 이민구의 행적을 따라서 병자호란, 그 피눈물 나는 역사의 현장으로 떠나보자.

인조 14년(1636) 6월 마흔여덟 살 이민구는 강원도 관찰사 9개월 임기를 마치고 한양으로 올라갔다. 6개월 후 12월 8일 병자호란이 터졌다. 인조는 강화도로 피신하려 했으나, 12월 14일 청군이 개성을 지났다는 보고를 받고 부랴

부랴 남한산성으로 몸을 피했다. 인조는 김경징을 검찰사로 이민구를 검찰 부사로 임명하여 왕자와 빈궁을 호위하고 강화도성 방어 임무를 맡겼다. 강화도로 들어간 검찰사 김경징(인조반정 주역 김류의 아들)은 "바다가 있는데 청군이 어떻게 쳐들어오겠느냐?"고 하며 날마다 술판을 벌였다. 김경징은 김포와 통진에 보관하고 있던 곡식을 피란민을 구제한다는 명분으로 가져와서 자신과 조정대신 가족에게만 나눠 주어 백성의 원성을 샀다. 청군은 먼저 강화도를 점령하고 왕자와 빈궁을 인질로 삼아 남한산성에 피신해 있는 인조의 항복을 받아내려 하였다. 청군의 작전계획은 주효했다. 청군은 거룻배 수준의 작은 배 80여 척을 수레에 싣고 강화도 건너편 갑곶에 배를 댄 후 기습 상륙을 감행했다. 설마 설마하다가 허를 찔린 강화도 방어 총사령관 김경징과 부사령관 이민구는 왕자와 빈궁을 버려두고 나룻배를 타고 도망쳤다.

《인조실록》15년(1637) 1월 22일 기록이다.

"오랑캐가 군사를 나누어 강도(江都, 강화도)를 범하겠다고 큰소리쳤다. 당시 얼음이 녹아 강물이 흘렀으므로 사람들은 청군이 허세로 떠벌린다고 여겼다……. 오랑캐 장수 구왕이 군사 3만을 거느리고 갑곶 진으로 진격하여 주둔하면서 연이어 홍이포를 발사하니, 수군과 육군이 겁에 질려 감히 접근하지 못하였다. 적이 이 틈을 타서 빠르게 강을 건넜는데, 장신, 강진흔, 김경징, 이민구 등이 멀리서 바라보고 도망쳤다."

청군에게 점령된 강화도는 아비규환이 되었다. 소현세자 부인 강빈은 자결하려 했고, 인조 장인 한준겸의 자녀도 목을 맸다. 검찰사 김경징의 모친과 부인, 며느리도 목을 맸다. 검찰 부사 이민구의 부인은 청군에 사로잡혀서 포로로 끌려가다가 살해되었다. 인조의 둘째 아들 봉림대군도 포로로 잡혔다.

도대체 성을 지킬 능력도 의지도 없는 자를 영의정(김류) 아들과 병조판서(이성구) 동생이라는 이유로 천거하여 왕자와 빈궁을 보호하고 강화성을 방어하는 책임자로 임명했으니, 답답해서 한숨이 나올 지경이다. 한술 더 떠서 두 사람(김경징, 이민구)은 성안에서 매일같이 술만 퍼마시고 있었으니 이 모습을 보고 있는 백성의 마음이 어떠했겠는가? 차라리 없느니만 못한 인간들이었다.

　이긍익은《연려실기술》에서 "길가에 어떤 노파가 손바닥을 치면서 통곡하기를, '강화 검찰사 김경징과 관리들이 날마다 술을 퍼마시며 시간을 보내다가 마침내 백성을 다 죽게 만들었다. 이게 누구의 허물이냐? 내 아들 네 명과 남편은 적의 칼날에 죽고 이제 늙은 몸만 남았으니 오, 하늘이여! 오, 하늘이여!' 하자 듣는 사람 중에 슬퍼하지 않는 자가 없었다."고 했다.

　남한산성도 비참했다. 이긍익은 같은 책에서 "성안에 모든 것이 군색해지고 말과 소가 모두 죽었으며 살아있는 것들은 굶주림이 심하여 서로 그 꼬리를 뜯어 먹었다. 임금은 침구가 없어 옷을 벗지 않고 잤으며, 밥상에도 닭다리 하나만 놓았다. 임금은 앞으로는 닭고기를 쓰지 말라고 했다."고 적었다.

　강화성이 무너지고 여드레가 지난 인조 15년(1637) 1월 30일 아침, 인조는

강화산성(한국관광공사)

삼전도비(《중앙일보》)

곤룡포 대신 남색 옷으로 갈아입고 시종 50여 명만 대동한 채 남한산성 서문을 빠져나왔다. 말에서 내린 인조는 신하들이 지켜보는 가운데 청 태종(홍타이지)을 향해 세 번 절하고 아홉 번 머리를 조아렸다. '삼배구고두례.' 삼전도의 치욕이었다. 인조의 이마에서 피가 흘렀다. 인조는 치욕을 곱씹으며 도성으로 돌아가기 위해 빈 배 두 척을 타고 송파나루를 건넜다. 그날 광경을 사관은 한숨을 쉬고 울음을 삼키며 이렇게 묘사했다.

> "임금이 송파나루에서 빈 배 두 척을 타고 건너는데 백관들이 앞다투어 어의(御衣, 임금이 입은 옷)를 잡아당기며 배에 오르기까지 하였다. 임금이 나루를 건넌 뒤 홍타이지는 용골대로 하여금 군병을 이끌고 행차를 호위하게 하였는데 길 좌우를 끼고 임금을 인도하여 갔다. 이때 사로잡힌 부녀들이 임금을 보고 울부짖으며 '우리 임금이시여! 우리 임금이시여, 왜 우리를 버리고 가십니까.'라고 하였는데 길을 끼고 울며 부르짖는 자가 만여 명이 넘었다."

나 먼저 배에 오르겠다고 임금의 옷을 잡아당기던 신하들이었다. 청나라로 잡혀가는 백성의 울부짖는 소리가 들리는 듯하다. 소현세자와 강빈, 봉림대군, 윤집, 오달제, 홍익한이 볼모로 끌려갔고 뒤따르는 백성 행렬이 하루 종일 이어졌다. 청나라로 끌려간 백성은 약 50여만 명이었다고 한다. 이게 누구의 책임인가? 명이 무너지고 청이 일어나는 중국의 정세변화를 주시하며 줄타기 중립외교로 조선을 지켜냈던 광해를 끌어내리고, 부국강병은 뒷전인 채 친명반청의 목소리만 높이던 인조와 집권세력 서인의 책임이었다. 지도자와 집권세력의 오판으로 백성은 피눈물을 흘려야 했다. 이건 지금도 마찬가지다. 멀리 갈 것도 없이 이스라엘과 하마스, 러시아와 우크라이나 전쟁만 봐도 알 수 있지 않은가?

전쟁이 끝나자 책임 문제가 불거졌다. 책임질 자는 마땅히 책임져야 했다. 병자호란(1636년 12월 8일~1637년 1월 30일)이 끝난 뒤, 사헌부와 사간원에서 김경징과 이민구의 죄를 엄히 다스려야 한다는 상소가 올라왔다. 《인조실록》 15년(1637) 2월 11일 기록이다.

"강화도 수호 임무를 맡은 신하가 방어할 생각은 하지 않고 시간만 보내며 노닐다가, 적의 배가 강을 건너오자 멀리서 바라보고 흩어져 무너진 채 각자 살려고 도망쳤다. 종묘와 사직, 빈궁과 원손을 쓸모없는 물건처럼 버렸을 뿐 아니라, 섬에 가득한 생령(生靈)이 모두 살해되거나 약탈당하게 하였으니, 말을 하려니 기가 막힌다. 검찰사 김경징, 부사 이민구, 강화도 유수 장신, 경기 수사 신경진, 충청 수사 강진흔에게 율을 적용하여 죄를 정하소서." 하니, 임금이 답하기를, "김경징, 이민구, 장신 등의 일은 말한 대로 하라."고 했다. 7개월 10일이 지난 인조 15년(1637) 9월 21일 강화도 검찰사 김경징은 사약을 받았다. 그날의 기록이다.

"사신은 논한다. 아아, 강도(강화도)는 천연 요새다. 정묘년(정묘호란) 이후 성곽과 병기를 수리하고 곡식을 저축하여 사변이 있을 때 임금이 머무를 장소로 삼았다. 묘당(삼정승과 육조판서가 모여 정부 정책을 결정하던 의정부)이 마땅한 사람에게 임무를 맡겨 방어해야 할 터인데, 김경징은 한낱 광동(狂童, 미친놈)일 뿐이었다. 그는 글을 배우지 않아 아는 게 없고 탐욕과 교만을 일삼아 길에 나가면 사람들이 비웃고 손가락질하는데, 아버지 김류는 사랑에 눈이 멀어 아들(김경징)의 나쁜 점을 몰랐으니 사람들은 집안을 망칠 자식이라 하였다. 이때에 청 군사가 며칠 만에 경기 고을에 이르렀으므로, 김류가 검찰사 두 사람을 먼저 강화도에 보내기로 하고 그 아들 김경징을 우의정 이홍주에게 힘써 천거하여 임명하게 하였는데, 이홍주는 권세가 겁이 나서 애써 따랐다. 또 이민구를 부사로 삼았는데, 이민구는 병조판서 이성구의 아우다. 평생 시와 술을 좋아했고 본디 쓸 만한 재주가 없었다. 강화에 이르러서는 적병이 날아서 건널 형세가 아니라 하여, 날마다 술에 취해 살았다. 피난 온 사대부 자제가 분통이 터져 두어 줄의 글을 지어 검찰사의 막하에 보내 "지금은 와신상담할 때이지 술 마실 때가 아니다."고 하였으나, 이민구 등은 오히려 부끄러운 줄 몰랐다. 어느 날 적병이 갑곶진을 건너자 김경징은 늙은 어미를 버려두고 배를 타고 달아났고, 이민구와 홍명일도 뒤따랐다. 김경징의 아들 김진표는 할머니와 어머니를 협박하여 스스로 죽게 하였다……. 아, 나라의 일이 이 지경에 이르게 된 것이 누구 죄인가. 사람들이 말하기를 "김류는 부귀 때문에 이미 나라를 망치고 또 제 아들을 죽였다."라고 하였다.

사약을 받은 김경징이 울먹이며 살려달라고 빌자 아버지 영의정 김류는 "집안 망신시키지 말고 깨끗하게 죽으라."고 했다. 김류는 참담했다. 모친과 부인, 며느리는 강화도가 점령되자 목을 맸고, 아들은 사약을 받고 죽게 되었으니 마음이 어떠했겠는가? 강원도 관찰사를 지내며 추월대에 올라 시문을 남겼던 검찰 부사 이민구의 죄도 가볍지 않았다. 《승정원일기》는 "강화도 수비 당시 김경징은 무슨 일이든 이민구에게 물어보고 처리했다. 그 모습을 보고 강화도 백성들은 이민구를 '김경징의 유모'라고 비아냥거렸다."고 했다. 이민구는 영변과 아산 등지로 유배지를 옮겨 다니다가 인조 27년(1649) 풀려나 도승지와 예조참판을 지내고 현종 11년(1670) 2월 19일 죽었다. 여든두 살이었다. 사관이 남긴 이민구의 졸기를 보자.

"전 부제학 이민구가 죽었다. 이민구는 이조 판서 이수광의 아들이다. 젊어서는 뛰어난 재능이 있어 사마시와 문과에 모두 장원(수석합격)하였다. 병자호란 때는 검찰 부사로 먼저 강도(강화도)에 들어갔다. 검찰사 김경징이 강화 유수 장신과 사이가 좋지 않았는데, 김경징이 아버지 김류의 힘을 믿고 장신과 병권을 놓고 자주 다투는 바람에 어굿난 일이 많았으므로 남한산성에서 두 번이나 교지를 내려 그치게 하였다. 강도에 들어갈 때도 김경징은 빈궁과 원손이 미처 물을 건너지 못하였는데도 자신의 처와 자식을 먼저 건너게 하였다. 강도가 함몰된 뒤 조정이 앞뒤에 죄상을 성토하여 김경징은 장신과 함께 사사되었다. 검찰(검찰사와 검찰 부사)은 처음부터 전쟁하는 장수가 아니었고, 이민구는 김경징과 같은 죄도 없었는데, 어찌 김경징과 같은 부류로 논죄할 수 있겠는가. 대간의 논계가 여러 달 그치지 않았으니, 너무 각박하다고 하겠다. 인조는 끝내 윤허하지 않고 이민구를 변방으로 귀양 보냈다가 정해년(1647)에 방면하고 기축년(1649)에 직첩을 돌려주도록 명령하였는데, 대간에서 힘써 다투었으나 들어주지 않았다. 그 뒤 양조(효종과 현종) 때에 서용하라는 은전이 있었으나, 그때마다 대간의 논계로 명령을 도로 거두었다. 묻혀 지낸 지 30년, 마침내 불행하게 죽었는데, 세상 사람들은 그의 문장을 아깝게 여겼다.

이조 판서의 아들로 태어나 사마시와 문과에 수석 합격한 수재였고 책 쓰기를 좋아해 저술한 책이 4천여 권이나 되었으며 벼슬 운도 좋고 수명도 길었던 엘리트 관료였으나, 나라와 백성이 필요로 할 때 소임을 다하지 못함으로써 역사에 오점을 남겼다. 많은 책을 쓰고 높은 벼슬을 하면 무엇 하겠는가? 사관은 이민구의 행적을 너그럽게 평가했지만, 검찰 부사는 치욕과 수모의 자리가 되고 말았다. 1660년 도승지로 있을 때 잠곡 김육(대동법으로 불후의 업적을 남긴 관료)의 행장(行狀)을 지었던 뛰어난 글쟁이였으나 저서는 병자호란 때 모두 불타고 전하는 책은 한 권도 없다. 과거를 보고 벼슬을 하는 이유가 입신양명과 가문의 영광이 아니라 나라 사랑 백성 사랑하는 데 있음을 깨달았더라면 결정적인 순간에 어리석은 선택을 하지 않았을 텐데. 공부 머리와 정치 머리는 다르다.

병자호란 때 청나라에 끌려간 여인들은 어떻게 되었을까? 한명기는 《최명길 평전》444쪽에서 "청《태종실록》에 따르면 청에 끌려간 조선 여인들은 청군 장졸의 첩이나 노비가 되기도 했다. 질투심에 눈이 먼 청군 본처는 조선 여인에게 끓는 물을 뿌리거나 고문을 가해 남편이 첩이나 노비로 삼는 것을 막으려고 했다. 청 황제 홍타이지조차 격분하여 잔학한 행위를 한 만주족 본처는 사형시키겠다고 경고했을 정도였다."고 했다. 끌려간 조선 여인은 속가를 내지 않으면 돌아올 수 없었고, 비싼 값을 치르고 돌아온 여인은 환향녀(還鄕女)가 되어 이혼을 청원하는 사대부의 상소가 끊이지 않았다. 최명길의 둘도 없는 친구 장유도 "청나라에 끌려갔다 돌아온 며느리와 외아들 장선징의 이혼을 허락해 달라."며 예조에 호소문을 올릴 정도였다. 최명길은 이혼을 허락하면 안 된다고 했다.

《인조실록》16년(1638) 3월 11일 기록이다.

"만약 이혼을 허락하는 명이 있으면 속환을 원하는 자가 없게 될 것이니, 이것은 수많은 부녀자를 영원히 이역에서 귀신이 되게 하는 것이다. 한 사람이 소원을 이루고 백 집에서 원망을 품게 되면 화기(和氣)가 손상되는 법이다…… . 급박한 상황에서 몸을 더럽혔다는 누명을 쓰고도 밝히지 못하는 자가 얼마나 많겠는가?" 인조는 최명길의 주장을 받아들여 장유의 아들과 며느리의 이혼을 불허했다. 2년 후 인조 18년(1640) 9월 22일 장유의 부인이 다시 호소문을 올려 아들과 며느리의 이혼을 허락하여 달라고 청하자, 인조는 "훈신의 독자이므로 장선징에게만 이혼을 허락한다."며 한발 물러섰다. 이때부터 사대부 집안 자제는 속환된 부인을 버리고 새장가를 들게 되었다.(한명기 지음《최명길 평전》447쪽~448쪽 중에서)

나라란 무엇이고 지도자란 무엇인가? 병자호란은 외교와 안보를 소홀히 하여 외침을 당하면 백성이 얼마나 많은 고통을 겪게 되는지 적나라하게 보여준다. 외교와 국방은 아무리 강조해도 지나치지 않다. 예나 지금이나 이 세상 모든 국가 지도자에게 부여된 지상과제는 부국강병(富國强兵)이다. 역사에서 배우지 못하는 민족은 미래가 없다. 단재 신채호 선생의 말이다.

추월대를 내려오자 옛 원주문화원 건너편을 바라보며 장기하가 오랜 기억을 더듬었다. 그는 "고교 시절 이 부근에서 하숙하면서 남산고개를 넘어 다녔다. 옛 원주여고 자리는 공동묘지였고, 고교생 데이트 장소였다."고 했다. 애틋한 추억의 장소였던 남산고개가 상전벽해(桑田碧海)되고 있다.

천주교 원동성당이다. 1896년 8월 17일 풍수원 성당에서 독립하면서 파리 외방전교회 신부 르메르가 처음 부임하였다. 성당 종탑 뒤에 천주당(天主堂) 글씨가 선명하다. 성당 입구에 천국 열쇠를 손에 쥔 성 베드로와 창을 든 교회 수호자 미카엘 대천사가 서 있다. 로마교황은 베드로의 후계자이며 그리스도의

천주교 원동성당. 왼쪽은 창을 쥔 미카엘 대천사, 오른쪽은 천국 열쇠를 손에 든 예수의 제자 성 베드로

대리자로서 수위권(首位權, 방해받지 않고 권한을 행사할 수 있는 권리)을 물려받았다.

"너는 베드로다. 내가 이 반석 위에 내 교회를 세울 터인즉, 죽음의 힘도 감히 그것을 누르지 못할 것이다. 또 나는 너에게 하늘나라의 열쇠를 주겠다. 네가 무엇이든지 땅에서 매면 하늘에서도 매여 있을 것이고, 땅에서 풀면 하늘에서도 풀려 있을 것이다."(마태오 16장)

"미카엘은 천상궁정에서 으뜸가는 대천사이며……. 신구약 시대를 통틀어 선택된 백성들의 수호자로 있으며, 언제나 교회를 충실히 수호하고 있다."(《레지오 공인 교본》 213쪽)

천사들도 계급이 있고 맡은 역할이 있다. 천사는 개인과 장소, 도시와 나라를 수호하고 자연을 보호하며, 때로는 동료 천사를 지켜주기도 한다. 마치 공군이 지상군을 지원하듯 개별적 그리고 집단적으로 도와준다. 천사는 9개 품급으로 나뉘며 천사, 대천사, 지품천사, 치품천사, 역품천사, 능품천사, 좌품천사, 주품천사, 권품천사가 있고, 사람마다 수호천사가 있다. 세 살 무렵 수호천사를 만난 후 도움을 받으며 자랐던 로나 번은 저서 《수호천사》에서 "당신이 고통과 슬픔에 짓눌려 희망이 보이지 않을 때 당신을 지켜주는 수호천사가 있다. 당신이 어떤 것을 볼 수 없다고 해서 그 일이 일어나지 않는 것은 아니다. 기적은 언제나 일어난다. 다만 당신이 그것을 알아차리지 못할 뿐이다. 아무도 당신을 도와주지 않고 아무도 당신을 사랑하지 않는다고 여겨지는 힘든 순간에도 수호천사는 당신 곁에 있다. 수호천사의 사랑은 무조건적이다."이라고 말했다.

보이지 않지만, 당신 곁에는 언제나 당신을 지켜주는 수호천사가 있다.

원동성당은 1970, 1980년대 '타는 목마름'을 달래주던 민주화 운동의 성지였다. 1974년 7월 6일 천주교 원주교구장 지학순 주교가 유럽순방을 마치고 귀국하다가 중앙정보부에 연행되었다. 지 주교는 민청학련 자금제공과 내란 선동, 정부전복혐의로 명동 성모병원에 연금되었으나, 7월 23일 병원을 빠져나와 양심선언을 했다. 지 주교는 다시 연행되어 구속되었고, 재판부는 8월 12일 검찰이 구형한 징역 15년을 그대로 선고했다.

9월 23일 전국 각지에서 사제 300여 명이 원동성당으로 속속 모여들었다. 사제들은 '천주교정의구현전국사제단'을 결성하고, 다음날 사제, 수도자, 평신도 1,500명과 함께 첫 기도회를 가졌으며, 인권회복과 민주화를 위한 기도회를 계속하기로 했다. 이어서 9월 26일 사제단은 명동성당에서 기도회를 가진 후 시국선언을 발표하고 수도자, 평신도와 함께 가두시위를 벌였다. 이후 사제단은 김지하 구명운동, 인혁당사건 진상조사, 서울대 법대 최종길 교수 고문치사 폭로, 5·18 광주민주화운동, 부산 미문화원 방화사건, 서울대 박종철 군 고문치사 은폐사건, 전대협 임수경 방북 사건 등에서 빛과 소금의 역할을 하며 민주화 운동에 앞장섰다.

한국천주교회는 순교자의 피와 땀으로 세워진 자랑스런 역사와 불의한 권력에 맞섰던 정의로운 역사만 있는 게 아니다. 빛과 그림자는 늘 붙어 다닌다. 부끄러운 역사도 있다. 2000년 12월 3일 한국천주교회는 대희년을 맞아 "일제강점기 때 한국교회가 민족독립에 앞장서는 신자들을 이해하지 못하고 때로는 제재하기도 했음을 안타깝게 생각한다."는 입장문을 발표하고 용서를 청했다. 원동성당을 나와 강원감영으로 향했다.

(2편에서 계속)

원주굽이길 북원역사길(ㄹ)(옛 원점회귀 12코스, 현 10코스)

북원 문화의 꽃을 피운 원주의 자취를 따라 걸을 수 있는 길이다. 원주역사박물관, 봉산동당간지주, 강원감영, 옛 원주역 급수탑, 원주향교, 원동성당, 추월대, 자유시장, 중앙시장 등 도심을 순례하며 원주의 과거와 현재, 미래를 느껴볼 수 있는 걷기 여행길이다.

> 강원감영 ⊙ 원주역 급수탑 ⊙ 학봉정 ⊙ 역사박물관

만약 전쟁이 일어난다면 그것은 오로지…

고려 시대 원주는 교주도 땅이었다. 조선 태조 4년(1395) 강릉도와 교주도를 합쳐 강릉 '강', 원주 '원'자를 따서 강원도가 되었다. 원주는 조선왕조 오백 년 강원감영이 있던 수부도시(首府都市, 도청소재지)였으나, 1895년 갑오개혁으로 전국 8도가 23부(광역시)로 바뀌면서 기능을 상실했고, 이듬해 다시 13도로 환원되면서 춘천이 도청소재지가 되었다. 강원감영은 1900년 지방군 사령부인 진위대가 주둔해 있었고 한국전쟁 때 임시 강원도청을 거쳐 원성군청 건물로 사용되었다. 이후 1995년 복원공사를 시작하여 23년 만인 2018년 11월 완공하였다.

지방 감영의 으뜸 벼슬은 관찰사다. 관찰사는 조선 초기 '도 관찰 축척사'였으나 세조 12년(1466) 관찰사로 바꾸고 종2품 또는 정3품으로 임명하였다. 조

조선왕조 때 원주는 강원도 수부도시였다. 관찰사 집무실이었던 선화당 편액은 최규하 대통령이 썼다.

선 중기부터 행수법(行守法)이라 하여 계급이 높은 자가 한 계급 낮은 자리에 오기도(行) 했고, 낮은 자가 한 계급 높은 자리에 오기도(守) 했다. 조선시대 강원도 관찰사로 부임한 자는 525명이었고, 두 번 재임한 자는 14명, 4번 재임한 자는 1명(조종필)이었다. 관찰사의 평균 나이는 쉰세 살, 최연소자는 스물여덟 살 김귀주(영조의 계비 정순왕후 오빠), 최고령자는 일흔아홉 살 홍인헌이었다. 평균 재임 기간은 11개월, 최단기 자는 3일 박강, 최장기 자는 3년 8개월 정태호였다. 재임 기간은 조선 전기에는 1년이었지만 17세기 중반부터 2년이 되었다. 관찰사 중에는 명재상 황희, 세조 책사 한명회, 한글 창제 반대에 앞장선 최만리, '관동별곡'의 저자 송강 정철, 대관령 길을 2인교에서 4인교 가마로 넓힌 횡성 출신 고형산 등이 있었다.

강원감영에는 서울과 지방에서 전·현직 벼슬아치들이 찾아왔다. 관찰사는 방문자를 직위와 계급을 감안하여 영접하거나 배웅했다. 계급이 높은 자가 오면 감영 오리 밖인 북문(옛 원주역 부근)까지 나갔고, 같은 계급이면 포정문까지,

계급이 낮은 자는 기단이나 섬돌까지 나갔다. 의전은 잘하면 탈 없이 넘어갔지만 실수하면 뒤끝 작렬로 고초를 겪었다. 국내에서는 가벼운 처벌로 넘어갈 수 있지만, 외교상 의전 실수는 나라의 흥망을 좌우하기도 한다. 영접이나 배웅은 상대방의 마음을 사기 위해 고도로 훈련된 의도적인 행위다. 병자호란은 명과 청 사이에서 중립외교를 펼치며 아슬아슬하게 안정을 유지해오던 조선이 외교와 의전의 중요성을 망각하고 허세를 부리다가 어떻게 망가졌는지 적나라하게 보여주고 있다. 병자호란 그 치욕의 역사 속으로 다시 들어가 보자.

병자호란 직전 인조와 조정은 후금(후일 청나라)에서 온 사신을 홀대했다. 인조 14년(1636) 2월 16일 후금 홍타이지는 황제 즉위 문제를 의논하기 위해 조선에 사절단을 보냈다. 후금 사신 용골대와 마부대가 부하 115명을 거느리고 찾아왔다. 용골대가 의주 부윤을 만나 "우리가 이미 대원(大原)을 획득하고 또 옥새를 차지했다. 여러 왕자가 대호(황제 호칭) 올리기를 원하고 있어 조선과 의논하고자 찾아왔다."고 했다. 홍타이지에게 존호를 올리는데 조선 임금도 자제를 보내 동참하라는 것이었다. 말이 좋아 의논이지 조선을 동생이 아니라 신하로 보고 황제 즉위식에 축하사절을 보내라는 노골적인 압력이었다. 조선 조정이 발칵 뒤집혔다.

《인조실록》 14년(1636) 2월 21일 장령(사헌부 종4품) 홍익한은 "세상에는 명나라 천자만 있을 뿐인데, 정묘년(1627)에 오랑캐 말을 듣는 데 급급하다가 이렇게 되었다. 오랑캐 사신을 잡아다가 큰길에 세워놓고 목을 베고 가져온 국서와 함께 상자에 넣어 명나라로 보내자."며 노발대발했다. 후금 사신 용골대는 홍타이지 황제 즉위식 협의를 맡았고, 마부대는 인조 비 인열왕후 빈소 조문을 맡았다. 조선 조정이 국서 접수를 거부하며 홀대하자 후금 사절단은 도망치듯 궁궐을 빠져나갔다. 용골대와 마부대가 지나갈 때 거리에는 구경꾼으로 가득했고 아이들이 돌과 기왓조각을 집어던졌다. 후금 사절단은 목숨의 위협을 느끼며 복수심에 이를 갈았다. 모든 전쟁에는 조짐을 알리는 황색 신호등이 여러 차례 켜지기 마련이다. 인조와 조정은 당장의 화풀이보다 국익과 백성의 안위를 생각하며 진중하고 사려 깊게 행동했어야 했다.

《인조실록》 14년(1636) 3월 1일 임금은 조선 팔도에 긴급 공문을 보냈다. 공문을 들고 평양감사에게 달려가던 파발이, 후금으로 되돌아가던 용골대에게 붙잡혀 공문을 빼앗겼다.

"정묘년에 오랑캐와 부득이 형제 관계를 맺었는데 이번에는 저들이 참람된 칭호를 가지고 의논한다고 핑계를 대면서 갑자기 글을 가져왔다. 어찌 군신이 차마 들을 수 있는 말이겠는가. 이에 강약과 존망의 형세를 헤아리지 않고 결단을 내려 물리치고 받아들이지 않았다. 여러 날 요청했으나 끝끝내 받아들이지 않자 그들은 화를 내며 돌아갔다. 충의로운 선비는 있는 책략을 다하고 용감한 자는 종군을 자원하여 다 함께 어려운 난국을 구제해 나라의 은혜에 보답하라."

국제정세에 무지한 우물 안 개구리였던 인조와 조정 대신의 머릿속에는 뜨는 별 후금은 미개한 오랑캐였고, 지는 별 명나라는 하늘처럼 섬겨야 할 황제국이었다.

공문을 읽어 본 용골대와 마부대는 혀를 끌끌 찼다. 조선은 명나라 편이며 앞으로는 협의고 뭐고 조금도 기대할 게 없다는 명백한 증거였다.

2개월 후 인조 14년(1636) 4월 11일 후금의 수도 심양에서 청나라 홍타이지의 황제 즉위식이 열렸다. 국호는 대청, 연호는 숭덕이었다. 후금 사신을 홀대해 쫓아 보내고 인조는 후환이 두려웠는지 황제 즉위식에 축하사절을 보냈다.

황제에게 절하는 시간이 되자 몽골과 만주족 사신들은 홍타이지에게 세 번 절하고 아홉 번 머리를 조아렸으나, 조선 사신 나덕헌과 이확은 무릎을 꿇지 않고 뻣뻣하게 서서 바라만 보고 있었다. 축하사절이면 개인 자격이 아니라 조선을 대표하는 외교관이 아닌가. 내심으로는 속이 뒤집히더라도 자존심을 내려놓고 머리를 숙여야 할 게 아닌가. 이 모습을 지켜보던 홍타이지 얼굴이 시뻘게졌다. 홍타이지는 당장 조선 사신의 목을 베고 싶었지만, 형의 나라 청이 먼저 맹약을 저버렸다는 빌미를 주지 않기 위해 불문에 부치고 국서만 줘서 돌려보냈다. 나덕헌과 이확은 홍타이지가 보내는 국서를 별지에 옮겨 적은 후 원본은 버리고 한양으로 돌아왔다. 원본 국서를 가져왔다가는 조정 대신의 등쌀에 살아남지 못할 것 같았기 때문이다. 조선을 대표하여 축하사절로 간 자가 일신의 안위와 명과의 의리만 생각하며 청 황제에게 절하지 않고, 황제가 보내는 국서까지 버리고 왔으니 머지않아 환난이 닥쳐올 게 불 보듯 뻔한 일이었다. 잠깐은 구차하고 치욕스럽겠지만 허리를 굽혀 나라와 백성을 구하기보다 돌아가서 자신과 가문이 조정 대신에게 두고두고 수치를 당하고 돌팔매를 맞을 것을 생각하니 암담했던 것이다. 만약 당신이 축하사절이었다면 어떻게 했겠는가?

홍타이지는 조선 국왕에게 보낸 편지에서 외교상 결례를 지적하며 감정을 드러냈다. "첫째, 용골대가 가져간 국서를 접수하지 않았고, 둘째, 마부대가 인열왕후 빈소에 조문할 때 무장해제 시켰으며, 셋째, 광해 11년(1619) 명을 도와 후금을 공격하였고, 넷째, 정묘호란 때 왕의 가짜 동생을 인질로 보냈다는 것이었다. 누가 봐도 변명의 여지가 없는 조선의 잘못이었다. 홍타이지는 "지금 조선 왕은 해도(강화도)의 험준함만 믿고 서생(조정대신)의 말을 들어 형제의 '화호지의(서로 따뜻한 관계)'를 망치고 있다. 조선의 서생들은 문장 어구에 얽매여 편협한 사고에 빠져있으며 양국의 화호(和好)를 망친 주범이다. 만약 전쟁이 일어난다면 그것은 내 탓이 아니라 모두 조선 왕이 자초한 일이다."라고 하며 엄중히 경고했다.

싸울 능력도 의지도 없는 허약한 나라가 큰 소리 만 뻥뻥 치면서 허세를 부리다가, 전쟁을 암시하는 무서운 경고가 담긴 홍타이지의 편지를 받고 나서야 정신이 번쩍 들었다. 인조는 겁을 잔뜩 집어먹고 부랴부랴 청에 국서를 보냈다. 인조 14년(1636) 10월 국서를 받아본 홍타이지는 "조선 국왕이 내가 보낸 편지를 보지 않았는데 내가 왜 당신의 편지를 열어봐야 하는가?"라고 하며 국서와 사신을 되돌려 보냈다. 그해 11월 홍타이지는 청이 조선을 치는 이유를 하늘에 고했고, 12월 12만 청군의 말발굽 소리가 조선의 국경을 넘었다.

병자호란이 시작된 것이다. '강약과 존망의 형세는 헤아리지 않고' 명분만 앞세우던 어리석은 군주 인조와 국제정세를 무시하고 망해가는 명나라만 섬기며 허세를 부리던 집권세력 서인이 빚어낸 대참극의 시작이었다. 예나 지금이나 국가지도자와 집권세력이 어떤 판단을 하고 어떤 선택을 하느냐에 따라 나라의 흥망과 백성의 삶이 좌우된다. 외교와 의전은 아무리 강조해도 지나치지 않다. 고려 성종 때 거란족(1차 침입)을 상대로 능수능란한 외교협상을 펼쳐 전쟁을 막아내고 강동 6주를 획득한 서희의 담판을 떠올려 보라. 왜 우리는 역사에서 배우지 못하는 걸까?

강원감영 방문코스는 포정루(외삼문), 관동관찰사 영문(중삼문), 선정비군, 징청문(내삼문), 선화당, 공방고지, 행각, 책방지, 내아, 후원 순이다. 포정루는 1차 검문소, 중삼문은 2차 검문소, 내삼문은 3차 검문소다. 삼문은 음양의 조화, 관청의 권위, 자연의 흐름을 반영했다. 포정루(布政樓)는 강원감영 정문이다. '무리

관동관찰사 영문. 관찰사는 지방 군 통수권자를 겸했다.　선정비와 공덕비가 모여 있는 비석군. 선정을 베풀고
공덕을 쌓았던 자일까?

하지 말고 삼베 포를 펴듯이 자연스럽게 어진 정사를 펴라.'는 뜻이다.

　포정문은 명나라 지방관청이며 감찰 기관이었던 포정사(布政司)에서 유래했
다. 임진왜란 때 불탔으나 인조 12년(1634) 복원되었다. 일제강점기 때는 '선위
루', 한국전쟁 후에는 '강원감영문루'라 했다. 포정문 태극문양은 붉은색, 청색,
노란색이다. 중국은 하늘을 상징하는 붉은색과 땅을 상징하는 청색 이태극(二太
極)이지만, 조선은 하늘과 땅과 사람을 뜻하는 고유문양 삼태극(三太極)이다.

　중삼문(中三門)이다. 편액은 관동관찰사 영문이다. '강원도 군 통수권자'라는

삼베를 펴듯이 어진 정사를 펴라는 포정루　하늘, 땅, 사람을 상징하는 삼태극

뜻이다.

선정비군이다. 공덕비 17개가 길게 한 줄이다. 일제강점기 때는 비석이 발에 차일 정도도 많았다고 하는데, 해방 후 건물을 지으면서 묻혀 있다가 발굴되었다. 발굴된 비석은 옛 원성군청 마당에 모아두었다가 강원감영이 복원되면서 관찰사와 목사의 부임일 기준으로 재배치했다.

공덕비를 보면 무슨 생각이 드는가? 백성은 '비석 치기'를 하면서 공덕비 깨기 놀이를 했다. 임기를 마치고 돌아가던 수령에게 바위에 올라가서 욕을 바가지로 하던 '욕바위'도 지정면 안창리 안창고개에 있다. 《영조실록》 4년(1728) 1월 11일 기록이다.

"유복명이 강원도 관찰사(1726)로 있을 때 집을 새로 지었다. 대신 이저가 탄핵하니 임금이 조사하여 추문(推問, 죄상을 추궁하여 심문)토록 하고, 한성부 낭관(실무책임을 맡은 정5품. 정6품 관리)을 보내어 지은 집을 살펴보게 하였다……. 사신은 논한다. 한번 수령을 거치면 전답을 사고 집을 새로 짓는 자가 10명 가운데 6~7명은 되며, 임기를 마치고 돌아가는 수령으로서 짐바리가 없는 자가 없었다."

이래서 수령은 도둑놈, 관찰사는 도둑님 소리가 나오는 것이다. 관찰사가 바뀌면 닷새 동안 축하잔치가 벌어졌다. 기생이 동원되고 술판이 벌어졌다. 술 좋아하는 송강 정철이 관찰사로 부임했을 때 모습은 어떠했을까? 축하잔치는 준비부터 마무리까지 한 달 걸렸다.

조선 시대 목민관의 모범으로 두고두고 회자되는 인물이 있다. 명종 때 단양 군수를 지낸 금계 황준량(1517~1563)이다. 황준량은 스물세 살 때 식년문과(3년마다 정기적으로 치르는 과거)에 급제하여 벼슬살이를 시작했고 마흔한 살 때인 명종 12년(1557) 단양군수로 부임했다. 이 시기는 을사사화가 일어나고 의적 임꺽정이 등장했던 혼란기였다. 백성은 무거운 세금에 허리가 휘었고 도망자가 늘어났다.

명종 12년 5월 7일 황준량은 임금에게 장문의 상소를 올렸다. 유명한 '민폐 10조 상소문'이다. 장문이지만 하나도 버릴 게 없는 심금을 울리는 천하 명문이다.

"단양은 원래 원주의 작은 고을이었는데 외적을 섬멸한 공로로 군으로 승격한 고장입니다. 농토가 척박하고 홍수와 가뭄이 가장 먼저 일어나는 곳으로서 재산을 가진 자가 거의 없고 풍년이 들어도 절반은 콩을 먹고살며, 흉년이 들면 도토리를 주워 먹고삽니다. 민가는 40호에 불과하고 경지면적도 300결이 되지 않으며, 창고에 보관하고 있는 곡식은 4,000여 석으로 징수할 곡식의 절반 정도이며, 그나마 피가 많이 섞여 있습니다. 부역의 재촉과 가혹한 세금으로 가난한 자는 더 가난해지고, 곤궁한 자는 이미 아내와 자식을 데리고 사방으로 흩어졌습니다. 새들도 남쪽 가지에 둥지를 틀고 짐승도 고향을 향해 머리를 돌린다고 하는데……. 백성이 농토와 마을을 버리고 돌아오지 않는 게 인정이 없어서 그런 것이겠습니까? 살을 에고 골수를 뽑는 참혹한 형벌 때문에 마침내 온 고을이 폐허가 되기에 이르렀으니 반드시 비상한 방도가 있어야 할 것입니다. 이에 신은 외람되이 세 가지 계책을 제시하오니 전하께서는 삼가 살펴주시옵소서.

상책입니다. 지금부터 10년간 모든 부역을 면제하여 주십시오. 백성이 돌아온다면 황폐해진 100리 땅이 살아나 근본이 이루어질 것입니다. 따지기 좋아하는 자는 10년이 너무 길다고 하겠지만, 이는 근본을 아는 자의 말이 아닙니다. 10년간 부역을 면제하면 100년을 보장할 수 있지만, 3년이나 5년에 그친다면 다시 피폐해 짐으로 원대한 계획이 되지 못합니다. **중책**입니다. 만약 단양만 조공을 10년간 면제해주기 어렵다면 차라리 군에서 현으로 강등시켜 남아있는 백성만이라도 참혹한 피해를 면하게 해 주십시오. **하책**입니다. 중책도 받아들이기 어렵다면 다음에 열거하는 10가지 폐단만이라도 바로 잡아주십시오.

　첫째, 목재의 폐단입니다. 조정에 바쳐야 할 목재는 큰 나무만 400주, 작은 나무는 수만 주에 달해 감당할 수 없습니다. 40호 인구로 험한 산을 오르고 깊은 골짜기를 건너 나무를 운반하자면 사람은 진이 **빠지고** 소와 말도 죽게 됩니다. 고을 모든 농가 가축을 모아도 몇십 마리밖에 되지 않아 백성의 곤궁이 극도에 이르렀습니다. **둘째**, 종이 폐단입니다. 종이 만드는 부역은 다른 부역보다 몇 배나 힘든데 유독 단양만 공납할 양이 많아 지탱하기 어렵습니다. **셋째**, 사냥의 폐단입니다. 1년간 공물로 바치는 노루가 70마리, 꿩이 200마리입니다. 숫자를 줄여주십시오. **넷째**, 대장장이 폐단입니다. 머릿수는 정해져 있는데 사람은 없으니 모두 민가에서 책임지고 있습니다……. **여덟째**, 병영에 바치는 가죽 폐단……. **열 번째**, 약재의 폐단입니다. 무지렁이 백성에게 이름도 모르는 약재를 부담시켜 포목으로 사서 바치고 있으니 불쌍한 백성은 하소연할 곳이 없습니다. 열 가지 폐단은 피해가 극심한 것만 말씀드렸을 뿐이며 전체적으로 보면 10분의 2 정도에 불과합니다.

　조그마한 고을에서 한 가지 부역도 감당하기 힘든데 까다로운 법령과 번거로운 조항을 들어 남아있는 백성에게 책임을 나누어 기필코 그 숫자를 채우려고 하니……. 이는 물고기를 끓는 솥에서 키우고 새를 불타는 숲에 깃들이게 하는 것과 같습니다. 만약 지난해처럼 급하지 않은 공물이나 면제해주고 만다면 소생할 길이 없을 것입니다. 지금 집도 없이 떠도는 백성이 궁벽한 산골에서 원망에 가득 차 울부짖는 소리가 점점 퍼져가고 있습니다. 신은 두려움을 견디지 못하여 삼가 상소를 받들어 올리오니 부디 살펴주시옵소서.”

어떤가? 단양군수 황준량의 백성 사랑하는 마음이 절절히 느껴지지 않는가? 이 글을 읽고도 눈물이 나고 가슴이 먹먹해지지 않는다면 목민관이 될 자격이 없다. 상소문이 조정에 도착하자 말들이 들끓었다. 10년은 너무 길다는 자도 있었고, 다른 고을과의 형평성 문제를 제기하는 자도 있었다.

《명종실록》12년(1557) 5월 7일 사관은 이렇게 적었다.

"황준량의 상·중·하 계책과 10개 조항의 폐단은 가히 곡진하고 절실하다. 백성의 곤궁한 상황과 수령의 각박한 정상을 상소 한 장에 전달하였으니, 조금이라도 어진 마음이 있는 자라면 이 글을 다 읽기도 전에 목이 메일 것이다. 한 고을 폐단을 가지고 3백 60개 고을로 미루어 보면 그렇지 않은 곳이 없을 것이다. 아! 백성의 목숨이 거의 다하게 된 셈이다. 단양이란 고을이 처음에는 폐기된 고을이 아니었는데 탐관오리의 손을 거치는 동안 백성의 고혈을 다 빨아먹었기 때문에 열 집에 아홉 집은 비게 되어 영원히 폐허가 되었으니, 이는 조정이 수령을 가려 보내지 않아서 공도가 없어지고 사욕이 성했기 때문이다. 비록 황준량이 10년 동안 면세해서 소생시키고자 하고 조정에서 허락한다 하여도 어찌 10년 동안이나 오래도록 법을 시행해 나갈 수 있겠는가?"

갑론을박 끝에 명종은 "지금 상소한 내용을 보니 10개 조항의 폐단을 진달한 것이 나라를 걱정하고 임금을 사랑하며 백성을 위하는 정성이 아닌 것이 없으니 이를 아름답게 여긴다."고 하며, 5월 17일 상책으로 결단을 내려 10년간 단양군의 조세와 부역을 모두 감면해 주었다.(《조선왕조실록》, 유홍준의 《나의 문화유산 답사기 8권》135~139쪽 참고)

어떤가? 가슴이 뭉클해지지 않는가? 예나 지금이나 목민관의 마음은 오로지 백성과 나라를 향해야 한다. 황준량 선정비는 단양수몰이주기념관 마당에 세워져 있다. 필자는 공덕비를 볼 때마다 안창리 욕바위 전설과 황준량의 애끓는 상소문을 떠올려 보곤 한다.

'징청문'이다. '맑고 깨끗한 마음을 지니고 들어가는 문'이다. 내삼문으로 불리며 관찰사 집무실로 들어가기 위한 마지막 관문이다. 외삼문, 중삼문, 내삼문을 거쳐야 관찰사를 만날 수 있었으니 만나기도 전에 진이 다 빠져버리지 않았을까? 목민관의 권위는 의전에서 나오는 게 아니라 단양군수 황준량처럼 백성 사랑하는 마음에서 나오는 것이다. 강원감영의 하이라이트는 관찰사 집무실인 선화당이다. 선화당은 '임금의 덕을 선양하고 백성을 교화한다.'는 뜻이다. 편액은 전 대통령 최규하가 썼다. 임진왜란 때 불탔으나 현종 6년(1665) 관찰사 이만영이 다시 짓기 시작하여 2년 후 이후산이 완공하였고, 영조 8년(1732) 이보혁이 단청했다. 2021년 국가유산청 국가지정문화재(보물)가 되었다.

선화당 주련(기둥에 적은 글)은 관리가 지녀야 할 마음가짐이다. 임금이 지방관에게 당부하는 공무집행 행동지침이다. 좋은 말을 써 놓으면 무엇하겠는가? 하나만 제대로 지켜도 훌륭한 목민관이 될 텐데. 말보다 실천이다. 공방고는 산림, 토목, 영선, 공장, 광산 업무를 수행하고 공방에서 필요한 도구를 만들어 보관하던 건물이다. 행각은 선화당 좌우에 배치한 보조 건물로서 현재 강원감영 사료관으로 쓰고 있다. 책방은 도서관 겸 출판을 담당했으며 선화당 가까운 곳에 있어 관찰사를 보좌하던 관리가 상주했다. 또 강원도 26개 부, 목, 군, 현에서 보고한 인구, 날씨, 전염병 자료와 소송 자료를 보관하는 문서보존소 역할도 겸했다. 내아(內衙)는 17세기 후반부터 관찰사 가족이 살던 집이다. 임금의 은혜에 감사한다는 뜻으로 '대은당(大恩堂)' 또는 '청운당'으로 불렀다. 내아에서 가족과 함께 살았던 관찰사는 몇 명이나 되었을까? 평균 재임 기간이 11개월이었고 거쳐 가는 자리다 보니 혼자서 시간을 보내지 않았을까?

강원감영 후원이다. 관찰사가 산책과 담소를 나누는 휴식공간이다. 동시에 감영을 찾아오는 중앙관리나 사신을 위해 연회를 베풀고, 농사짓는 백성의 삶을 체험해 보기 위한 농장도 있었던 정치적인 공간이었다. 후원 연못은 전각에 불이 났을 때 손쉽게 방화수를 공급할 수 있는 저수지 역할도 했고, 선화당 좌우에는 화재를 대비해 물을 담아두는 드므(경복궁 근정전, 창덕궁 인정전, 덕수궁 중화전, 창경궁 명정전에도 있다)도 있었다. 후원은 도교에서 신선이 살고 있다는 삼신상 사상과 중국 진나라 때 동물 신화를 기록한 신화집이자 지리서인 《산해경》에 나오는 이야기를 반영하였다.

중국에는 바다 한가운데 신선이 산다는 산 다섯 개가 있었다. 산이 떠내려갈까 봐 걱정이 되어 산마다 자라 세 마리씩 배치하여 열다섯 마리가 등으로 떠받치고 있었는데, 갑자기 키가 크고 몸집이 사십 리에 이르는 용백이 나타나 자라 여섯 마리를 잡아가는 바람에 산 두 개는 떠내려가고 세 개 만 남게 되었다. 봉래산, 영주산, 방장산이다. 감영 후원에 있는 봉래각은 봉래산(금강산)을, 영주관은 영주산(한라산)을, 채약오는 방장산(지리산)을 상징한다. 채약오는 신선이 불로초를 캐 먹은 곳으로 영조 47년(1771) 관찰사 서명선이 연못 속에 기둥 여섯개를 세워 만들었다고 한다. '자라를 낚는 정자' 조오정은 전설 속의 거인 용백이 자라 여섯 마리를 잡아간 곳이다. 후원 동·서쪽에는 관풍각 안에 있는 영주관을 드나들기 위해 홍교(무지개다리)를 설치했다.

관풍각은 풍속을 살펴본다는 관풍찰속(觀風察俗)에서 따온 말로서, 경복궁 후원(과거시험을 치르던 융문당과 융무당이 있었던 경무대 영역, 왕이 농사짓던 경농재 영역, 정자

3채로 이루어진 오운정 영역이 있었다. 경무대는 경복궁의 '경'과 신무문의 '무'자를 따서 지었다. 일제강점기 때는 조선총독의 관저로, 미군정기에는 하지 사령관의 관저로, 해방 후에는 이승만 대통령의 집무실로 사용되었다. 4 · 19 혁명 후 윤보선 대통령 집무실로 사용하다가 1993년 문민 정부 때 조선총독부 건물과 함께 철거되었다)에 있었던 경농재(고종 30년 지었으며 관풍루과 팔도배미로 이루어졌다. 팔도배미는 팔도에서 올라온 곡식 종자를 임금이 심고 풍흉을 살폈던 곳이며, 조선총독 관저가 들어오면서 헐렸다가 청와대 영빈관이 들어섰다)처럼 관찰사가 농부의 삶을 체험해 보기 위한 농장이 있었다고 한다.

고종 34년(1897) 정선군수 오횡묵은《정선총쇄록》에서 강원도 관찰사(정태호)에게 부임 인사차 다녀가면서 "감영 건물 밖에는 관풍각, 안에는 영주관이란 편액을 달았다."고 했다.

강원감영에는 교방(敎坊, 조선 시대 춤과 노래를 관장하던 기관)을 두어 관찰사 이 · 취임식과 연회를 주관했다. 교방에는 악기를 다루는 악사와 춤추는 기생이 있었는데 많을 때는 45명이었고, 감영이 폐지될 당시에도 악사 10명, 기생 16명이 있었다고 한다. 기녀 화섬은 관동 검무를 잘 추어 당나라 공손랑(칼춤에 뛰어났던 기생)보다 낫다는 칭찬을 받았고, 관동별곡을 노래하면서 추었던 춤은 강원 감영 교방에서 전국 관아로 퍼져나가 헌종 12년(1846) 대왕대비 순원왕후 회갑연 때 실행되어 강원도 춤으로는 유일하게《진찬의궤(조선 후기 왕과 왕비, 왕대비를 위한 궁중 잔치를 기록한 책)》에 등재되었다.(2022. 1. 10.〈원주투데이〉전 원주문화원장 박순조 기고문, 홍인희《원주 산하에 인문학을 수놓다 1권》등 참고)

강원감영 교방에서 이름을 떨쳐 궁궐 장악원(궁중음악을 맡아보던 관청)에 발탁된 기생도 있었다. 연산군은 채홍사를 보내 얼굴도 예쁘고, 노래도 잘하고, 춤도 잘 추는 자를 뽑아오라고 명했다. 기생 출신으로서 첩으로 있는 자가 우선 선발

경복궁 후원 경회루(국가유산청)

대상이 되었다. 채홍사는 임사홍의 아들 임숭재였다. 임숭재는 성종의 딸 혜신
옹주 남편으로서 연산군의 비위를 잘 맞추어 아비와 함께 승승장구했다. 오죽
하면 연산군이 임숭재 집 주변 가옥 40여 채를 헐어내고 창덕궁과 연결통로를
만들어 수시로 들락거렸겠는가. 임숭재는 장악원 제조와 채홍사를 관리하는 책
임을 맡아 연산군의 타락을 도왔다. 기생 가운데 얼굴, 노래, 춤 세 가지를 모
두 갖춘 자를 '흥청'이라 하였고, 한두 가지만 갖춘 자는 '운평'이라 하였다. 흥
청과 운평이라는 이름은 연산군이 직접 지었다.

《연산군일기》10년(1504년) 12월 22일 기록을 보자

"임금이 물었다. 흥청이란 사악하고 더러운 마음을 깨끗이 씻으라는 뜻이요, 운평은
태평한 운수를 만났다는 뜻인데 의미가 어떠한가? 승지가 아뢰기를 '매우 아름답습니
다.'라고 하였다."

그해 12월 24일 연산군은 "흥청은 3백 명으로, 운평은 7백 명으로 하라."고 지시했다. 흥청은 왕의 총애를 받은 '천과(天科)흥청'과 총애를 받지 못한 '지과 (地科)흥청'으로 나뉘었으며, '천과흥청'이 임금 사저로 갈 때는 도승지와 좌승지 가 앞장섰고 선전관과 감찰이 뒤따랐다. 흥청이 가족은 특별대우를 받았다. 원 주 출신 기녀 중에는 장악원으로 뽑혀가서 연산군의 총애를 받은 기녀 세 명이 있었다. 월하매와 낙동산은 흥청이 되었고, 녹양춘은 운평이 되었다.

연산군은 월하매가 병이 났을 때 찾아가서 문병하였고, 죽었을 때는 애도하 며 제문을 지어 보내고 부모·형제를 위로해 주었다.
《연산군일기》11년(1505) 9월 15일 기록이다.

"원주 기생 월하매는 음률을 알고 희학을 잘하여 왕의 뜻에 맞았으므로 왕이 늘 호방 하다고 칭찬했다. 병이 나서 별원에 옮겨 있을 때, 왕이 자주 찾아가서 문병하였다. 월 하매가 죽자 왕이 애도하며 '여완(麗婉)'이란 칭호를 주고 제문도 짓게 하였으며 부모· 형제를 궁으로 불러 친견하였다."

비록 기생이었지만 살아서는 연산군의 총애를 받고 죽어서는 '여완'이라는 칭 호까지 받았으니 어지간한 사대부보다 낫지 않은가?

흥청이었던 낙동산과 운평이었던 녹양춘의 부모도 서울로 불러서 집과 땅을 마련해 주고 형제자매에게는 관역을 면제해주었다.
《연산군일기》11년(1505) 6월 20일 기록이다.

"흥청 낙동산과 운평 녹양춘이 병든 어미를 보러 원주에 가니 강원도 관찰사에게 명

하여 여의사를 보내 구호하여 약을 쓰게 하고, 차도가 있거든 말을 내어주고 공금을 주
어 올려보내도록 하라. 홍청이 궁중에 들어오면 부모와 서로 만나기 어려우니 서울로
올라오게 하여 관가에서 농사지을 땅과 집을 주어 생업을 돕게 하고 형제자매는 관역
(官役)을 면제토록 하라."

이쯤 되면 흥청과 운평의 위상이 어느 정도였는지 짐작이 가지 않는가?

연산군이 흥청과 운평을 불러 향락의 술판을 벌였던 장소는 경복궁 후원 경
회루였다. 경회루는 명나라 사신이 왔을 때 연회를 베풀 장소가 마땅치 않아서
태종 12년(1412)에 지었던 누각이다. 태종이 충녕대군(세종)에게 왕위를 물려준
다는 뜻을 밝힌 곳이고, 비운의 왕 단종이 숙부 수양대군에게 옥새를 넘겨준 곳
이다. 또 세조가 조카 단종을 영월 청령포로 유배 보내고 조정 대신과 경복궁
안에 있던 군사를 불러모아 하사주를 내려준 곳이기도 하다.
《연산군일기》 12년(1506) 3월 17일 흥청과 운평 3,000명을 모아놓고 잔치를
벌이는 모습이 나온다. 향락과 광란의 파티는 클라이맥스를 향해 달려가고 있
었다.

 "경회루 연못가에 만세산을 만들고, 산위에 월궁을 짓고 채색 천을 오려서 꽃을 만들
 었는데 백화가 산중에 활짝 핀 듯했다. 용주(龍舟)를 만들어 연못 위에 띄워 놓고, 채색
 비단으로 연꽃을 만들었으며, 산호수도 만들어 못 가운데에 푹 솟게 심었다. 경회루 아
 래 붉은 비단 장막을 치고 흥청과 운평 3천여 명을 모아놓으니 생황과 노랫소리가 끊이
 지 않았다."

권불십년화무십일홍(權不十年花無十日紅)이다. 연산군은 재위 12년(1506) 9월 2

일, 중종반정으로 폐위되어 강화 교동도로 유배되었고 두 달 후 11월 6일 역질에 걸려 부인 신씨가 보고 싶다는 말을 남기고 역사 속으로 사라졌다. 서른한 살, 광기와 향락으로 점철된 허망한 삶이었다.

비는 이제 폭우다. 세숫대야로 쏟아붓는다. 선화당 마루에 앉아 잠시 눈을 감고 빗소리 들으며 명상이다. 소낙비 소리와 처마에 빗물 떨어지는 소리를 들으니 마음이 고요해진다. 자연의 소리는 소음과 잡념을 씻어내는 명약이다. 감영을 나와 도로를 건너자 SC제일은행 원주지점이다. 1934년 옛 조선식산은행 건물이다. 2005년 국가등록문화유산으로 지정되었다. 국가등록문화유산은 '국가유산청장이 문화유산위원회의 심의를 거쳐 근현대문화유산 중 50년 이상 지난 것으로서 보존 및 활용 조치가 특별히 필요하여 등록한 유산'을 말한다. 국가유산청은 2004년 3곳(천주교 원동성당, 대안리 공소, 옛 원주역 급수탑), 2005년 2곳(반곡역, 구 조선식산은행), 2017년 3곳(제1야전군사령부 구청사, 육민관고등학교 창육관, 원주기독교 의료선교 사택)을 국가등록문화유산으로 지정하였다. 2024년 5월부터 문화재청은 국가유산청으로, '문화재'는 '문화유산'으로 이름이 바뀌었다.

국가등록문화유산. 왼쪽은 옛 원주역 급수탑, 오른쪽은 옛 조선식산은행 원주지점

옛 군인극장(현 보건소)을 지나자. 이제 비는 폭우로 바뀌었다. 빌딩 앞에 옹기종기 모여서 비를 피하고 있는데 경비원이 다가온다. "언제까지 이렇게 서 있을 겁니까?" 문전 축객이다. 비올 때 사람을 내쫓다니! 완장을 차면 사람이 바뀐다고 하는데 이럴 때는 사람이 참 무섭다.

쏟아지는 비를 맞으며 역전시장으로 향했다. 도로 건너편 좁은 골목에 희매촌이 있다. 일제강점기 때 개항지와 철도역 주변에 '유곽(遊廓)'이 생겨났고, 한국전쟁을 거치면서 미군 주둔지와 군부대 중심으로 전국 104곳에 집창촌이 들어섰다. 희매촌은 성매매업소가 모여 있는 곳이다. 희망촌과 매화촌 앞글자를 따서 지었다. 희망촌은 한국전쟁 때 지역 유지 이재춘이 오갈 데 없는 피난민을 위해 판자촌 33채를 지어 무상으로 제공한 곳이며, 매화촌은 옛 원주역 부근 일명 '40계단'으로 불리던 동네다. 원주시는 2019년부터 도시재생사업을 추진하고 있으나 업주 등 이해관계자의 반발에 부딪혀 진행이 늦어지고 있다. 희매촌의 아름다운 변신이 기대된다.

옛 원주역 앞 유문 사거리다. 유문은 강원감영을 지키는 누문(樓門)이 있던 자리다. 정관철은 "어릴 때 노인들이 유문에 장 보러 간다는 말을 듣고 자랐는데 그때는 유문 부근에 장이 섰다."고 했다. 옛 역전 앞 장날 모습은 어떠했을까?
원주목사 문숙공 김제갑을 기리는 충렬탑이 서 있다. 김제갑은 임진왜란 때 치악산 영원산성에서 모리요시나리가 이끄는 왜군을 맞아 싸우다가 부인 전주 이씨, 아들 김시백과 함께 장렬하게 전사했다.

조선 성리학이 추구하는 충, 효, 열의 본보기였다. 행구동 충렬사에 고려 충렬왕 때 합단적을 맞아 영원산성 전투를 승리로 이끌었던 원충갑 장군, 임진왜란 때 강원도 조방장(지휘관을 도와 적의 침입을 방어하는 장수)으로 신륵사와 구미

문숙공 김제갑 목사 충렬탑

포에서 유격전을 펼치며 진격을 막던 원호 장군 위패와 함께 모셔져 있다. 김제갑 목사 충렬탑을 금대계곡 입구로 옮기고 금대리에서 영원산성까지 역사문화 탐방로를 만들어보면 어떨까? 원호 장군 임진 승전비도 역사의 현장이었던 여주 신륵사 입구에 서 있다. 생각의 각도를 조금만 바꾸면 결과는 크게 달라진다.

옛 원주역사를 바라보며 급수탑으로 들어섰다. 1940년대 중앙선 증기기관차에 물을 공급하던 곳이다. 약 300m 떨어진 냇가 옆에 우물을 파고 급수정을 만든 다음, 펌프를 가동해서 물을 급수탑 꼭대기까지 끌어 올리고, 기차가 들어오면 급수탑 밸브를 열었다. 16.2m 꼭대기에서 배관을 타고 내려온 물은 땅속 수도관을 통해 철로에 설치된 두 대 급수전으로 향했다. 기차 높이보다 약간

높게 설치된 급수전을 열면 물이 기차 속으로 들어갔다. 기관차는 선로에 표시된 급수전 위치에 정확하게 정차해야 했다. 숙련된 기관사가 아니면 실수할 때도 있지 않았을까? 급수탑은 1950년대 디젤 기관차가 등장하면서 유물이 되었다. 급수탑이 남아있는 곳은 전국 16곳이며 형체를 갖추어 볼 만한 곳은 6곳 정도라고 한다. 구자희는 "예전에 중앙선 기차를 타고 지나다니면서 뭔지 궁금했는데 이제 의문이 풀렸다."고 했다. 스토리 있는 길은 얼마나 풍성한가. 살펴보면 원주는 곳곳이 유적지요 박물관이다.

옛 학성초등학교다. 담장을 돌아 나와 다리를 건너자 김미용실이다. 퇴색한 간판에서 오랫동안 터 잡고 살아온 미용사와 동네 여인들의 푸근한 수다가 들려오는 듯하다. 가까운 곳에 봉미이발관도 있었다. '봉미'는 봉산 옛 이름 '봉산미'의 줄임말이다. 필자는 봉미이발관 단골이었다. 60년 경력 이발사의 매끄러운 가위질과 구수한 입담이 매력이었다. 함박눈이 펑펑 쏟아지는 날 난롯가 모여앉아 노인들의 살아온 이야기를 들으며 한 시간을 기다리는 건 기본이었다. 멀리 신림이나 문막에서 찾아오는 노인도 있었다. 이발사 부인이 턱 면도를 하다가 살짝 벨 때도 있었지만 사랑방 같은 분위기에 매료되어 괘념치 않았다. 봉미이발관은 4년 전 문을 닫았고, 노인들은 뿔뿔이 흩어졌다.

학봉정(鶴鳳亭)이다. 편액에서 최규하 대통령의 진중한 이미지가 느껴진다. 학봉정은 봉황이 학처럼 날아가는 형상이다. 일제가 혈을 잘라 맥을 끊으려 하자 봉산 기운을 되살리기 위해 세운 정자다. 일제강점기 때 묵객 모임 설미회(雪眉會) 회원이 모여서 시를 읊고 독립운동을 의논하자 정자를 폐쇄하고 출입을 막았다고 한다. 한국전쟁 때 불타고 흔적만 남아있던 것을, 1991년 2층 콘크리트 건물로 복원했다. 1972년 대홍수 때 물살에 휩쓸려간 여주 신륵사 강월헌

학봉정은 봉황이 학처럼 날아가는 형상이다. 편액은 최규하 대통령이 썼다.

도 콘크리트 정자로 복원했고, 광화문도 1968년 콘크리트로 복원했다가 2010
년 8월 15일 경복궁 근정전을 기준으로 위치와 방향을 바로 잡아 목조로 다시
세웠다. 그때는 콘크리크가 대세였지만, 이제는 학봉정도 품위있는 목조 정자
로 바꾸었으면 좋겠다.

　학봉정을 내려서자 관불사 뒤편으로 가파른 고갯길이 나 있다. 할머니를 만
났다. 여든다섯 살인데도 허리가 꼿꼿하다. "여기가 무진고개여. 500년 전 효
자 황무진이 이 고개 밑에서 태어났다는 얘기를 듣고 자랐어. 무진이는 원래 감
영 노비였는데 아버지가 돌아가시고 반계리 골무내기로 이사갔다고 들었어. 반
계리에 사당이 있다는데 한 번도 못 가봤어. 죽기 전에 꼭 한 번 가봐야 할 텐
데." 노인은 말이 고프다. 옛 얘기를 듣고 싶으면 막걸리 한 병 사 들고 시골 마
을회관을 찾아가시라. 말 고픈 노인 얘기도 들어주고 지명유래도 공부할 수 있
으니 꿩 먹고 알 먹고 아니겠는가?
　봉산동 당간지주다. 《한국지명총람》은 '등때', '짐대'라고 했고, 《조선환여승

람》은 "원주면 화천리(花川里) 주촌(舟村)에 있다. 고려 초에 만들었다."고 했다.
1910년 이전까지 한쪽 지주가 부러져 있었으나 1980년 복원했다.

(북원역사길 3편에 계속)

원주굽이길 북원역사길(3)

북원 문화의 꽃을 피운 원주의 자취를 따라 걸을 수 있는 길이다. 원주역사박물관, 봉산동당간지주, 강원감영, 옛 원주역 급수탑, 원주향교, 원동성당, 추월대, 자유시장, 중앙시장 등 도심을 순례하며 원주의 과거와 현재, 미래를 느껴볼 수 있는 걷기 여행길이다.

임윤지당 학문에서 길을 찾다

봉산동 당간지주 부근에는 조선 최초의 여성 성리학자였던 임윤지당(1721~1793)이 살았던 집터가 남아있다. 그는 열아홉 살 때 평산 신씨 가문(남편 신광유)으로 시집와서 54년을 살면서 남성 전유물이었던 성리학에 도전하여 여성도 남성 못지않게 학문할 수 있음을 보여준 선각자였다. 조선은 여성에게는 글을 가르치지 않았고 가르치더라도 어린이용 소학이나 여성의 행동규범을 알려주는 부녀자 교훈서 정도에 그쳤다. 서당이나 서원, 향교 같은 교육기관에는 발도 들여놓을 수 없었다. 사방이 높고 강고한 벽으로 둘러싸인 남성 중심 사회에서 여성이 성리학을 연구하고 논문을 써서 기록으로 남겼다니 이 얼마나 놀라운 일인가?

임윤지당 시댁(임윤지당길 16-1, 원주옷문화센터 담장 뒤) '봉천구석(鳳川龜石)'은 원

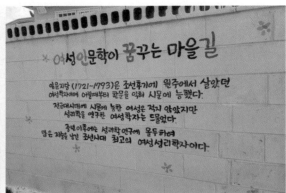

왼쪽은 봉산동 당간지주. 옛 천왕사 터 입구로 추정된다. 임윤지당이 시집와서 54년을 살았던 '봉천구석'이 가깝다. 오른쪽은 마을 골목길 담장

주천(봉천) 부근에 있었던 거북바위(구석)를 가리킨다. 1981년 원주시에서 펴낸 《치악의 향기》 75쪽에는 "당간지주 밑 벼랑에는 100년 전만 하더라도 강물이 휘돌아 나갔고 벼랑에 거북처럼 생긴 넓은 바위가 있어서 놀기도 하고 낚시질도 했다."고 하였다.

평산 신씨가 원주 '봉천구석'에 처음 자리 잡게 된 것은 5대 조 신상(1598~1662) 때부터다. 신상은 인조 15년(1637) 병자호란 때 척화를 주장하다가 면직되었다. 그는 저서 《은휴와집》에서 "척화를 논하다가 죄를 입고 삭출되어 원주 동쪽 봉천 위에 초가집 두 칸을 짓고 기문(1640년, 은휴와기)을 지어 편액을 '은휴와(恩休窩)'라 하였다."고 했다. 기문(記文)은 누정의 내력과 뜻을 밝히는 글로서 주로 고을 수령이나 이름난 문사에게 부탁했다. 신상은 당시 강원도 관찰사 백주 이명한에게 부탁하여 '은휴와 기문'을 받았다.

신상이 원주 동천(東川, 원주천) 위쪽에 아담한 정자를 짓고 이름을 '은휴와'라 하였

기에 기문을 짓는다……. 일산(一山)이 양 날개를 편 남쪽에 돌을 묶어 세웠고, 입암(당간지주)이 마주 대하고 있는 곳이 봉산의 주촌(舟村, 나루터 마을)이다. 물이 영원(영원산성)에서 흘러나와 백운 서북에서 합수한 후 굽이치고 감돌아, 단구역 아래에서 구부러져 향교와 사당 사이를 감돌아 고을 북쪽에서 큰 강으로 흘러들었으니 이것이 동천(東川)이다.

384년 전 봉산동 당간지주 밑을 흐르는 원주천과 나루터 풍경이 보이는 듯하다. 7년 후 인조 25년(1647) 신상은 '은휴와'에서 가까운 봉천(원주천은 강원감영 동쪽에 있다고 동천, 봉산 아래를 흐른다고 봉천이라 하였다) 거북바위 부근에 구석정이라는 정자를 세웠다. 평산 신씨 후손이 소장하고 있는 기록을 보자.(《2018 원주학술총서》 43권 임윤지당 선양관 40쪽)

구석정은 고을 동남쪽 2리에 있다. 봉천에는 푸른 여울과 자갈밭이 펼쳐진 우아한 경치가 있고 …… 큰 봉우리와 겹쳐진 뫼에 둘러싸여 기이한 형세를 하고 있다. 정자 아래 거북이 같은 돌이 있어 정자 이름으로 하였다. 충정공 신상이 벼슬에서 물러나 원주에 살면서 봉천 동쪽에 조그마한 집을 지어 은휴와(恩休窩)라고 편액하였고, 백주 이명한(강원도 관찰사)이 은휴와기(恩休窩記)를 지은 것이 숭정 경진년(1640)이다. 7년 뒤 정해년(1647)에 은휴와 남쪽 수백 보쯤에 있는 이 터를 얻어 정자(구석정)를 지었다.

임윤지당은 경종 1년(1721) 부친 임적과 모친 파평 윤씨 사이에서 5남 2녀(오빠는 임명주, 임성주, 임경주, 언니는 원경녀의 처, 남동생은 임병주, 임정주) 중 둘째 딸로 태어났다. 임적은 스물여섯 살 때 소과에 급제하였으나 당쟁이 격화되자 벼슬을 그만두고 충청도 청풍 노은 골짜기에 은거하였다. 집 근처에 송시열의 수제자였던 대학자 권상하가 살고 있어서 문하에서 성리학을 배웠다. 임적은 모친의 권유로 대과에 응시하였으나 계속 낙방하자 음직(무시험 특별채용)으로 장녕전(숙종과 영조의 어진을 보관하던 전각) 참봉(종9품)과 의금부 도사(종6품) 등을 지내다가 서른일곱 살 때 안성현감에 임명(임윤지당 출생)되었다. 마흔한 살 때(임윤지당 다섯 살) 함흥판관으로 부임했으나 버릇이 나쁜 기생을 매질하였다가 사헌부의 탄핵을 받고 2년 후(1727, 43세) 한양으로 되돌아왔다.

신유년(1721)과 임인년(1722)에 사화(신임사화를 말한다. 경종 때 후일 영조가 되는 연잉군의 왕세제 책봉과 대리청정을 둘러싸고 노론과 소론이 격돌하여 김창집, 이이명 등 노론 4대신이 사사되고, 목호룡이 고변한 선비 60여 명이 끌려와서 심문을 받고 10여 명이 죽임을 당한 사건)가 일어나 노론이 밀려나고(스승 권상하는 송시열의 맥을 잇는 노론이었다) 소론이 정권을 잡자 임적은 벼슬을 포기하고, 청주 옥화(미원면 옥화리)로 이사를 준비하다가 전염병으로 죽었다. 임윤지당은 부친이 죽고 이듬해(아홉 살) 청주 옥화마을로 이사했다. 그는 자유스러운 집안 분위기 속에서 오빠와 함께 경전과 역사서를 읽고 토론하면서 곤란한 질문을 던지며 거침없이 자기주장을 펼쳤다. 둘째 오빠 임성주가 "여동생이 대장부로 태어나지 못한 것이 한스럽다."고 할 정도였다. 임성주는 자유스러운 분위기 속에서도 정기적으로 가족 조회를 하면서 가문의 전통을 지켜나갔다.

임윤지당 막냇동생 임정주는 "옥화 시절 북송 때 정치가 사마광이 관혼상제를 기준으로 집에서 지켜야 할 규범을 정리한 책《거가의(居家儀)》에 따라 설날, 동지, 초하루, 보름에 여러 형제와 부인, 누이가 모여서 의관을 단정하게 갖춘 후 어머니 계신 곳으로 갔다. 그곳에서 북쪽을 향해 동서 양쪽으로 나누어서 남자는 두 번 절하고, 부인은 네 번 절한 뒤 제자리에 가서 앉았다. 그때 누이(임윤지당)가 언문으로 번역한 훈계를 읽었는데 목소리가 낭랑하여 아직도 귀에 들리는 듯하다.”며 당시 분위기를 전했다.

16세기부터 이름난 성리학자 집안에는 가족 조회가 정기적으로 열렸다. 율곡 이이는 1576년 해주 석담에서 청계당을 짓고 형제, 형수, 조카와 함께 살면서 초하루와 보름에 의례를 행했고, 송시열은 회덕 쌍청당 부근에 살 때 초하루와 보름에 부인과 함께 큰 방에서 사마광의 가법대로 자손에게 절을 받은 뒤 큰 며느리에게 소학과 유개중도장(劉開仲塗章, 집안 분란이 일어나는 말에 부인들이 미혹되는 것을 경계하는 내용) 강주진씨장(江州陳氏章)을 읽게 하고 다른 부인들은 듣게 하였다.

임윤지당 큰 오빠 임명주(1705~1757)는 문과에 급제하여 사간원 정언(정6품)을 거쳐 영조 23년(1747) 12월 17일 사헌부 지평(정5품)이 되었다. 임명주는 닷새 후인 12월 22일 상소를 올렸다. 형조 등 중앙부처 장(판서)의 권한을 차관(참판)이나 국장(참의)에게 과감하게 위임하고, 임금의 눈치를 보며 해야 할 말을 하지 못하고 이 핑계 저 핑계 대면서 제 역할을 하지 못했던 삼사(사헌부, 홍문관, 사간원)의 관리를 파직하라고 했다. 또 수원 쌍부창(화성시 우정읍 조암리 쌍부산 아래 있었던 세곡 보관 창고. 명당 터로 알려져 있으며 김상로 부인, 형 이조 판서 김취로가 묻혔다)을 다른 곳으로 옮기고 그 터를 차지했던 이조참판 김상로(후일 노론의 영수가 되어 사도세자를 죽이는 데 큰 역할을 했다)와 김상로의 부탁을 받고 백성의 가짜 민원을 해결해 주는 방식(짜고 치는 고스톱)으로 이를 승인해주었던 수원부사 정휘량(영조의 사위였던 정치달의 숙부)을 처벌해달라고 했다. 꼭 필요했지만, 임금의 심기를 살피며 아무도 하려고 하지 않던 말이었다.

상소를 받아본 영조는 격노했다. 영조는 걸핏하면 화를 내는 ‘버럭 남’이었다. 젊고 패기만만한 임명주가 영조의 아킬레스건(이인좌의 난)과 외척 비리를 건드린 것이다. 영조가 친히 심문했다. 영조는 임명주에게 "네가 두둔한 이익보가 이인좌의 난(1728년 영조가 노론과 경종을 독살한 후 왕위에 올랐다고 주장하며 소론과 남인 과격파가 일으킨 난) 때 첩보를 제공했던 역적 이정휘의 양자라는 사실을 몰랐느냐?"고 물었다. 임명주는 몰랐다고 했지만, 영조는 화를 버럭 내며 당장 의금부로 넘겨 국문하라고 지시했다. 다행히 이튿날 영의정 김재로와 영부사 김홍경의 만류로 지시를 거두어들이긴 했지만, 영조는 임명주를 제주도 대정현으로 유배 보내 위리안치시켜버렸다. '임금을 속이고 역적을 비호한 죄(?)'라고 덮어씌웠지만, 임금의 약점을 건드리고 외척의 비리를 건드린 괘씸죄였다. 임명주는 4년 후 사면되었으나, 6년 후 중풍으로 세상을 떠났다. 직언의 대가는 목숨이었다. 예나 지금이나 역린을 건드린 자는 살아남지 못한다. 꼿꼿하고 의로운 관리의 안타까운 죽음이었다.

임명주의 부인 안동 김씨는 노론 명문가 김창업(김수항의 손자)의 둘째 아들 김언겸의 딸로서 임윤지당 집안은 노론과 연결되어 있었다. 임윤지당은 큰 오빠와는 나이 차(열여섯 살)가 많이 나서 어려워했지만, 열 살 많은 둘째 오빠 임성주(1711~1788)와는 가깝게 지냈다. 임성주는 여동생을 살갑게 대해주며 효경, 열녀전, 소학은 물론 논어, 맹자, 대학, 중용 등 유교 경전까지 가르쳐주었다.

임윤지당은 둘째 오빠 임성주의 제문에서 "나는 어려서부터 공의 지극한 우애와 가르침을 받았다. 대략이나마 몸가짐을 갖는 법을 알아서 죄와 허물에 빠지지 않게 된 것은 공이 가르쳐 준 것이다……. 공은 내가 경전의 뜻에 대해 의문을 품으면 자상하게 가르쳐주었고 분명히 깨닫게 한 뒤에야 그쳤다."고 했다. 임성주는 퇴계 이황, 율곡 이이, 화담 서경덕, 노사 기정진, 한주 이진상과 함께 조선 성리학 6대가로 손꼽히던 대학자였으며 이이, 김장생, 송시열, 권상하로 이어지는 기호지방 서인(노론)의 정통 성리학을 계승했다. 임명주는 세자익위사(호위를 담당하던 부서)의 세마(정9품)로 추천되어 사도세자의 교육을 담당했다. 이후 임실현감, 양근군수, 영주군수 등 지방관을 지내기도 했으나 시간 대부분을 학문연구에 바쳤다.

'윤지당'이란 당호도 임성주가 지어주었다. 윤지당은 주자의 윤신지(允莘摯)에서 따왔다. 윤은 빛내다, 기린다, 본받는다는 뜻이다. 신(莘)과 지(摯)는 중국 삼황오제(三皇五帝)와 하·은·주시대를 통틀어 공자가 최고의 군주로 손꼽았던 주나라 문왕의 부인 태사(太姒)와 모친 태임(太任)의 친정 마을을 뜻한다. 태사는 인자하고 명석하고 후덕하여 시어머니와 시할머니를 잘 모셨고, 태임은 성품이 곧고 덕이 있으며 태교를 잘했다고 한다. 태사보다 태임을 더 존중한다는 뜻에서 윤지당으로 정한 듯하다. 신사임당의 당호 사임당(師任堂)도 태임을 본받는다 뜻이다. 임윤지당은 청주 옥화에서 8년간 살다가 열일곱 살 때 조상 선영이 있는 여주로 이사했다. 2년 후 열아홉 살 때 한 살 어린 원주 선비 신광유와 혼인하여 일흔세 살로 삶을 마칠 때까지 54년간 원주와 인연을 맺었다.

평산 신씨는 고려 개국공신이었던 신숭겸의 후예로 영의정을 두 명이나 배출한 명문가였다. 신광유의 할머니 전주 이씨는 인조의 큰아들 소현세자의 증손녀요, 친어머니 풍산 홍씨는 선조 사위였던 홍주원(부인 정명공주)의 증손녀다. 신광유와 임윤지당의 혼인을 주선한 자가 누굴까? 두 가지 설이 있다. 자매였던 임윤지당의 큰어머니 풍산 홍씨와 신광유의 친어머니 풍산 홍씨의 중매로 이루어졌다는 설과 임윤지당 오빠 임성주와 시아버지 신보와 육촌형제였던 신소를 통해 이루어졌다는 설(김경미 《임윤지당 평전》 119쪽)이 있다. 신소와 친했던 임성주는 신광유를 오래전부터 여동생 신랑감으로 점찍어 두었던 듯하다. 임성주는 신광유의 제문에서 "그대가 나를 안 것은 더벅머리에 이를 갈 무렵이었지. 온화한 바탕에 빛나는 재주, 말은 거칠게 하지 않고……. 맑고 우아하며 아름다운 선비였다."고 했다. 임성주-신소-신보-신광유로 이어지는 연결고리에 눈길이 간다.

임윤지당은 난산 끝에 자녀를 얻었으나 곧 죽었고 남편 신광유도 후사 없이 세상을 떴다. 청상과부가 된 임윤지당은 앞이 캄캄했지만 내색하지 않고 시동생 두 명과 함께 집안 살림을 꾸려나갔다. 임윤지당은 시어머니 두 분을 모셨다. 남편이 큰아버지 신계(1697~1724)의 양자로 들어갔기 때문이다. 오랫동안 병석에 누워있는 친 시어머니(37세에 홀로 됨) 뒷바라지도 벅찬데 양 시어머니(22세에 청상과부)까지 모셔야 했으니 이게 보통 일인가? 임윤지당은 앞이 보이지 않는 절벽 같은 나날을 운명으로 받아들이며 온몸으로 버텨나갔다.

친 시어머니는 자신의 병수발은 물론 난산으로 힘들어하는 동서를 위해 약과 음식을 조리하여 정성을 다하는 임윤지당을 보며 "아담하고 장중하며 사랑스럽고 경건하다."고 했고, 시숙부 신저는 "나이도 어리고 체구도 작은데 처신하는 것을 보니 의젓함이 태산교악(泰山喬嶽) 같다."며 칭찬했다.

임윤지당은 칭찬과 격려보다 희망 없는 시간을 헤쳐나갈 수 있는 돌파구가 필요했다. 이제나저제나 만능열쇠는 시간이었다. 시간이 모든 걸 해결해 주었다. 마흔 살 무렵 시동생 신광우의 젖먹이 아들 신재준을 양자로 들이면서 삶에 숨통이 트이기 시작했다. 양 시어머니 문화 유씨와 친 시어머니 풍산 홍씨도 연이어 세상을 떠났다. 모셔야 할 어른 없으니 얼마나 홀가분했겠는가? 마치 무거운 짐을 내려놓고 하늘을 나는 기분이 아니었을까?

　마흔일곱 살 임윤지당은 집안에서 큰 어른이 되었다. 그는 겸손하고 절제력 있는 여인이었다. 무슨 일이든지 독단적으로 처리하지 않고 두 시동생과 의논했다. 주로 큰 시동생 신광우와 의논했는데, 신광우가 벼슬하러 객지에 나가고 없을 때는 장문의 편지로 소통했다. 임윤지당은 《윤지당 유고》에서 "두 시동생이 매사를 물어보고 처리했으며 나를 어머니처럼 섬겼다."고 했다. 그러나 모든 게 상대적이다. 임윤지당이 잘해주니 시동생도 잘하는 것이다.

　쉰 살이 눈앞에 다가온 여인은 밤만 되면 외롭고 허허로웠다. 뭔가 돌파구가 필요했다. 임윤지당은 고심 끝에 가슴 설레는 목표를 찾아냈다. 목표는 학문이었다. 성리학에 도전하기로 마음먹었다. 그는 《윤지당 유고》 '이기심성론'에서

임윤지당 집터 골목에 벽화가 그려져 있다.

이렇게 말했다.

우주와 자연의 원리가 신묘하고 아득하여 쉽게 알 수 있는 것은 아니지만 불가사의
한 것도 아니며, 여자라도 성현의 가르침과 경전을 바탕으로 자연의 이치를 궁리하고
인간 심성을 성찰하면 우주의 이치를 알 수 있다……. 하늘의 이치는 신묘하여 헤아릴
수 없다. 공자는 사물의 본성이나 하늘의 이치에 대해서는 말하지 않았다. 이치를 궁리
하고 성품에 통달하여 자연의 원리를 아는 자가 아니면, 이 문제에 대하여 토론하기 어
렵다. 성현의 가르침은 경전 속에 담겨 있으므로 후세 학자를 가르친 것이 태양과 별처
럼 밝다. 학문하는 자라면 그것이 신묘하고 헤아릴 수 없다고 불가사의한 영역에 버려
둘 수 있겠는가? 어찌 그 이치를 궁리할 방도를 생각하지 않겠는가?'

이 얼마나 대담한 주장인가? 여성에겐 소학이나 가례 정도만 가르치고, 성리
학 근처에는 오지 못하게 했던 조선에서 여성도 노력하면 천지조화의 이치를
알 수 있고 설명할 수 있다는 주장은 도전이요 파격이었다. 물론 "학문적으로
문학을 넘어 문화사 전반으로 글쓰기와 사유의 폭을 넓혀갔던 18세기 시대 분
위기(한양대 정민 교수)" 탓도 있었지만, 사대부 집 여인으로서 사람과 세상을 바
라보는 뚜렷한 소신이나 세계관 없이는 할 수 없는 말이었다.

임윤지당은 한 발 나아가 "나는 비록 여자지만 천부적 성품에는 남녀 차이
가 없다. 여자로 태어나 태임과 태사 같은 성녀가 되기를 스스로 기약하지 않
는 자는 자포자기한 사람과 같다."고 하면서 여성도 학문을 통해 자아실현에
노력해야 한다고 했다. 임윤지당은 학문하는 자세를 경명(鏡銘), 비검명(匕劍
銘), 척형명(尺衡銘)에 새겼다. 명(銘)은 기물에 스스로를 경계하기 위해 새긴 글
이다. '경명'은 거울처럼 맑고 사욕이 없으며 닦을수록 광채가 나듯이 자신의

마음도 그렇게 되도록 소망하며 지은 글이고, '비검명'은 사욕을 끊어버리는 결단력을 칼날에 비유하여 수련을 쌓기 위해 지은 글이다. '척형명'은 인간 본연의 순수한 마음 상태를 자와 저울로 정하여 불안정하고 치우친 마음을 본래의 상태로 되돌리기 위해 지은 글이다. 학문하는 각오가 절절히 느껴지는 '비검명'을 읽어보자.

> '추상같은 광채여, 해를 녹일 칼날이여 / (…) / 칼날 끝이 가리키는 곳에 백 가지 사악함이 자취를 감추네 / (…) / 아 빛난다 비수여, 나를 부인이라 여기지 마라 / 네 칼날을 더욱 예리하게 힘써, 숫돌에 새로 간 것처럼 하라 / 내 잡념을 모두 쓸어버리고, 내 마음의 잡초를 베어 버리리라.'

임윤지당은 공부하는 티를 내지 않았다. 학문한답시고 아는 척도 하지 않았고 집안일도 소홀히 하지 않았다. 낮에는 일하고, 밤에는 성리학을 연구하며 독자적인 학문체계를 세워나갔다. 동생 임정주는 "낮에는 여자가 할 일을 하고, 밤에는 눈빛이 종이를 뚫듯이 집중해서 책을 읽었다. 누님은 책에서 읽은 내용을 이야기하지 않아서 친척들도 공부하는 줄 감쪽같이 몰랐다."고 했다. 임윤지당은 오빠 임성주와 편지로 문답을 주고받으며 학문의 깊이를 다져나갔고, 노년에는 '봉천구석'으로 오빠를 불러서 5년간 함께 살며 학문 탐구의 시간을 갖기도 했다.

필자는 임윤지당의 성리학에 관한 글보다 사람 냄새 나는 손편지가 더 가슴에 와 닿는다. 임성주는 여동생과 함께하며 생의 마지막 불꽃을 피워 올렸던 '봉천구석' 5년을 마무리하고 공주로 돌아갔고, 2년 후 1788년 일흔여덟 살을 일기로 세상을 떴다. 임윤지당은 공주로 돌아가는 오빠에게 편지를 썼다. 편지에는 여동생의 애틋하고 각별한 정이 묻어난다. '둘째 오빠가 공주 녹문으로 돌아가는데 올리는 글'을 펼쳐 보자.

둘째 오빠 임성주가 공주에서 원주로 거처를 옮긴 지 5년이 되었다. 친정 일곱 형제 중에 남아있는 사람은 둘째 오빠와 막냇동생, 나뿐이다. 시경에 이르기를 "여자가 시집을 가면 부모 형제를 멀리 떠나지만, 정으로 멀리할 수 없는 일이다."라고 했다. 형제들은 그리워하면서 백발이 되었고, 나 또한 병약한 체질로 건강하지 못했다……. 임인년(1782) 둘째 오빠가 원주로 이사 와서 늘그막에 의지하며 살게 되어 즐거웠다. 막냇동생(임정주)도 여러 차례 원주에 와서 서로 모여 웃으면서 이야기하였다……. 둘째 오빠는 나 보다 열 살이 많다. 품성이 순수하고 후덕하여 나이가 여든에 가까운데도 건강하며 덕이 높고, 학문에 힘써 시간을 아까워하여 밤낮으로 부지런하게 살았다……. 막냇동생이 둘째 오빠가 나이가 많고 여기저기 옮겨 사는 걸 걱정하여 공주 녹문으로 돌아가서 서로 의지하며 살자고 하여 이제 고향으로 돌아간다고 하니, 나는 앞으로 어떻게 위안을 삼으며 남은 삶을 보내야 할런지요. 나도 일흔에 가까우니 살날이 얼마나 되리오? 오늘 이별이 마지막이 될 수도 있다고 생각하니 가슴이 답답하고 눈물이 흐른다……. 중용에 이르기를 "큰 덕을 가진 자는 반드시 지위를 얻고, 녹을 얻으며, 이름을 얻고 장수를 누린다."고 하였다. 둘째 오빠는 진실로 인의 덕을 지녀서 몸에 두었다……. 원컨대 둘째 오빠와 막냇동생이 백 세까지 장수하고 불행한 일이 없이 큰 행복을 누리기를 빈다.

둘째 오빠가 공주로 돌아간 뒤 불행이 연이어 닥쳤다. 양아들 신재준이 죽고 이듬해 둘째 오빠 임성주도 죽었다. 신재준은 임윤지당이 마흔 살 때 젖먹이로 데려와서 27년을 함께 살아온 분신이었다. 임윤지당은 넋이 나가는 듯했다. 눈이 멀 정도로 낙담했다. 왜 이런 불행이 연이어 닥친다는 말인가? 임윤지당은 홀로 된 여인이었고, 자식 잃고 애통해하는 어머니였다. 그는 둘째 오빠가 죽기 전 편지를 보내 "이제 나를 죽은 누이로 생각해 달라."며 참담한 심정을 토로했지만 의지했던 오빠마저 세상을 떠나자 이젠 하소연할 곳도 없었다. 임윤지당은 하늘이 준 운명을 받아들이며 다시 한번 각오를 다졌다. 인잠(忍箴, 인내에 대한 경계)에 한숨 소리와 절절한 속내가 드러난다.

타고난 운명이 기박하여 네 가지 궁박(홀아비, 과부, 고아, 독신) 중 세 가지를 갖추었으니, 나처럼 박명한 사람이 몇 명이나 되겠는가? 하늘이 준 운명이 이처럼 가혹한 것은 마음을 쓰고 성질을 참아내어 내가 할 수 없는 것을 키워주려는 것인지, 아니면 죄가 무거워 벌을 받느라고 그런 것인지 모르겠다. 소인은 목숨을 이롭게 여기고, 군자는 의를 이롭게 여긴다. 두 가지를 겸할 수 없다면, 오직 의를 따르리라. 이 생애는 어그러짐이 많으니, 죽음이 오히려 즐거우리. 오래 살고 일찍 죽는 것은 운명이니, 나의 의는 어떠한가? 죽음이 마땅한 것이라면, 집으로 돌아가듯 하리라. 그것이 옳지 않다면, 운명은 어길 수 없다. 오직 자신을 수양하여, 하늘에 따르리라. 온갖 근심 생각하지 아니하고, 분수를 지켜 편안하리라. 어떻게 하면 편안할까? 인내가 덕이 되겠네. 어떻게 인내할까? 뜻을 세워 독실하게 해야 한다. 위대하다 뜻이여. 모든 일의 으뜸이로다. 칠정(七情)이 법도를 따르고, 백체는 명령을 따르네. 그 뜻을 세우면, 습관이 천성과 더불어 완성되리라.

둘째 오빠 임성주가 죽고 5년 후 1793년 5월 14일 임윤지당도 뒤를 따랐다. 일흔세 살이었다. 3년 후 시동생 신광우와 친동생 임정주가 남긴 글을 정리하여 《윤지당 유고》를 펴냈다. 임윤지당은 혼인하기 전부터 써 두었던 글을 꼼꼼하게 정리해 두었다가, 예순다섯 살 때 편집하여 동생 임정주에게 보냈다. 원고는 40편이었고, 서문도 보냈다. 사후 발간을 위한 편집과정에서 10편은 삭

제하고 노년에 쓴 5편을 삽입하여 35편이 되었다. 문집 발간을 마치던 해 막냇
동생 임정주가 세상을 떠났고 2년 후 시동생 신광우도 뒤를 따랐다. 두 사람이
아니었으면 빛도 보지 못하고 사라질 뻔했던 소중한 원고였다.

　막냇동생 임정주는 《윤지당 유고》에서 "예로부터 부인들의 저술이 얼마나 많
았겠는가. 누님이 학문의 의미와 이치를 분석한 변론과 경의와 성리에 대한 담
론은 마치 차 마시고 밥 먹듯이 자유로웠다. 이와 같이 집대성한 일은 아마도
문자가 생긴 이래 찾아보지 못할 것이다. 이를 두고 천지간에 없는 글이라고 해
도 지나치지 않을 것이다."라고 했다. 임윤지당은 자식 복과 남편 복은 없었지
만 형제복과 재물복은 있었다. 오빠한테 성리학을 배울 수 있었고 동생을 통해
책을 펴낼 수 있었으며 속 썩이는 형제도 없었다. 자식과 남편이 없었기에 홀
가분했고 경제적인 여유도 있어서 마음 놓고 책을 읽고 글을 쓸 수 있었다. 또
건강하게 일흔두 살까지 장수했다. 스스로는 "타고난 운명이 기박하여 궁박 중
세 가지를 모두 갖추었다."고 했지만, '궁박'이 오히려 학문하는 계기가 되어 역
사에 이름을 남기게 되었던 것이다.

　임윤지당은 여성이 학문적인 업적
이나 능력으로 평가받지 못하던 시
대에 태어나 '천부적 성품에는 남녀
차별이 없으며 여자라도 성현의 가
르침과 경전을 바탕으로 자연의 이
치를 궁리하고 인간 심성을 성찰하
면 우주의 이치를 알 수 있다.'고 하
며 조선 여성 최초로 성리학에 도전

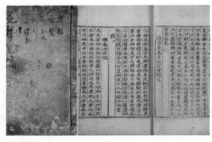

윤지당 사후 시동생 신광우와 막냇동생 임정주가 《윤지
당 유고》를 펴냈다. 사이좋은 두 동생 덕분에 남긴 글이
빛을 보게 되었다. 발간을 마치고 임정주가 죽었고 2년
후 시동생 신광우도 세상을 떠났다.

하여 금녀의 벽을 허물어버렸던 선구자요 개척자였다. 연세대 오영교 교수는 "학문적 업적으로만 보면 남성 성리학자에는 미치지 못하지만, 조선 최초의 여성 성리학자라는 타이틀을 놓고 보면, 아들 율곡 이이 덕분에 스포트라이트를 받은 신사임당보다 훨씬 뛰어난 인물이다."고 했다. 신사임당과 임윤지당은 비교되는 인물이다. 본인의 능력도 중요하지만 어떤 때는 시대와 후손이 인물을 만들기도 한다.

임윤지당은 호저면 무장리(무지곡) 고여대 마을 앞산에 증조부 신탁과 함께 잠들어 있다. 임윤지당은 직첩 없이 유인(儒人)으로 남았다. 2022년 여름 신관선(전 원주시 문화관광국장)의 도움으로 우거진 풀숲을 헤치며 임윤지당 묘소를 찾았다. 묘비도 없이 봉분만 덩그러니 남아있었다. 선양관은 있는데 안내판도 없고 묘비도 없다는 게 이해가 되지 않았다. 2023년 봄날, 전 원주역사박물관 김성찬 팀장에게 전화를 걸었다. 그는 1999년 당시 국사편찬위원회 편사연구관이었던 이영춘 교수와 함께 임윤지당 묘소(추정)를 찾아낸 사람이다.

필자가 물었다.
"묘소에 묘비조차 없는 이유가 뭐지요?"
김성찬이 말했다.
"남편 신광유는 벼슬하지 못하고 스물여섯 살 때 죽어서 용인 평산 신씨 문중 땅에 묻혔고, 자식도 없어서 비석을 세울 수 없었다. 묘소 진위 여부를 가리기 위해 문화재연구소 직원의 도움을 받아 초음파 장비로 땅속을 탐지해 보니 키 작은 여인으로 보이는 시신 한 구가 묻혀 있었다. 땅속에서 지석(묘지 주인공 이름과 태어난 연월일시를 적은 비)이라도 나오지 않을까 기대했으나 찾을 수 없었지만 임윤지당 묘소로 확신한다."

호랑이는 죽어서 가죽을 남기고, 사람은 죽어서 이름을 남긴다고 했던가? 왼쪽은 봉산동 임윤지당이 살았던 집터 부근 임윤지당길. 오른쪽은 호저면 무장리 임윤지당 묘소(추정)

사람은 유적과 유물을 남기고 유적과 유물은 역사를 증언한다.

돌고 돌아 다시 역사박물관이다. 쏟아지는 빗속을 뚫고 헤쳐 온 길이 파노라마처럼 스치고 지나간다. 비 그치고 볕이 났다. 물기 머금은 습기가 훅훅 달아오른다. 잠자리 한 마리가 모자 위에 살짝 내려앉았다. 곧 입추다.

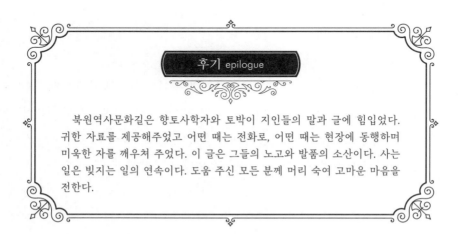

후기 epilogue

북원역사문화길은 향토사학자와 토박이 지인들의 말과 글에 힘입었다. 귀한 자료를 제공해주었고 어떤 때는 전화로, 어떤 때는 현장에 동행하며 미욱한 자를 깨우쳐 주었다. 이 글은 그들의 노고와 발품의 소산이다. 사는 일은 빚지는 일의 연속이다. 도움 주신 모든 분께 머리 숙여 고마운 마음을 전한다.

원주굽이길 100고갯길(옛 원점회귀 1코스)

봉산은 원주의 주산이다. 산 모양이 봉황 꼬리 같다고 하여 봉산미(鳳山尾)라고도 한다. 100고갯길은 80% 숲길로 이루어져 있어 건강 걷기 길로 최적이다. 7.7km 지점에 치악산 조망 장소가 있고 곳곳에 쉬어갈 수 있는 의자가 배치되어 있어 사계절 내내 걷는 사람이 끊이지 않는다.

배말타운 앞 둔치 ⊕ 민긍호 의병장 묘역 ⊕ 봉산뫼 ⊕ 40고개 ⊕ 60고개 ⊕ 70고개 ⊕ 치악산 전망고개 ⊕ 80고개 ⊕ 100고개 ⊕ 번재길 234 ⊕ 우정토건 ⊕ 육판길 82 ⊕ 계륜길 ⊕ 안나의집 ⊕ 원국사 ⊕ 건널목 ⊕ 치악고물상 ⊕ 배말타운 앞 둔치

육판바위를 찾아라!

"천하의 형세는 산천에서 볼 수 있다. 산은 본래 하나의 뿌리에서 갈라져 나왔고, 물은 저마다 다른 근원에서 시작하여 합쳐진다." 고산자 김정호의 《동여도》에 나오는 말이다.

산의 속성은 나눔이요, 물의 속성은 합침이다. 산은 물을 건너지 못하고 물은 산을 넘지 못한다. 이 땅의 모든 길은 고개 한 번 나루 한 번 공식을 어김없이 반복하며 앞으로 나아간다. 고개 이름에는 재, 치, 령이 붙고 나루 이름에는 포와 진이 붙는다. 재와 치는 작은 고개요, 령은 큰 고개다. 봉산동에는 숫자 고개가 있다. 100고개다. 20고개부터 40 · 60 · 70 · 80고개로 차츰 고도를 높이며 길게 이어진다. 숫자 고개 이름을 누가 지었을까? 두 가지 설이 있다. 원주천에서 배를 타기 위해 산등성이를 넘어오던 고개가 '배고개'였는데 음이 변해 100고개가 되었다는 설이 있고, 고개를 오가던 사람들이 자연스럽게 지어 불

원주의 주산인 봉산 뒤로 치악 전경이 아스라이 펼쳐진다. 마치 봉황 꼬리 같다고 봉산미, 봉미라고도 한다. 봉산 동이라는 지명도 봉산에서 유래했다.

렀다는 설도 있다.

100고갯길이 시작되는 봉산동은 옛 원주군 본부면 일리(一里)였다. 1914년 화천리를 거쳐 1946년 봉산동이 되었다. 봉산동은 조선 시대 원주의 명동이 었다. 선조 때 4도(강원, 경상, 전라, 평안) 관찰사와 6조 판서를 지낸 항재 정종영 (조부는 정윤겸, 부친은 정숙, 서 고모는 윤원형의 애첩 정난정이다. 정윤겸 묘소는 호저면 옥산 리 산 49-1에 있다)이 태어난 곳이고, 조선의 첫 여성 성리학자 임윤지당이 열아 홉 살 때 시집와서 54년을 살았던 곳이다. 제10대 대통령 현석 최규하 생가와 1970~80년대 민주화 운동의 숨은 대부 무위당 장일순 집도 봉산동에 있다. 원주시는 역사 인물이 살았던 곳을 임윤지당길, 현석길, 무위당길로 명명했다.

새벽시장(1994년 5월 1일 원주교 밑에서 문을 열었으며, 매년 4월 초부터 12월 10일까지 오전 4시부터 9시까지 원주교와 봉평교 사이 원주천 둔치에서 열린다)과 배말 타운 사이로 원주천이 흐른다. 원주천은 치악산 남대봉에서 발원(추정)하여 섬강과 흥원창을 지나 양평 두물머리에서 북한강과 합류한 후 팔당을 거쳐 수도권의 젖줄인 한강으로 나아간다. 원주천은 봉산 앞을 흐른다고 '봉천', '봉천내', '봉산천', 강원 감영 동쪽에 있다고 '동천(東川)', 감영 앞을 흐른다고 '전천(前川)'이라 하였다.

100고갯길 출발지 배말(배터마을)을 떠나 도로 건너 옹기종기 옛 가옥이 모여 있는 좁은 골목길로 올라서자 충혼탑과 묘 한 기가 나타난다. 1907년 정미의병 주역 민긍호 의병장 묘역이다. 누구는 "이곳에 의병장 묘역이 있는 것조차 몰랐다."고 했고, 누구는 "이 길을 지나다니기는 했지만 올라와 본 건 처음이다."고 했다. 백문이 불여일견이다. 다녀가야 기억에 남는다. 역사는 멀리 있는 게 아니라 생활 가까이 있다. 3·1절, 현충일, 8·15만이라도 현충탑과 의병장 묘역을 참배하는 시민이 차츰 생겨났으면 좋겠다.

민긍호는 1907년 일제의 군대해산에 반발하여 8월 5일 원주 진위대(강원감영 터)에서 봉기했다. 그는 강원, 충청, 경상도를 넘나들며 100여 차례 전투를 벌이다가 1908년 2월 횡성 강림에서 체포되어 순국했다. '민족 영웅 의병대장 민특무긍호공 충혼탑'에는 독립군 의열단(단장 김원봉)에서 군자금 조달과 폭탄제조 임무를 맡았던 국군 제2 경비사령부 권준(독립군 양성기관인 신흥무관학교 졸업 후 대한민국 임시정부 한국광복군 지대장으로 활동했으며 1948년 정부 수립 후 육군 대령으로 특채되었다) 장군 글과 일본 육사 졸업 후 간도 헌병 대장을 지냈던 전 육군참모총장 정일권의 추모사가 새겨져 있다. 해방 이후 친일파 청산을 하지 못한 굴곡진 역사의 현장이다. 친일파 청산의 첫 걸림돌은 미군정이었다. 친일파 문제는 뿌리가 깊다. 해방 직후부터 반민특위 해산에 이르는 과정을 알아야 그림이 보인

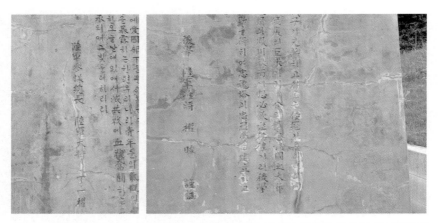

민긍호 의병장 묘역에는 간도 헌병 대장 출신 육군참모총장 정일권과 독립군 의열단원 출신 북부지구 사령관 권준이 쓴 비문이 앞뒤로 나란히 새겨져 있다. 해방 후 친일파 청산을 하지 못한 부끄러운 자화상이다(왼쪽 육군참모총장 육군 대장 정일권, 오른쪽 육군 준장 권준).

다. 수많은 인물과 사건이 얽히고설켜 있어 복잡하고 골치 아파 보이지만 핵심을 알면 이해하기 쉽다. 숲을 알아야 나무가 보인다. 관련 문헌과 책자를 참고하여 '친일파는 어떻게 살아남았을까?'를 부록으로 실었다. 해방 직후 친일파의 변신과 생존 과정을 이해하는 데 도움이 되리라 믿는다.

20고개다. 봉산이다. 《한국지명총람》은 '봉산, 봉황산, 봉산뫼'라 하였고, 《조선지지자료》는 산 모양이 봉황의 꼬리 같다고 '봉산미(鳳山尾)'라 하였다. 원주에서 뛰어난 인물이 많이 날 것 같다며 일제가 봉황 꼬리에 말뚝을 박아 정기를 해쳤다고 '봉살미(鳳殺尾)'라 부르기도 한다. 조선의 국토를 깊이 연구하고 철저하게 짓밟았던 지독한 일제였다. 가까운 곳에 삼광마을과 삼광터널이 있다. 삼광마을은 너르내 사거리 안쪽 마을이다. 무심코 지나다니기만 했지 삼광이 무슨 뜻인지 전혀 몰랐다. 삼광마을에는 전해오는 이야기가 있다.

옛날 이곳에는 집이 한 채도 없었다. 어느 날 서울에서 박필남이라는 사람이 이사를 왔다. 정치자금을 후원하던 큰 장사꾼이라는 말도 있고 큰 벼슬을 지낸 벼슬아치라는 말도 있었다. 박필남은 땅을 몽땅 사들인 후, 뒷산에 조상 묘를 하나둘씩 옮기기 시작했다. 이장한 묫자리는 예로부터 '역적이 날 자리'라고 하여 산소로 쓰지 않던 곳이었다. 이어서 박필남은 빈터에 기와집을 짓기 시작했다. 담을 이중으로 쌓고 집안에 낚시터까지 만들었다. 집안에는 큰 광(창고)이 세 개나 있었는데, 하나는 무기, 하나는 식량, 하나는 금은보화를 가득 쌓아놓았다. 어느 날 조정에서 강원감영으로 박필남을 체포하라는 긴급 지시가 떨어졌다. 감영 군사가 박필남 집에 들이닥쳤다. 박필남은 다급한 나머지 담장 사이에 몸을 숨겼다. 감영 군사는 박필남을 찾기 위하여 집안을 샅샅이 뒤졌으나 찾을 수 없었다. 그들은 하는 수 없이 '역적의 집'에 불을 지르고 담장을 허물기 시작했다. 잠시 후 담장 사이에서 박필남이 엉금엉금 기어 나왔다. 박필남은 감영으로 압송되었고, 감영 군사가 다시 집안을 샅샅이 뒤지자 숨겨두었던 광이 세 개 발견되었다. 이후 박필남이 살던 기와집에 광이 세 개 있었다고 '세광댁'이라 부르게 되었고, 마을은 '세광마을'을 거쳐 삼광마을로 불리게 되었다.(2020 원주문화원《천년고도 원주의 길》중에서)

삼광터널(봉산동 천주교회 뒤쪽)은 청량리역과 옛 원주역을 오가던 중앙선 터널이었다. 1970년 10월 17일 삼광터널에서 큰 사고가 났다. 수학여행단을 태우고 청량리에서 제천 쪽으로 내려오던 여객열차와 제천에서 청량리 쪽으로 올라가던 화물열차가 터널 안에서 정면충돌했다. 당시〈동아일보〉기사를 보자.

"오전 11시 15분경, 원주시 봉산동 중앙선 삼광터널 안에서 서울발 제천행 '제77 여객열차'와 제천발 청량리행 '제1508 화물열차'가 정면충돌했다. 제77 열차 편으로 부산, 울산 방면으로 수학여행을 가던 인창고, 보인상고, 보성여고 등 서울 시내 3개 남

1970년 10월 7일 수학여행단을 태우고 제천 쪽으로 내려오던 여객열차와 청량리 쪽으로 향하던 화물열차가 정면 충돌하여 10명이 죽고 50여 명이 중경상을 입었던 삼광터널. 왼쪽은 〈동아일보〉 신문기사. 삼광터널은 봉산동 천주교회 뒤쪽에 있으며 철길을 걷어내고 걷기 길을 만들었다.

녀 고교생 700여 명 가운데 인창고교 인솔 책임자였던 교감을 비롯한 10여 명이 사망하고 50여 명이 중경상을 입었다."

끔찍한 대형사고였다. 그해 전국 중·고교 수학여행이 일시 중단되었고, 사건은 곧 잊혀졌다. 44년 후 2014년 4월 16일 제주도로 수학여행을 가던 안산 단원고 학생과 승객 등 304명이 진도 앞바다 맹골수도에서 희생되었다. 세월호 사건 8년 후 2022년 10월 29일 용산구 이태원동 해밀턴 호텔 앞 좁은 골목에서 핼러윈 데이(Halloween Day)를 앞두고 몰려들던 젊은이 151명이 희생되었다. 세 가지 사건 모두 천재지변이 아니라 인재(人災)였다. 어른들의 잘못으로 미처 꽃피어보지 못한 어린 학생과 젊은이가 희생되었다. 사고만 나면 원인 규명과 책임자 처벌, 재발방지대책을 소리 높여 외치지만 시간이 지나면 유야무야되는 일이 얼마나 많은가? 왜 우리는 역사에서 배우지 못하고 비슷한 일을 되풀이하는 걸까?

40고개 가는 길이다. 뒤에서 "그 길이 아니에요!"라고 소리친다. 아니라고 생각될 때는 아니라고 말할 수 있어야 한다. 말길을 막으면 머지않아 대가를 치른다. 몸에 좋은 약은 입에 쓰다. 쓴소리하는 자가 있어야 한다. 조선은 임금 가까이에 쓴소리 전문가 사간원이 있었고 임금의 언행을 샅샅이 기록하는 사관도 있었다. 왜 이런 자를 최고 권력자 주변에 배치해 놓았을까? 독선과 독주를 막기 위한 브레이크 페달 같은 안전장치다. 그렇다면 지금은 어떠한가?

60고개 지나 70고개 삼거리다. 오른쪽은 번재, 왼쪽은 육판바위다. 원래 100고갯길은 아니지만 육판바위로 향했다. 이정표는 있는데 육판바위가 보이지 않는다. 마을 과수원 농장 부부에게 물었더니 "육판길 127, 큰 나무 앞 너른 바위"라고 알려주었다. 바위에 바둑판 같은 흔적이 희미하게 남아있다. 2024년 1월 17일 육판길에서 만난 마을 농부 변이송(80세)은 "원래 엄청 큰 바위였는데 도로가 나면서 깨뜨려 버려서 남아있는 게 얼마 안 된다."고 했다.

육판바위에는 네 가지 설이 있다. 마을에서 판서 여섯 명 나왔다는 설, 판서 여섯 명이 바위에서 풍류를 즐겼다는 설, 조선 성종 때 복란공주 태(태장동 우성아파트 담장 너머에 있음)를 묻을 곳을 찾아 현장 조사차 나왔던 관상감 관리가 강원감영 관리와 이곳에서 바둑을 두었다는 설, 마을 사람들이 바위에 윷판을 새기고 윷놀이를 했다는 설 등이다. 필자는 맨 마지막 설에 한 표다. 동네 지명도 육판바위 마을이요 도로명 주소도

육판바위(육판길 127) 토박이 농부는 원래 큰 바위였는데 도로를 내면서 깨뜨려버려 일부만 남아있다고 했다. 이 자리에 안내판을 세워놓으면 좋겠다. 여행의 묘미는 무슨 크고 거창한 데 있는 게 아니라 이렇게 작고 소소한 데 있다.

육판바위 길이다. 전설을 알려주는 작은 안내판을 세워주면 좋겠다. 길 스토리텔링이 별건가? 가랑비에 옷 젖는다고 이렇게 소소한 옛이야기를 정리해서 널리 알리면 되는 것이다. 핵심은 시민들의 관심과 권한 있는 자의 의지다.

치악산 전망고개다. 치악산 비로봉이 구름에 싸여 보이지 않는다. 생텍쥐페리는 《어린 왕자》에서 "'마음의 눈'으로 보라."고 했다. 눈에 보이는 게 전부가 아니다. 중요한 건 눈에 보이지 않는다. 80고개 지나 100고개까지 빠르게 치고 올라간다. 처음 나온 도반이 무척 힘들어한다. 그는 "몇 년 전 산에 갔다가 빙판길에서 미끄러져서 40m를 굴렀다. 정강이뼈가 부서져서 꼼짝할 수 없었다. 119에 실려 가서 큰 수술을 받은 후 3개월 만에 퇴원했다."고 했다. 젊었을 때는 날 다람쥐 소리를 들었더라도 늙으면 운동 강도를 낮춰야 한다. 마음이야 이팔청춘이지만 몸은 점점 약해지고 있다는 걸 받아들여야 한다. 마음만 믿고 무리했다가 다치는 일이 얼마나 많은가? 도반이 '30년 묵은 도라지로 담근 10년 된 술'을 꺼냈다. 향이 달고 짙다. 막걸리, 커피, 자두, 엄나무 잎, 사과 등 간식이 동시에 쏟아져 나온다. 땀 흘린 후 먹는 정상 주는 꿀맛이다. 여자들이 눈 밑에 산초 이파리를 붙였다. 산초 이파리는 냄새가 진해 모기와 날파리가 달려들지 않는다고 한다. 걷기 고수 박태수가 알려준 쏠쏠한 팁이다. 필자도 얼굴에 붙였더니 신기하게도 날파리가 달려들지 않는다.

옛 서신농장 뒷길이다. 원주교도소 이전 부지다. 원주교도소 신축공사는 국비 1,331억 원을 들여 2025년 완공 예정이며, 수용인원은 1,100명이라고 한다. 원주교도소에는 1985년 5월 서울 미문화원 점거 농성 사건 함운경, 1980년 김대중 내란음모 조작사건 예춘호, 임수경 방북 사건 전대협의장 임종석이 수감되었다. 임종석은 원주교도소에서 3년 반 복역 후 1993년 5월 출소하여

숲 나무 사이로 치악산 능선이 나타났다 사라진다. 치악이 잘 보인다고 치악산 전망고개로 명명했다.

정치인으로 변신한 후 제17대 국회의원과 문재인 정부 청와대 비서실장을 지 냈다.

능골 삼거리다. 큰 소나무가 서 있다. 성황당 당목이다. 당목 정도 되니까 살 아남았지 다른 소나무 같았으면 오래전에 베어버렸을 것이다. 마을 사람들은 능골 성황당을 '작은 당'이라 부르고 인접해 있는 번재 성황당을 '큰당'이라 부 른다.

번재 삼거리다. 《한국지명총람》은 본재, 본현(本峴)이라고 했다. 본재는 일제 강점기 때 본동(本洞)을 거쳐, 해방 이후 번재가 되었다. 번재에서 본재와 본현 을 상상할 수 있을까?

숲고개를 넘어오자 개륜골이다. 마을 지형이 개가 누워있는 형상이라고 '개

론골', '개릉골', '개운골'이라 불렀다. 개륜골 건너편에 신선암이 있다. 태종 이 방원이 스승인 운곡 원천석을 만나러 가다가 이곳에 들러 샘물을 마셨다는 어음정이 있었지만 폐쇄되었다.(《원주지명총람》 상권 189쪽)

개망초가 피었다. 연꽃도 피고 능소화도 활짝 피었다. 꽃밭에서 잠자리 한 쌍이 짝짓기를 하고 있다. 가을은 짝짓기의 계절이다. 짝짓기는 뭇 생명들의 종족 번식을 위한 안간힘이다.

가을이 왔다. 동구 밖에 가을이 서성이고 있다.

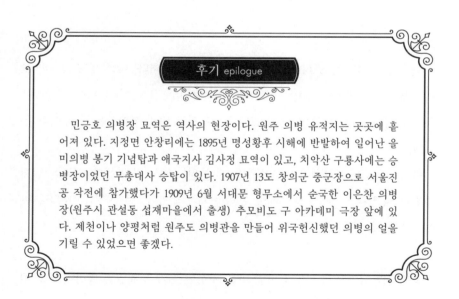

후기 epilogue

민긍호 의병장 묘역은 역사의 현장이다. 원주 의병 유적지는 곳곳에 흩어져 있다. 지정면 안창리에는 1895년 명성황후 시해에 반발하여 일어난 을미의병 봉기 기념탑과 애국지사 김사정 묘역이 있고, 치악산 구룡사에는 승병장이었던 무총대사 승탑이 있다. 1907년 13도 창의군 중군장으로 서울진공 작전에 참가했다가 1909년 6월 서대문 형무소에서 순국한 이은찬 의병장(원주시 관설동 섭재마을에서 출생) 추모비도 구 아카데미 극장 앞에 있다. 제천이나 양평처럼 원주도 의병관을 만들어 위국헌신했던 의병의 얼을 기릴 수 있었으면 좋겠다.

원주굽이길 무실과수원길(옛 원점회귀 13코스, 현 12코스)

무실동은 물이 많은 골짜기라고 무실, 무리실로 불렀다. 배, 복숭아 등 과일이 풍부하여 무실이라는 설도 있다. 치악산 배는 당도가 높고 과즙이 풍부하여 명품 배로 소문나 있다. 매년 4~5월 무실동 과수원에 배꽃과 복사꽃이 한창일 때 치악산을 바라보며 아름다운 풍광을 만끽할 수 있다. 중앙공원 둘레길은 도심 속 숲길로서 아파트 주민 건강 걷기길로 호평을 받고 있으며, 한지테마파크에 들르면 문화관광해설사의 안내를 받을 수 있다.

원주종합경기장 ⊙ 제일유치원 ⊙ 중앙공원 둘레길 ⊙ 용화산 삼거리 ⊙ 남송 사거리 ⊙ 매봉 사거리 ⊙ 남원주중 사거리 ⊙ 오성마을 사거리 ⊙ 남송화원 ⊙ 송전탑 ⊙ 무실밤골길 ⊙ 고속도로통로박스 ⊙ 무실체육공원 ⊙ 우미린아파트 105동 ⊙ 솔샘초등학교 ⊙ 법조 사거리 ⊙ 한지공원 사거리 ⊙ 무실 사거리 ⊙ 원주종합경기장

어메이징! 마법이 일어났다

걷기는 언제든지 누구든지 마음만 먹으면 할 수 있는 최고의 운동이다. 도심 가까운 곳에 걷기 길이 있다는 건 축복이다. 무실 과수원길은 마음 맞는 사람끼리 도란도란 걷기 딱 좋은 길이다. 원주는 건강도시다. 걷기 길도 있고, 건강보험공단도 있고, 건강보험심사평가원도 있다. 원주종합운동장이다. 도반 열여덟 명이 모였다. 도봉산 암벽을 오르내리던 윤준형은 하얀 머리에 반바지, 슬리퍼 차림에 라이방을 썼다. 그는 "남이 뭐라고 하던 내 개성대로 산다."고 했다.《삶을 향한 완벽한 몰입》의 저자 조슈아 베커는 "우리의 목표는 다른 사람의 인정을 받는 게 아니다. 누가 칭찬하든 말든, 자기 잠재력을 발휘하며 주어진 인생을 사는 것"이라고 했다. 전 원주시 걷기협회장 박윤환도 나왔다. 박윤환은 느리지만 끝까지 걷는다. "부산갈맷길과 강릉바우길에 이어 남파랑길을 걷고 있다."고 했다. 길 위에 서면 누구나 평등하다. 자유롭고 평등한 세상이

원주 중앙공원 둘레길에 봄꽃이 한창이다.

길 위에 있다.

    원주 중앙공원 둘레길로 들어섰다. 아파트로 둘러싸인 도심 공원길이다. 치악초등학교를 바라보며 내려서니 중앙공원이다. 도반 두 사람은 붙어 다닌다. 초등학교 친구다. 원주굽이길을 걷다가 54년 만에 만났다. 그날 두 사람은 교가를 불렀고 오랫동안 이야기 꽃을 피웠다.

    용화산 삼거리다. 고갯마루에 부엉이가 울던 부엉바위가 있었다고, 옛사람은 '봉바우'라 불렀다. '봉바우골'은 용화산 삼거리에서 법원 사거리에 이르는 길이다. 봉바위길도 있고 봉바위 버스정류장도 있다. 지명유래를 알고 걸으면 보이지 않던 것이 보이기 시작한다. 조선 정조 때 문장가 유한준은 석농 김광국이 펴낸 화첩《석농화원》발문에서 이렇게 말했다. "사랑하면 알게 되고 알면 보이나니, 그때 보이는 것은 전과 같지 않으리라."

원주시청 자리는 '만대골'이다. 일만 '만', 터 '대'자를 써서 만대동(萬垈洞), 저물 '만(晚)'자를 써서 만대동(晚垈洞)이라 부르기도 한다. 일만 '만'자는 '터가 넓고 여러 집이 모여 살았다.'는 뜻이며, 저물 '만'자는 '서쪽에 봉화산과 감박산이 있어서 해가 빨리 저문다.'는 뜻이다. 시청 주변에는 만대 삼거리, 만대초등학교, 만대저수지, 만대고기 집 등 만대 이름을 딴 간판이 수두룩하다. 필자도 처음엔 '만대'가 무슨 뜻인지 몰랐다. 뭐든지 관심과 호기심이 있어야 해결 방법도 생기고 가르쳐 주는 사람도 생긴다. 어린이와 늙은이의 차이는 호기심이다.

남송 사거리다. 남송은 백운산에서 발원한 남송천을 중심으로 남원로까지 이어지는 긴 골짜기이다. 남송천 안쪽은 내남송, 바깥쪽은 벌남송, 외남송이다. 판부면 서곡리가 고향인 이호실은 "옛날에는 우리 집에서 남송 사거리와 너더리고개 넘어 중학교까지 걸어다녔다."고 했다. 남송 사거리에서 청구아파트 앞 천매 사거리를 잇는 길이 너더리(널다리)다. 너더리는 '널'과 '사다리'의 합성어다. 귀래에도 너더리가 있다. 이름은 같아도 이야기는 다르다. 너더리는 판제(板梯)면이었다. 판부면은 판제면과 부흥사면 앞글자를 따서 지었다. 부흥사면은 소초면 흥양리 부흥사라는 절 이름에서 유래했다. 지금도 부흥사 터가 남아 있다.

남송 지명유래에는 단종과 왜군장수 가등청정이 등장한다. 단종은 임진왜란을 예견하고 "백운산 남쪽 십 리에 소나무를 심어라."고 했고, 왜군장수 가등청정 누나는 전쟁터로 떠나는 동생에게 "조선에 가더라도 버들 '유(柳)'자와 소나무 '송(松)'자 마을은 피하라."고 당부했다는 전설이 있다. 두 사람 덕분인지 남송마을은 임진왜란 때 화를 면했다고 한다. 선조들은 이야기꾼이었다. 무슨 거리만 있으면 간을 치고 양념을 넣고 버무려서 전설을 만들어냈다. 예나 지금이나 전쟁이 나면 죽어나는 건 죄 없는 백성들이다. 임진왜란 때 무고한 백성이 얼마나 참혹한 일을 겪었는지 옛 기록을 잠깐 들여다보자.

《선조실록》 27년(1594) 1월 17일 기록이다. 사헌부에서 임금에게 아뢰기를 "기근이 극도에 이르러 심지어 사람 고기를 먹으면서도 전혀 괴이하게 여기지 않았습니다. 길가에 굶어 죽은 시체에는 완전히 붙어 있는 살점이 없을 뿐만 아니라, 어떤 자는 산 자를 도살하여 내장과 골수까지 파먹고 있다고 합니다. 옛 날에 사람이 서로 잡아먹는다고 한 것도 이처럼 심하지는 않았을 것이니, 보고 듣기에 너무도 참혹합니다."

그해 5월 조경남은 《난중잡록》에서 "명나라 관리가 술을 잔뜩 먹고 길바닥에 구토하자, 굶은 백성들이 한꺼번에 몰려와서 머리를 땅에 박고 엎드려 핥아먹었는데, 그나마 힘없는 자는 먹지 못하여 울부짖고 있었다."고 했다. 참혹한 광경이 떠오르는가? 왜적이 밟고 지나간 자리는 지옥의 묵시록을 떠올리게 한다.

조선의 임금은 어디로 갔는가? 입만 벌리면 충효를 말하고 시시비비로 날을 지새우던 자들은 다 어디로 갔는가?
서애 유성룡은 《징비록》에서 피를 토했다.

임진왜란 그 참혹한 모습을 피눈물로 기록한 유성룡의 《징비록》(국가유산청)

"왜군이 경성을 점거한 지 2년이 지났다……. 명나라 부총병 사대수는 마산 가는 길에 어린아이가 굶어 죽은 어미젖을 빨고 있는 광경을 보고 가엾이 여겨, 아이를 데려다가 군중에게 기르게 했다. 사대수는 '왜군이 아직 물러가지도 않았는데 백성의 삶이 이와 같으니 어떻게 해야 하겠습니까? 하늘도 탄식하고 땅도 슬퍼할 일입니다.'라고 했다. 사대수의 말을 듣고 눈물이 났다. 전 군수 남궁제를 감진관(監賑官, 기근이 들었을 때 임금이 지방에 파견하던 관리)으로 임명하여 솔잎을 따다가 가루를 만들고 쌀가루를 섞어 물에 타서 마시게 하였으나, 백성은 많고 곡식은 적어서 도움이 되지 않았다. 명나라 장수가 이 광경을 보고 자기네가 먹을 식량 30석을 주어 백성을 구제하게 했지만 백 분의 일에도 미치지 못했다……. 하루는 밤에 큰비가 왔는데, 굶주린 백성들이 좌우에서 신음하고 있었다. 차마 들을 수 없었다. 아침에 일어나 보니 굶어 죽은 백성이 여기저기 흩어져 있었다."

오죽했으면 명나라 장수가 참혹한 광경을 보다 못해 자기들이 먹을 양식을 내어놓았겠는가? 백성이 무슨 죄가 있는가. 세금 내라면 세금 내고, 노역 나오라면 노역 나오고, 시키는 대로 했을 뿐인데 돌아온 건 굶주림과 죽음뿐이었다.

또 한 장면을 보자. 선비 오희문(1539~1613)의 임진왜란 일기 《한 권으로 읽는 쇄미록》(사회평론아카데미)에 나오는 장면이다.

"선조 25년(1592) 9월 15일 1천여 명 혹은 1백여 명 왜적이 날마다 내려오는데, 왜적이 태우고 가던 조선 여자들이 큰소리로 '아무 고을 아무 마을에 사는 아무개가 지금 포로가 되어 영영 타국으로 간다.'고 외치면서 하염없이 울었다고 한다. 불쌍하기 그지없다."

오희문은 같은 책 34쪽에서 "영취산 석천사로 들어갔다. 그곳은 관아 사람들 대피 장소다……. 들은 말이다. 왜적이 영남지방 양반가 여인 중에 얼굴이 고운 자를 뽑아서 먼저 겁탈한 뒤 다섯 척 배에 실어 일본으로 보내면서 빗질하고 화장을 시켰는데, 순종하지 않으면 화를 내기 때문에 죽음이 두려워서 억지로 따른다고 했다. 그 후에도 왜적을 만족 시키지 못하면 돌아가면서 강간했다고 하니 비통한 일이다. 지난번 김천 전투 에서 어떤 여인이 왜적 포로가 되어 창 고에 갇혀 있다가 전투가 끝난 뒤 밖으 로 나와서 살려달라고 빌었다. 여인에 게 사는 곳을 물었더니 원래 성주에 사 는 선비의 아내였다. 왜적이 마을로 들 이닥쳐 외숙모와 함께 피했다가 잡혀

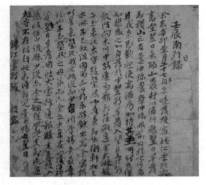

오희문이 임진왜란의 생생한 체험을 기록한 《쇄미 록》 '임진남행일록'(한국학중앙연구원)

왔다. 왜적은 돌아가면서 강간했고, 여인은 고통스러워 자결하려 하였으나 뜻 대로 되지 않았다. 여인은 속옷도 입지 않았고 허리에 찢어진 치마만 걸치고 있 었다. 우리 군사가 여인의 치마를 들춰보니 음부가 모두 부어서 잘 걷지 못했다 고 한다. 아주 참혹한 일이다."라고 했다.

조선은 나라도 아니었다. 임금은 백성을 버리고 도망갔지만, 백성은 살아남 아서 다시 땅을 일구며 살아가야 했다.

함석헌은 《뜻으로 본 한국역사》에서 하느님은 도대체 왜 우리 민족에게 이런 고통을 주는지 대들었다.

"이것이 사람의 세상인가? 아귀의 지옥인가? 읽는 자는 기억해야 한다. 우리는 지옥 에서 죽지 않고 죽으려도 죽지 못하고 살아남은 자들의 후손임을. 생명처럼 야속한 것 은 없다. 동무의 시체라도 깎아 먹고 살지 않으면 아니 되었고 거기서라도 살아난 자는 또 자녀를 낳고 또 밭을 갈고 또 싸우지 않으면 안 된다……. 조물주는 도대체 이 백성 을 가지고 무엇을 하자는 것인가? 망하라는 말인가? 흥하라는 말인가? 망하라는 것이

라면 이렇게까지 고난을 겪으며 살게 할 것이 없을 것이요, 산 이상은 할 일이 있을 게 아닌가? 그렇다. 할 일이 있다. 이 환난을 계기로 맑고 철저한 자아의식으로 돌아옴이 다. 이것을 보자는 시험이다."

전쟁의 참화로부터 백성을 지켜내지 못한 임금과 사대부는 심기일전해서 무너진 나라와 백성을 다시 일으켜 세워야 했다. 그러나 그들은 전쟁이 끝나자 언제 그랬냐는 듯이 제자리로 돌아가고 말았다. 허균은《서변비로고》에서 엉망이 되어버린 국방 경비태세와 군 기강을 보며 통탄했다.

"우리나라는 산과 바다 사이 외진 곳에 있다. 땅은 좁은 데다가 동남쪽은 왜구와 이웃해있고, 북쪽은 말갈과 경계가 되며, 서쪽은 여진이 강 밖에 붙어 있는데 무기는 낡고 군사는 피폐하며 성곽도 단속하지 않고 있다. 태평세월이 오래되어 양서(함경도와 평안도) 주·군들은 오로지 못과 누대를 단장하는 데만 정신이 팔려있고 중국 사신을 즐겁게 하는 것만 일이라고 한다. 병사는 왜 변방을 지켜야 하는지도 모르고, 장수는 도적이 마음 놓고 떨쳐 일어나 달려올 것도 모르고 세월 가는 것만 즐기면서 임기가 다하면 자리 옮길 생각만 하고 있다."

또《성소부부고》'병론'에서 임진왜란을 겪고도 정신을 못 차리는 정치 권력을 향해 자격 있는 장수를 골라 전권을 맡기고 10만 군사를 양병해야 한다고 목소리를 높였다.

"천하에 군사가 없는 나라가 있는가? 그런 나라는 없다. 군사가 없으면 무엇으로 포악한 무리를 막으며, 무기나 시설이 없다면 나라가 어떻게 자립할 수 있으며, 임금이 어떻게 자신을 높일 수 있으며, 백성이 어떻게 베개를 높이고 잠들 수 있겠는가? 그런데 군사가 없는 나라가 있다. 군사 없이도 수십 년이나 보존함은 고금에 없는 일인데 조선이 그런 나라……. 군사가 없다는 것은 군사가 적어서 싸울 수 없다는 뜻이며, 군사가 적다는 것은 군정이 제대로 닦이지 않았다는 뜻이고, 싸울 수 없다는 것은 자격 있는 장수와 병졸이 없다는 뜻이다. 군정을 엄하게 하고 장수를 제대로 골라 믿고 전권을 맡긴다면 훈련받은 10만 군사들이 남북에서 도약할 수 있어서 위력을 발휘할 것이다. 이런 것은 버리고 계책을 쓰지 않고 난리가 나면 도망갈 계획만 세우는 것은 무엇 때문인가?"

지금 들어봐도 핵심을 찌르는 말이 아닌가? 역사에서 배우는 건 정치지도자의 존재 이유다. 정치의 알파요 오메가는 부국강병이다. 임진왜란에서 배우지 못하고 40년 후 또 다시 백성을 병자호란의 참화 속으로 밀어 넣었으니 이게 도대체 누구의 책임인가? 왜 우리는 역사에서 배우지 못하고 같은 잘못을 되풀이하는 것일까? 지금 우리의 모습은 어떠한가?

백운낚시터다. 저수지가 낚시터가 되었다. 한때는 보물단지였는데 지금은 애물단지가 되었다. 다른 용도로 활용할 수는 없을까? 전국에 낚시터로 쓰고 있는 저수지가 얼마나 많은가? 생각의 각도를 조금만 바꾸면 보이지 않던 게 보이기 시작한다. 군대 얘기가 화제다. 남자들은 모였다 하면 군대 얘기다. 나이를 먹어도 군대 얘기만 나오면 눈빛이 반짝인다. 군대 얘기는 깐깐한 대통령도 무장 해제시켰던 특급 노하우였다.

전 청와대 의전비서관 탁현민은 《미스터 프레지던트》에서 이렇게 말했다.

"문 대통령은 군 관련 행사를 너무 좋아했다. 대통령을 지근거리에서 모시다 보면 보고하기 껄끄러운 것도 보고해야 할 때가 있다. 그럴 땐 먼저 산 이야기를 한다. 등산 얘기를 하면 기분이 싹 풀리고, 그다음에는 동물 얘기, 그것도 잘 안 풀리면 그때 군대 얘기를 꺼낸다. 그러면 기분 나쁜 보고나 듣고 싶어 하지 않는 보고를 할 때 훨씬 도움이 된다."

대통령도 그럴진대 다른 남자들이야……. 남자들은 낯선 자를 만나면 먼저 고향이 어디냐고 물어보고 나이, 학교, 군대 순으로 물어보다가 출신 군대가 같으면 금방 친해진다. 남자들의 군대 이야기에는 팩트와 구라가 뒤섞여 있다.

윤준형은 연천 26사단 출신이다. 사단장은 12·12 군사쿠데타 당시 수도경비 사령관이었던 장태완 장군이었다. 그는 "사단장은 부대 순시를 오면 맨 먼저 병사 화장실부터 확인했다. 순시에 대비하여 연대장은 화장실에 선을 그어놓고 선 밖에다가 오줌을 흘리면 무조건 일주일 영창을 보냈다."고 했다. 이야기가 구체적이고 생동감

전 수도경비 사령관 장태완

이 있다. 장태완 장군이 어떤 지휘관이었는지 상상이 간다.

필자는 전투경찰 출신이다. 1979년 10월 부마사태부터 1980년 5·18 광주민주화 운동까지 굴곡진 현대사의 한복판을 지나왔다. 1979년 여름 논산훈련소에서 밥을 먹고 식기를 닦고 있는데 누가 불렀다. 돌아보니 고교 친구였다. 친구는 공수특전사 부사관 후보생이었다. 친구는 필자를 한구석으로 데리고 가서 담배를 피우며 말했다.

"야, 나는 아무래도 공수 잘 못 온 것 같아. 느낌이 좋지 않아. 혹시 내가 잘 못되면……."

친구는 공수베레모를 쓴 사진을 필자

1979년 계엄사 합동수사본부장 전두환

에게 건네주며 눈시울을 붉혔다. 그날 친구와 필자는 스쳐 지나가듯 그렇게 헤어졌다.

10년이 지난 어느 날 영월에서 친구를 만났다. 친구는 다리 한쪽이 없었다. 목발을 짚고 있었다. 친구가 말했다. "야, 그때 너하고 헤어지고 얼마 지나지 않아서 계엄이 선포되고, 이듬해 5월 광주에 투입되었어. M16 들고 총소리를 들으며 도청 계단을 막 뛰어 올라가는데 갑자기 오른쪽 허벅지가 불에 덴 듯 후끈한 거야. 정신을 잃고 쓰러졌는데 깨어나 보니 병원이었어. 그런데 다리 한쪽이 너덜거리는 거야. 아, 죽고 싶었어."

친구는 명령에 죽고 명령에 사는 계엄군이었다. 1980년 5월 아카시아 꽃이 하얗게 떨어져 내리던 날, 친구는 빛나던 청춘의 시간을 역사의 제단에 바쳤다. 친구가 말했다. "제대하고 어디 가서 말도 꺼내지 못했어. 명령을 받고 작전에 투입되었다가 이렇게 되었는데 왜 내가 죄인이 되어야 하냐고? 너무 억울해서 잠이 안 오더라고……."

그날 친구는 대취했고 꺽꺽 울었다. 말만 하면 '꼰대' 운운하는 자가 있는데, 한 번 생각해 보시라. 과거 없는 현재가 어디 있고 현재 없는 미래가 어디 있겠는가? 필자는 친구 사진을 더블 백에 넣고 이곳저곳 옮겨 다니다가 잃어버리고 말았다. 필자는 5·18만 되면 공수특전사 베레모를 쓴 친구 얼굴이 떠오른다.

판부면 서곡1리 경로당이다. 이호실은 "경로당 자리는 옛날 이발소였다. 이발사가 머리를 엉망으로 깎아서 그다음부터 다시는 찾지 않았다."고 했다. 머리를 어떻게 깎았기에 아직도 기억하고 있는 걸까? "이제 그만 내려놓으시라."고 했더니 "그냥 웃자고 한 얘기"라며 허허 대며 웃었다.

외남송 사거리다. 이호실이 계속해서 고향 이야기를 쏟아냈다. 무항골(무항은 생육신 관란 원호의 또 다른 호다)에서 똥지게 지던 정씨 아저씨가 술을 먹고 행패를 부리다가 신고를 받고 출동한 경찰관이 다가오자 '나으리!'라고 하며 두 손으로 똥을 퍼서 들이밀던 이야기, 서곡초등학교 4학년 때 불발탄을 가지고 놀다 폭발하는 바람에 다리에 부상을 입고 극적으로 살아났던 이야기를 마치 눈앞에서 일어나는 듯 실감나게 들려주었다. 이호실의 눈빛은 60년 전 호기심 많고 장난기 넘치던 어린아이로 돌아가 있었다.

과수원길이다. 배꽃이 한창이다. 울타리를 뚫고 서리하던 시절이 있었다. 그때는 주인한테 걸리면 혼만 나고 말았지만, 지금은 절도죄다. 생활은 편리해졌지만, 인심은 각박해졌다. 잘 산다는 게 뭘까? 과수원 배나무 울타리 너머로 치악 능선이 구불구불 한 줄이다.

무실과수원길. 배꽃이 한창이다. 이 길은 봄철이 제격이다.

박윤환이 치악산 종주 이야기를 꺼냈다. "11시간 만에 생애 처음으로 완주했다. 기다려주고 힘이 되어 준 김혜숙 덕분이다." 김혜숙은 원주에서 이름난 장거리 걷기 마니아다. 누군가에게 힘이 되어 주고, 우산이 되어 주는 사람. 당신에겐 그런 사람이 있는가? 다리쉼을 하며 지명유래를 풀어냈다.

이현교가 말했다. "걸으면서 길을 제대로 알게 되었다. 예전엔 무실동과 외남송이 어디에 있는지도 모르고 내처 걷기만 했는데, 이젠 감이 온다." 구자희가 말을 받았다. "나는 아예 길의 기초가 없었다. 길을 걸으면서 하나하나 뼈대를 세우고 있다."

길은 걸어봐야 안다. 문화유적이나 지명유래도 그렇다. 현장을 모르고 들입다 외우기만 했던 중·고교 역사 시간이 생각난다. 글공부만 공부가 아니다. 독만권서행만리로(讀萬卷書 行萬里路)다. 영조 때 문신 강세황은 《송도기행첩》에서 "땅은 인연 맺은 자 때문에 후세에 전해지는 것이지 단지 경치가 빼어나기 때문만은 아니다."라고 했다. 걷는 자는 발 디디며 걷는 땅과 인연을 맺고 있다.

윤준형과 정관철이 신발 이야기로 뜨겁다. 정관철은 "비싼 구두를 오랫동안 신지 않고 넣어두었다가 친구 아들 결혼식장에 갔다가 돌아오는데 밑창이 떨어져서 너덜거렸다. 아끼다가 똥 됐다. 옷도 마찬가지다. 뭐든지 안 쓰면 망가진다. 자꾸 써야 오래간다."고 했다. 필자도 그랬다. 어머니가 돌아가신 뒤 장롱을 열어보니 몇 번 입지 않은 옷이 그대로 있었다. 값비싼 물건은 보기는 좋지만 막 쓰기도 어렵고 관리하기도 어렵다. 비싸다고 다 좋은 건 아니다. 나한테 맞는 물건이 좋은 물건이다. 어디 물건만 그렇겠는가? 어느 한 분야에서 일가를 이룬 자는 세상의 이치를 꿰뚫어 보는 통찰력이 있다. 인생도처유고수(人生到處有高手)다.

무실공원이다. 무실동은 이화마을 사거리, 법조 사거리, 시청 사거리에 이르는 넓은 지역이다. 무실동은 '물이 많은 골짜기'라고 '물실'이었는데, '물실'이 '무리실'이 되었고 한자로 무실동(茂實洞)이 되었다. 무실동은 원주군 판제면, 금물산면, 흥업면을 거쳐 1973년 원주시가 되었다.

무실공원 잔디 구장이다. 풋살 경기가 한창이다. 삼겹살 굽는 연기가 솔솔 피어오른다. 남자들은 땀 흘리며 운동한 뒤 삼겹살에 소맥 한잔해야 친해진다.

백 마디 말보다 한 번의 운동경기가 낫다. 미국 〈보스턴 글로브〉 특집 전문기자 빌리 베이커는 《마흔 살, 그 많던 친구들은 어디로 사라졌을까》에서 "우리는 함께 사냥하며 수백만 년을 함께 보냈다. 무언가를 함께 헤쳐나가는 것이 남자들에겐 유대감을 쌓고 유지하는 방법이다."라고 했다. 남자들은 사냥 본능, 내기 본능이 있다. 남자들이 축구와 족구, 야구와 농구 같은 단체경기를 좋아하는 이유다.

'솔처럼 푸르고 샘처럼 맑게!' 2014년 개교한 솔샘초등학교다. 원래 솔우물 터였는데 우리말을 차용하여 솔샘으로 명명했다. 참 예쁜 이름이다. 초등학교 얘기가 나오자 이용미는 "나는 초등학교를 다섯 군데나 옮겨 다녔다."고 했다. 그 시절 공직자 가족은 수시로 이삿짐을 싸야 했다. 조도형은 "다른 건 몰라도 교가는 생각난다."고 했다. 조회 때마다 교가와 애국가를 불렀고 국민교육헌장도 외워야 했다. 뜻을 알고 외운 게 아니고 외우다 보니 알게 되었다. 반복교육의 힘이다.

한지테마파크다. 수묵화 작가 김민정은 한지를 "아주 연약하지만, 이 세상에서 가장 오래가는 종이"라고 했다. 한지는 숨을 쉰다. '자연의 빛과 숨결을 담은 종이, 깊은 결은 자연을 닮아있다.' 한국인은 태어나면서부터 죽을 때까지 한지와 함께한다. 탄생을 알리는 금줄부터 수의까지 모두 한지다.

원주는 한지의 고장이다. 옛날 한지가 필요한 곳은 어디였을까? 강원감영과 천년 고찰이었다. 감영은 서원이나 향교에 책을 만들어 공급했고 공문서 작성에도 많은 종이가 필요했다. 절은 불경을 만들고 연등회 등 각종 행사 때 종이가 필요했다. 절에는 종이 만드는 조지승이 있었고 관아에서 필요한 종이를 만들어 바치기도 했다. 헌종 11년(1670) 10월 7일 기록을 보자.

"사헌부 집의(종3품) 신명규 등이 아뢰기를 '백성의 요역 가운데 백면지(白綿紙, 희고 견고한 종이) 등이 가장 무거운데, 각 읍에서는 절의 중에게 모든 책임을 지워 마련하고 있습니다. 중의 능력에도 한계가 있으니 일방적으로 강요하는 것은 옳지 못합니다. 전라감영이 전례에 따라 바치는 종이도 적지 않은데 또 새로운 규정을 만들어 해마다 큰 절은 80여 권, 작은 절은 60여 권씩 바치게 하여 중은 도망가고 절은 텅 비게 되었습니다.'"

만만한 게 절이요 만만한 게 스님이었다. 스님은 종이 만들기만 아니라 왕이나 왕비가 죽으면 능을 만드는 노역에도 몇 개월씩 동원되었다.

닥나무는 한지 원료다. 1년생만 쓴다. 닥나무에서 종이가 되기까지 손이 백번쯤 간다고 '백지'라고도 한다. 원주는 2006년 옻·한지전통산업특구로 지정되었다.

2024년 5월 1일부터 한 달간 폴란드 바르샤바에서 열린 '2024 PAPER ROAD' 전시회에 참가한 강원도 무형문화재 제32호 한지장 장응열은 "'폴란드에서 한지 전시회와 시연을 한다고 무슨 의미가 있을까.'라고 생각했는데, 막상 와 보니 바르샤바 시민들의 반응이 뜨거워서 놀랐다. 특히 아이들을 데리고 하나라도 더 체험해 보려는 부모들이 참 보기 좋았다."고 했다. 김은희 작가도 "'생소한 곳에서 한지 문화에 관심이 있을까.' 하는 걱정이 있었지만, 작품을 관심 있게 보던 관람객이 물감이 아닌 한지로만 작업했다는 말을 듣고 깜짝 놀라면서 '어메이징! 마법이 일어났다.'고 했을 때는 감동이었다."고 했다. (2024년 5월 13일 〈원주투데이〉 기사 중에서)

외국에서는 알아주는 한지를 왜 국내에서는 알아주지 않을까?

2024년 5월 1일부터 6월 30일까지 폴란드 수도 바르샤바에서 열린 2024 페이퍼 로드 폴란드. 매년 봄 열리는 한지문화제. 한지가 미래먹거리로 떠오르는 날도 멀지 않았다(한지문화재단).

모든 것을 돈으로 가치를 매기는 세태 때문이다. 한지도 돈이 된다. 프랑스 루브르 박물관 '커뮤니케이션 디렉터' 김민중은 "한지는 우리나라 미래먹거리다. 닥나무가 잘 자라는 나라가 한국이다. 한국은 종이생산에 가장 좋은 환경을 가졌다. 겨울이 습하지 않아서 한국에서 만든 종이는 단단하고 질기다. 종이에서 태어나 종이에서 죽는 나라는 한국밖에 없다. 한국은 종이 나라다. 이제는 귀한 종이가 만들어질 때가 왔다."고 했다.

한지 시장은 블루오션이다. 황금알을 낳은 거북이가 될지 누가 알겠는가? 원주는 한지의 고장이다. 한지의 미래는 밝다.

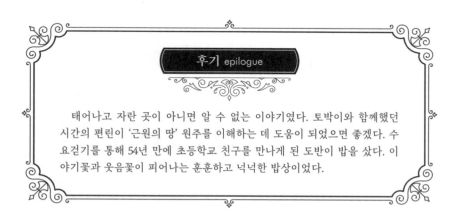

후기 epilogue

태어나고 자란 곳이 아니면 알 수 없는 이야기였다. 토박이와 함께했던 시간의 편린이 '근원의 땅' 원주를 이해하는 데 도움이 되었으면 좋겠다. 수요걷기를 통해 54년 만에 초등학교 친구를 만나게 된 도반이 밥을 샀다. 이야기꽃과 웃음꽃이 피어나는 훈훈하고 넉넉한 밥상이었다.

친일파는 어떻게 살아남았을까?
(미군정과 반민특위를 중심으로)

> ※ 박태균 《버치문서와 해방정국》, 정병준 《1945년 해방 직후사》, 정병준 외 12인 공저 《해방과 분단 그리고 전쟁》, 정용욱 《해방 전후 미국의 대한정책》, 조한성 《해방 후 3년 건국을 향한 최후의 결전》, 양정심 《제주 4 · 3 항쟁》, 김흥식 《반민특위 재판정 참관기》, 안진 《미군정과 한국의 민족주의》, 브루스커밍스 《한국전쟁의 기원》 상권, 이기백 《한국사 신론》, 국사편찬위원회 2002년 《고등학교 국사》 등 다수의 서적과 〈조선일보〉 2023년 8월 21일 '역사학자 이인호의 1948 건국론', 2023년 8월 30일 '복거일의 이승만 오디세이', 영화 '건국전쟁' 등을 참고하였고, 일부 내용은 인용하였다.

　일본의 패망은 예고되어 있었다. 해방 몇 년 전부터 강대국 수뇌부 사이에는 한국독립에 대한 의견이 일치되어 있었다. 1943년 12월 1일 미국(루스벨트), 영국(처칠), 중국(장제스) 3개국 정상은 이집트 카이로에 모여서 "한국인의 노예 상태에 주목하여 적절한 시기에 자유와 독립을 회복한다."고 선언했다. 카이로 선언에는 한국의 독립은 신탁통치를 거쳐야 한다는 뜻이 들어 있었다. 선언을 주도한 자는 미국 대통령 루스벨트였다. 그는 '세계정세를 한눈에 보며 마치 체스 게임하듯 판을 쥐고 흔들었던' 힘 있는 4선 대통령이었다. 선언은 큰 방향이나 윤곽을 그리는 총론일 뿐 구체적인 결정이나 로드맵이 없으면 아무런 힘을 발휘하지 못한다.

카이로 회담장. 왼쪽부터 장제스, 루스벨트, 처칠, 장제스 부인 송미령(통역 비서로 수행)

　2년 후 1945년 2월 4일부터 11일까지 소련 흑해 연안 휴양지 얄타에서 미국(루스벨트), 영국(처칠), 소련(스탈린) 3국 정상회담(얄타회담)이 열렸다. 이 회담에서는 나치독일의 제2차 세계대전 패전과 사후 관리 문제, 소련의 대일 참전과 전후 처리 문제가 논의되었다. 특히 '조선은 일본과 전쟁이 끝난 후에도 소비에트 러시아 영향 안에 남도록 한다.'는 비밀협약이 체결되었다. 문제가 생겼다. 미국 저널리스트 에밀고브로가 비밀협약 내용을 입수하여 미국에 있던 이승만에게 전해주었다. 이승만은 1945년 4월 유엔창립총회가 열리는 샌프란시스코에서 기자회견을 열어서 비밀협약 내용을 폭로했다. 당황한 미국은 "이승만의 폭로는 가짜뉴스이며 조선독립을 약속한 '카이로 선언'은 여전히 유효하다."며 한 발 뒤로 물러섰다. 이승만은 때를 놓치지 않고 과감하게 행동할 줄 아는 정치 9단이요 독보적인 독립운동가였다.

 1945년 4월 12일 미국 루스벨트 대통령이 죽었다. 카이로 선언과 얄타회담의 주역이었던 루스벨트의 죽음은 한국에는 불행이었다. 뒤를 이어 부통령 트루먼이 대통령이 되었다. 1945년 7월 22일 독일 베를린 포츠담에 모인 미국(트루먼), 영국(처칠), 소련(스탈린) 3국 정상은 카이로 선언을 재확인(포츠담선언)하였다. 포츠담에서는 카이로 선언을 뒷받침해 주는 구체적인 결정이 필요했지만, 시골 판사 출신으로서 부통령으로 있다가 82일 만에 갑자기 대통령이 된 트루먼은 자신이 없어서 그랬는지 '구체적인 결정'을 뒤로 미뤘다. 만약 루스벨트가 살아있었더라면 이후 한국의 운명은 크게 달라졌을 것이다.

 1945년 8월 15일 해방은 도둑처럼 다가왔다. 아무도 해방을 예상하지 못하고 있을 때 몇 년 전부터 일본 패전 이후를 준비해온 자가 있었다. 몽양 여운형이었다. 여운형은 1942년 도쿄를 방문했을 때 단파방송과 일본 정계 소식을 접하면서 국제정세를 판단할 수 있었고 도쿄에서 일본기가 미군기를 요격하지 못하는 것을 보면서 미국의 승리를 확신할 수 있었다. 여운형은 귀국하여 친구 홍종식에게 일본에서 보고 듣고 느낀 점을 말했다가 1942년 12월 일본군 헌병대에 체포되어 서대문 형무소에 수감되었다. 1943년 8월 석방된 여운형은 비밀조직인 조선민족해방연맹을 결성하고 1년여 준비 끝에 1944년 8월 조선건국동맹을 발족했다. 조선총독부는 조선건국동맹과 여운형의 움직임을 주시하고 있었다. 1945년 8월 6일과 8월 9일 히로시마와 나가사키에 연이어 원자폭탄이 떨어졌다. 기회를 틈타 8월 9일 소련은 일본에 선전포고를 했고, 8월 10일 일본은 미국에 천황제 유지(國體護持, 국체호지)를 조건으로 포츠담 선언을 수락했다.

조선총독부 수뇌부는 다급했다. 수뇌부는 소련군이 남북한을 점령할 것으로 예상하고 치안 공백을 메워줄 적임자를 찾기 시작했다. 조선총독부 정무총감 엔도 류사쿠와 경무국장 니시히로 다다오는 여운형, 송진우, 안재홍을 떠올렸다. 조선총독부는 총독부 사무관과 경기도지사(이쿠다 세이사부로) 등을 통해 가장 먼저 송진우와 접촉했다. 송진우는 중경 임시정부가 귀국할 때까지 아무 일도 하지 않겠다며 거절했다. 송진우는 일제

1995년 8월 15일 철거되기 전 조선총독부(옛 중앙청) 뒤쪽으로 경복궁 근정전, 청와대, 북악산, 북한산이 선명하다.

패망과 해방을 예상하지 못했고 치안 유지 교섭을 감당할 만한 조직이나 정책적인 준비가 되어 있지 않았다. 그다음 인물이 여운형이었다. 여운형은 좌익과 청년, 학생 등 젊은 층을 중심으로 지지를 받고 있었고, 건국동맹이라는 조직이 있었으며 조선총독부와 상호 이해를 절충할 수 있는 부드러운 성품의 소유자였다.

1945년 8월 14일 저녁, 조선총독부 정무총감(조선총독부 2인자) 엔도 류사쿠는 경성보호관찰소장 나가사키 유조 검사에게 다음날 오전 6시까지 여운형과 함께 필동에 있는 정무총감 관저로 나오라고 지시했다.

여운형을 만난 엔도 류사쿠는 떨리는 목소리로 "일본인의 생명이 지금부터 당신 손에 달렸다."고 하면서 치안을 맡아달라고 정중하게 부탁했다. 오랫동안 이때를 기다리며 준비해온 여운형은 고개를 끄덕이며 조건을 달았다. 치안 유지만 아니라 3개월 치 식량 확보와 집회 금지 해제 등 행정권 이양과 다름없는 5개 조항을 대담하게 제시했다. 엔도 류사쿠는 다급했고 선택의 여지가 없었다. 치안 유지만 부탁하려고 했는데 사세가 급하다 보니 행정권 이양까지 하게 된 것이다. 단기필마로 조선건국동맹을 조직하며 해방 이후를 꼼꼼하게 준비해온 여운형이 거둔 쾌거였다.

1945년 8월 15일 해방이 되었지만, 그날은 아무 일도 일어나지 않았다.

8월 16일 오전 9시, 여운형은 나가사키 유조 검사, 백윤화 판사와 함께 서대문 형무소로 가서 정치범과 독립투사 2,000여 명을 석방시켰다. 동시에 전국 형무소에서 정치범과

독립투사 2만여 명이 풀려났다. 안재홍은 오후 3시, 6시, 9시 세 차례에 걸쳐 〈경성방송국〉 라디오 방송을 통해 건국준비위원회의 임무를 알리고 일본인의 생명과 재산 보호에 협조해 줄 것을 당부했다. 방송이 나가자 한국인 경찰은 자취를 감췄고, 치안 공백은 건국동맹과 치안대, 보안대가 맡았다. 건국동맹 각 지부는 행정부를 대신하여 적산(敵産, 한국에 있는 일본인 재산)을 접수하기 시작했다.

여운형은 건국동맹을 건국준비위원회로 개편한 후 8월 17일 1차 부서 결정, 8월 22일 2차 간부진 개편으로 좌우익을 망라하려 하자 좌익은 좌익대로 우익은 우익대로 건국준비위원회를 장악하거나 흡수하려 했다. 처음에는 아무도 주목하지 않았던 건국준비위원회가 태풍의 눈으로 떠오르기 시작한 것이다. 해방 직후 조선총독부는 일본인 보호와 친일 정부 수립을 위해 자금지원과 흑색선전, 비밀테러공작을 병행하고 있었다. 여운형은 조선총독부의 기획으로 의심되는 테러(8월 18일 11시 귀가 중 무뢰한 4명으로부터 둔기로 머리를 맞고 쓰러져 5일간 누워있었다. 정병준은 《1945년 해방 직후사》 108쪽에서 테러범은 일본군 또는 총독부의 사주를 받은 한국인으로 추정된다 했다)와 우파의 인신공격(여운형은 친일파며 공산주의자로서 조선총독부 돈을 먹고 친일정부를 수립했다고 주장)과 좌파의 비타협 속에서도 8월 말까지 건국준비위원회 145개 지부를 만들고 치안 유지와 식량 확보에 온 힘을 쏟았다.

해방 정국에서 주도권을 잡기 위해 곳곳에서 피 터지는 싸움이 벌어졌다. 건국준비위원회의 내부갈등과 우익의 무차별적인 공격을 견디다 못한 여운형은 8월 31일 집행위원회를 열고 사직서를 제출했다. 만약 해방 직후 여운형과 건국준비위원회가 없었다면 어떻게 되었을까? 치안과 행정 공백이 발생한 무정부 상태를 상상해보라. 정병준은 같은 책 55쪽에서 "건국준비위원회는 일본 패망 직후 생긴 해방공간에서 한국인에게 해방을 절감할 수 있는 물리적인 공간을 제공했고 정치 · 경제 · 사회적인 요구를 자유롭게 표현할 수 있는 시공간을 마련해준 공로가 있다."고 했다.

1945년 8월 17일 북한에서는 조만식의 평생 동지 오윤선 집에서 평안남도 건국준비위원회를 발족하고 최능진(조만식의 오른팔 역할)이 치안부장을 맡아 활동을 시작했다. 8월 24일 소련군 선발대 카멘슈코프 소령 등 80여 명이 평양에 들어오고, 8월 26일 소련군 극동군 사령부 제25군 사령관 치스차코프 대장과 정치위원 슈티코프 등 본대 3,000여 명(김일성은 9월 19일 소련 군함을 타고 원산항에 들어옴)이 들어왔다. 소련군은 일본 경찰을 무장해제시켰고 무기 인수인계가 이루어졌다. 소련 군정(1945. 8. 26.~1948. 9. 8.)이 시작된 것이다. 제25군 사령부 치스차코프 대장은 8월 28일 연길에 있던 레베제프 군사위원을 불러들인 후, 8월 29일 조만식 등 평남 건국준비위원회 16명, 현준혁 등 조선공산당 16명으로 구성된 평남 인민정치위원회를 결성하고 행정권을 넘겨주었다. 평남 건국준비위원회 치안대는 해산되었고, 조만식과 함께 화물차를 타고 가던 현준혁은 대낮에 염동진에게 피습당했다. 평남건국준비위원회 민족주의 기독교 세력과 공산당 적위대 간의 암투가 드러난 것이었다. 해방 이후 열흘간의 꿈같은 시간이 지나가고 있었다. 현준혁이 암살된 후 평남 건국준비위원회 인사들(최능진, 노진설 등)의 월남 행렬이 이어졌다.

1945년 8월 9일 소련이 대일 선전포고를 하고 만주와 북한으로 들어오기 시작하자, 8월 11일과 12일 미국 워싱턴 DC 펜타곤(국방부 청사)에 있는 국무부, 전쟁부, 해군부 등 3부 조정위원회 사무실에 핵심관계자가 모였다. 그들은 "비록 일본의 무장해제를 위한 일이라고 하지만 소련에게 한반도를 몽땅 내어줄 수는 없다. 적절한 경계선을 그어 소련의 진격을 막자."고 의견을 모았다. '적절한 경계선'을 긋기 위해 두 사람이 〈내셔널지오그래

찰스 본스틸, 딘 러스크 두 대령이 30분 만에 그어놓은 38선. 〈내셔널지오그래픽〉 극동 지도. 약소국 운명은 도마 위의 생선이나 다름없었다.

픽〉 극동 지도를 펼쳤다. 딘 러스크 대령과 찰스 H. 본스틸 대령이었다. 두 대령은 망설이지 않고 30분 만에 미군과 소련이 진주할 한반도 남북 경계선을 그었다. 북위 38도선으로 한반도의 운명이 결정되는 순간이었다. 약소국의 운명은 '도마 위의 생선'이었다. 칼자루를 쥐고 '30분 만에' 한반도의 운명을 요리했던 두 대령은 이후 각각 미국 국무부 장관과 미8군 사령관이 되었다.

1945년 8월 14일, 3부 조정위원회 승인과 미 대통령의 재가를 받은 일반명령 제1호(38도선 분할과 미소 한반도 분할점령)가 이튿날 연합군 최고사령관 맥아더에게 전달되었

고 동시에 영국과 소련 정부의 동의를 받았다. 맥아더로부터 일반명령 제1호를 접수한 일본 정부는 내무차관을 통해 조선총독부 정무총감 엔도 류사쿠에게 내용을 알렸다. 조선총독부는 바쁘게 움직이기 시작했다. 조선총독부 경무국장 니시히로는 친일정부 수립을 위한 공작을 기획하고 실행에 옮겼다. 공작내용은 비밀테러조직 운영, 친일파를 통한 정치자금 지원, 대 미군 흑색선전이었다. 한 손에는 칼을, 한 손에는 돈과 마타도어를 들고 조선총독부는 살아남기 위해 바삐 움직였다.

첫째, 조선 주둔군 헌병대는 비밀테러조직을 만들어 유명인사 테러에 나섰다. 친일정부 수립에 장애가 되는 자를 제거하려는 것이었다. 정병준은 《1945년 해방 직후사》 101쪽~102쪽에서 "1945년 9월 29일 미군 수사당국은 일본 헌병대와 특무기관으로 구성된 비밀단체를 검거했다. 사이토도시하루 등 26명으로 구성된 비밀조직은 정보, 무기수집, 한국인과 미국인의 분쟁 야기, 미군 요원과 저명 한국인 암살 등이 목적이었으며 검거 당시 권총과 기관총을 가지고 있었다. 같은 날 아편 55상자, 권총, 탄약 등을 가지고 있는 일본인도 체포했다. 아편조직과 테러조직 위에는 경성 헌병대장 가와이 소령이 있었다. 10월 20일 일본 헌병 대원으로 구성된 비밀조직도 적발했다."고 했다.

둘째, 국내 정당과 사회단체에 대한 정치자금 지원이었다. 행동책은 친일파였고, 공작 책임자는 조선총독부 경무국장 니시히로였다. 자금지원 대상은 친일 광산가 김계조, 경무국장 니시히로의 교토 제3고보 선배 박석윤(최남선 여동생 최설경의 남편으로 1946년 3월 월북했다가 1948년 6월 9일 북조선최고재판소에서 사형선고), 철학자 한치진(1947~1950년 서울대 교수로 있다가 납북), 여운형의 개인 비서 이임수(조선전력 총무부장 요코지시즈오를 통해서 100만 원을 제공하였으나 여운형은 한 푼도 받지 않았다고 함), 폭력단 두목 기무라기요시(테러, 암살, 폭력조직 두목으로 조선인 깡패 2,000여 명을 거느리고 있었다), 경무부장을 통한 각도 경찰부 등이었다. 예나 지금이나 정치에는 돈이 많이 든다. 정치자금 지원만큼 반대세력을 잠재울 수 있는 유용한 수단은 드물다.

셋째, 해방 직후 한국 상황에 대한 대 미군 흑색선전이었다. 1945년 8월 26일 소련군이 북한에 진주하자 미 국무부는 부랴부랴 8월 29일 일본 오키나와에 있던 맥아더 장군 휘하 제24군단 야전사령관 하지 중장에게 남한 입국을 명했다. 하지는 인사 · 외교 · 행정 ·

정무 경험이 전혀 없는 비육사 출신 야전군인이었다. 하지는 한국에 대한 정보가 없었고, 자신을 도와줄 미 국무부 출신 고위급 참모도 없었다. 미 국무부는 한국에 별 관심이 없었다. 미국은 카스라 태프트 밀약(1905년 7월 29일 미국 전쟁부 장관 태프트와 일본 내각 총리대신 카스라가 도쿄에서 미국의 필리핀 지배권과 일본의 조선 지배권 상호승인 회담 후 남긴 각서) 이후 한국 문제를 일본의 국내문제 정도로 가볍게 생각했다. 일본은 미국을 위한 중요한 목표물이었으나, 한국은 일본을 지키기 위한 하나의 도구쯤으로 생각했다.

하지는 막막했다. 1945년 8월 31일 일본 제 17방면군사령부로부터 한국에 대한 정보가 쏟아져 들어오기 시작했다. 정보 전달자는 조선총독부 영어 통역관 겸 일본 제17방면군 공식 통역관 오다 야스마(小田安馬)였다. 일주일간 일본군과 미군 사이에 80여 개 전문이 오갔다. "지금 조선에서는 평화와 질서를 혼란시킴으로써 상황의 이득을 얻으려고 음모를 꾸미는 공산주의자와 독립선동가들이 있으니 경찰과 헌병을 그대로 유지할 수 있도록 해주고, 조선인 폭도가 경찰에 반대하는 폭동을 일으키고, 군수품 약탈과 파업을 벌여 수송이 두절되거나 연착되고 있으니 군대를 지원해 달라. 개성(미군은 경성으로 오독함)이 소련군에 점령당했다."고 하는 등 소

한국 사정에 무지했던 미군정사령관 존 하지 중장. 그는 미 국무부의 대한정책을 무시하고 한민당이 주축이 된 미국 유학파, 연희전문대, 기독교 출신과 손잡고 독자적인 군정 활동을 펼쳤으나 좌우익의 갈등 속에서 우왕좌왕하다가 본국으로 돌아가고 말았다.

련군과 한국 내 공산주의자(여운형과 안재홍의 건국준비위원회를 지칭)에 대한 공포심을 불러일으키는 왜곡된 정보가 대부분이었다. 미군의 남한 진주 이전에 왜곡 과장된 이야기를 퍼뜨리는 흑색선전이었다.

미군이 남한에 진주한다는 소식이 들려오자 여운형은 1945년 9월 6일 경기여고 강당에서 전국인민대표자대회를 열어 건국준비위원회를 해체하고 '조선인민공화국'을 발족했다. 1945년 8월 26일 북한에 들어온 소련군이 자치위원회와 건국준비위원회를 인민위원

회로 통합하여 자치권을 이양했듯이, 곧 남한에 들어오게 될 미군으로부터 대표성을 인정받아 자치권을 이양받고, 중경 임시정부를 지지하고 있는 우익에 맞서기 위함이었다. 조선인민공화국 중앙위원회는 주석에 이승만, 내무부장에 김구, 외무부장에 김규식 등 부서 책임자를 결정했다. 본인 동의도 받지 않고 귀국도 하지 않은 상태에서 일방적으로 밀어붙인 어설픈 포석이었다.

1945년 9월 9일 미 태평양 사령부 제24군단사령부 존 하지 중장이 남한에 들어왔다. 38선 이남에서 미군정(1945. 9. 9.~1948. 8. 14.)이 시작된 것이다. 하지는 태평양 미 육군 총사령관 육군대장 더글라스 맥아더 명의로 포고령 제1호를 발표했다. 제1조 '조선 북위 38도 이남 지역과 인민에 대한 모든 행정권은 당분간 본관의 권한 하에 시행한다', 제2조 '정부와 공공단체 기타 기관의 명예 직원, 모든 공공사업에 종사하는 직원과 고용인은 유·무급을 불문하고 별도 명령이 있을 때까지 종래의 직무를 계속 수행하고, 모든 기록과 재산을 보존하여야 한다.' 이로써 미군정이 '남한 내의 유일한 합법 정부'가 된 것이다. 하지는 입국 일주일 만인 9월 15일 조선인민공화국을 부정하고 중경 임시정부를 지지한 후, 김구와 이승만 등 임시정부 인사의 조기 귀국을 서둘렀다. 미군정은 1945년 12월 15일 조선인민공화국을 불법 단체로 공식 선포하였다.

하지는 답답했다. 하지는 한국의 역사와 문화에 대해 무지했고 쓸 만한 정보도 없었다. 조선 주둔군 제17방면사령부에서 보내준 검증되지 않은 정보와 국무부에서 보내준 현실성 없는 정보가 대부분이었다. 무엇보다 수집된 정보를 분석하고 판단해서 대안을 제시해줄 유능한 참모가 필요했다. 하지는 남한 입국 길에 미 7함대 사령부 소속으로 자신을 에스코트하던 해군 소령 윌리엄스를 현장에서 발탁하여 맥아더에게 정치고문으로 임명해 달라고 요청했다. 윌리엄스는 미 버지니아 의과대학을 나온 해군 군의관으로서 미군정 내 유일한 한국어 능통자였다. 제물포에서 태어났고 부친 프랭크 윌리엄스는 공주 영명학교 설립자였던 지한파였다. 하지의 개인 정치고문 윌리엄스 소령은 1945년 9월부터 12월 말까지 3개월간 미군정의 한국인 접촉창구였으며, 하지를 대리하여 미군정이 하는 일을 한국 지도자에게 알리고, 미군정 고위직에 적합한 한국인(기독교도, 한민당, 영어 능통자)을 발탁했던 정치 실세였다.

또 한 사람은 미 국무차관보 제임스 던이 추천한 국무부 연락관 겸 정치고문 5급 외교관 베닝호프였다. 1945년 8월 25일 임명되었고 9월 3일 오키나와 미 제24군단에 도착하여 하지의 한국 입국 때 동행, 10월까지 약 2개월간 근무했다. 베닝호프는 1943년 이후 미 국무부의 대한정책에 관여해왔고 1945년 8월 초 미 3부 조정위원회 극동문제소위원회를 주관했던 경력이 있었지만, 국무부 내에서 지명도나 영향력이 미미했던 하급 관리였다. 베닝호프의 뒤를 이어 10월 20일 미 국무부 2급 외교관 윌리엄 R. 랭던이 부임했다. 그는 임시 정치고문을 맡다가 12월 18일 정식 정치고문이 되었다.

윌리엄스와 베닝호프는 선교사의 아들로서 기독교적인 가치관을 가진 반공주의자였다. 두 사람은 한국인의 자치능력과 정치역량을 과소평가했으며 친일파에 관대했다. 윌리엄스는 "한국인은 청소년기 상황에 처해있으며 데이트 나갈 때 아빠, 엄마, 이모를 동반하려고 한다."며 비하했고, "모든 한국인은 충분히 친일적이며 충분히 친 생존적이어서 전쟁 노력에 협조해야만 했다."며 친일파를 두둔했다. 한 마디로 대부분의 한국인은 먹고살기 위해 어쩔 수 없이 친일했는데 그게 무슨 문제냐는 말이었다. 한민당(한국민주당)은 하지의 정치고문이었던 윌리엄스와 베닝호프를 통해 직·간접적으로 미군정의 정책 결정에 영향을 미쳤다. '미국 사회에서 전혀 기억되지 않는 평범하고 아무것도 아닌 자들의 결정'이 미군정의 초기 정책 방향을 설정하고 한국 현대사의 명암을 가르는 시금석이 된 것이다.

미군의 남한 진주 초기 국내 정보에 목말라하던 하지의 틈을 파고든 자가 있었다. 미 보스턴대학 출신 영어 통역관 이묘묵이었다. 이묘묵은 조선총독부 나가사키 유조(조선총독부에서 조선인 사상범과 사상전향자를 관리하던 대화숙의 책임자였던 공안검사)의 사상 전향 공작으로 친일파가 되어 '리노미야 보모쿠(李宮卯黙)'로 창씨개명했다. 이후 황도학회, 조선임전보국단 회원 등을 지내며 지원병 연설과 반미 반영 연설에 앞장섰던 친일파였다. 이묘묵은 조선총독부 영어 통역관이자 조선 주둔군 제17방면사령부 공식 통

존 하지의 개인 통역관 겸 비서실장 이묘묵(가운데). 그는 하지를 등에 업고 벼락 권력을 휘둘렀던 친일파였다. 오른쪽에 김규식과 여운형이 서 있다.

역관으로서 미 24군단 수뇌부와 접촉이 잦았던 오다 야스마(1945년 9월 6일 김포비행장에 상륙한 미군 선발대장 찰스 해리스 준장을 조선호텔까지 수행하며 통역을 맡은 자)를 통해 추천된 자였다. 이묘묵은 오다 야스마가 연희전문학교 이사로 있던 1934년 연희전문학교 교수가 되면서 인연을 맺었다. 미군 진주를 나흘 앞둔 1945년 9월 5일 이묘묵은 영자신문 〈코리아타임스〉를 창간했다. 미군과 접촉하기 위해 기획한 오다 야스마의 작품이었다. 오다 야스마는 《주한미군사》에 15회나 등장하는 유일한 일본인이었다.(정병준 《1945년 해방 직후사》 216쪽 참고)

1945년 9월 10일 오후 5시 반 이묘묵은 명월관에서 열린 연합군 기자단 환영식(하지 중장과 미 24군단 고위 장교, 연합군 기자, 특파원, 통신원, 군사실 요원 등이 참석)에 〈코리아타임스〉 편집장 자격으로 참석하여 이렇게 말했다.

"여운형은 친일파이자 공산주의자로서 조선총독부의 돈을 먹고 친일정부를 수립했다."

친일파였던 자가 독립운동가를 친일파로 몰고 돈을 먹었다며 음해하는 기막힌 일이 벌어진 것이었다. 더 기막힌 일은 연설 이후 이묘묵이 군정사령관 하지의 개인 통역이자 비서실장이 된 것이다. 이묘묵은 하지의 기자회견에서 통역을 맡았고 정당 단체 대표 초청 간담회에 하지와 아놀드 군정장관을 수행했다. 이묘묵은 미군이 신뢰하는 통역관이자 정보원으로 《주한미군사》에 29회나 인용될 정도였다. 하지는 1947년 4월 이묘묵의 1931년 보스턴대학 박사학위 논문 '1864년~1895년 한국 대외관계'를 인쇄하여 군정 부대에 배포하고 한국 알기 시간에 사용하라고 지시할 정도였다.

이묘묵은 해방 이후 나가사키 유조의 부탁을 받고 전 조선총독부 법무국장 하야타 후쿠조가 패전 후 중요문서 소각혐의로 미군 헌병대에 체포되자 석방될 수 있게 도움을 주었고, 1945년 9월 나가사키 유조에게 자신을 포함한 사상전향자의 친일기록을 소각하여 달라고 부탁했다. 기록은 모두 소각되었으며 나가사키 유조는 공문서 훼기 혐의로 미군정으로부터 실형 선고를 받았다. '미영타도 귀축영미'를 외치던 친일파가 미군 진주 후 하루아침에 친미파로 변신한 것이다. 양지에서는 독립운동가를 친일파로 중상모략하고, 음지에서는 총독부 고관과 거래하여 일제에 협력했던 자신의 친일 경력을 지우는 데 성공한 것이다.'(정병준 《1945년 해방 직후사》 212쪽~225쪽에서 발췌 편집)

친일파가 한민당을 통해 여운형의 조선인민공화국을 부정하고 중경 임시정부를 지지하며, 반소·반공·기독교적인 가치관을 가진 이승만과 김구를 높이 평가하는 공작이 먹혀든 것이다. 하지는 입국한 지 한 달 만에 여운형을 만나서 "왜놈과 무슨 관련이 있느냐? 왜놈 돈을 얼마나 받아먹었느냐?"고 캐물었다. 하지는 '조선인민공화국 정부를 사칭하는 괴뢰 정당'으로 간주했다.(1947년 9월 16일 여운형이 김용중에게 보낸 편지, 정병준 지음 《몽양 여운형 평전》, 조한성 지음 《해방 후 3년》 30쪽 참고)

미군정이 시작되자 여운형은 하루아침에 찬밥 신세가 되었다. 한민당과 이묘묵 등 친일파가 미군정에 제공한 왜곡된 정보가 힘을 발휘한 것이었다. 친일파는 우파인 한민당 안에 꼭꼭 숨어서 머지않아 다가올 반격의 기회를 노리고 있었다.

맥아더와 하지는 이승만의 귀국을 적극 지원했다. 이승만은 맥아더가 제공한 전용기를 타고 1945년 10월 16일 귀국했다. 다른 임정 요인보다 한 달이나 빠른 귀국이었다. 이승만은 귀국 도중 동경에 들러 5일간 머무르며 맥아더, 하지와 함께 2번이나 만남의 시간을 가졌다. 맥아더는 한국에 있던 하지를 동경으로 불러서 이승만을 영접하게 했다. 미국 역사가 브루스 커밍스는 "세 사람의 회동은 미 국무부의 대한정책에 대항할 모종의 음모를 꾸미기 위한 것이었다."고 했다. 이때 세 사람 사이에 무슨 말이 오갔을까? 남아있는 자료가 없으니 추측만 무성할 뿐이다. 하지는 1945년 10월 20일 광화문 앞에서 열린 '연합군 환영대회'에서 이승만을 "자유와 해방을 위해 일생을 바쳐 해외에서 싸운 위대한 조선의 지도자"라고 추켜세웠으며, 돈암장을 숙소로 제공했고 외출할 때는 순종이 쓰던 리무진을 내어주기도 했다. 또 자신의 부관이었던 스미스 중위를 이승만의 임시 전속부관으로 임명하여 시중들게 했으며 경호도 미군정이 맡았다. 맥아더와 하지는 왜 이승만에게 이렇게 파격적인 대우를 했을까? 이승만은 조지워싱턴대학교 학사, 하버드대학원 석사, 프린스턴대학교 박사 과정을 수료한 엘리트였고 국제정세에 밝은 친미반공주의자였다. 미국은 이승만을 내세워 남북한을 아우르는 반공 국가를 만들고 싶었던 게 아닐까? 이후 이승만에 대한 맥아더의 지지는 편애에 가까웠다.

하지는 치안 질서 유지와 행정 공백 방지를 위해 조선총독부 관리와 친일경찰을 그대로 등용했다. 카이스트 교수 전봉관은 2023년 12월 2일 〈조선일보〉 '전봉관의 해방거리를 걷다'에서 "1945년 9월 14일 미군정장관 아놀드 소장은 자생적 치안단체(건국준비위원회 치안대 등)의 해산과 한국인 경찰의 근무지 복귀를 명령했고, 하지 중장은 남한의 치안 총수로 한국민주당(한민당) 총무 조병옥을 임명했다. 조병옥이 인계받은 남한 경찰은 2만여 명이었고 1만 2,000명이 일본인 경찰이었다. 일본인 경찰이 해임된 자리에 한국인 경찰을 승진시키고 경찰을 도와준 우익 청년들을 경찰관으로 특채했다."고 했다.

1945년 10월 20일 서울시민 주최 연합군 환영대회. 왼쪽부터 존 하지, 아치볼드 아놀드 군정장관, 통역관 이묘묵

이는 한국인의 격한 반발을 불러일으켰고 미 3부(전쟁부, 국무부, 해군부) 조정위원회의 비판과 트루먼 대통령의 질책이 이어지자 곧장 철회한 후, 급조된 **고문회의(1945년 10월 5일 아놀드 군정장관이 임명한 미군정 고문관 한국인 11명으로 구성되었다. 기독교인이자 한민당 간부가 주축이었으며 송진우, 여운형, 조만식도 포함되었다. 북한에 있는 조만식은 참석할 수 없었고, 여운형은 10월 14일 고문회의가 한민당과 우익 중심으로 구성되어 편파성과 당파성을 띠고 있다며 사임하였다. 고문회의가 중앙과 지방의 주요 관직 후보자를 다수결로 추천하면 미군정은 제대로 된 검증 절차 없이 그대로 공직에 임명하였다. 임명된 자는 행정 경험이 있는 조선총독부 출신과 행정 경험이 없는 친일파가 두루 섞여 있었으며, 북한에서 친일파 청산 때 월남한 전직 관리도 등용되었다. 하지의 전속 통역관 이묘묵과 연희전문, 미국 유학 동기였던 한민당원 정일형은 군정 기간 내내 인사행정처장을 맡아서 인사행정을 장악했다. 하지의 정치고문 윌리엄스와 친했던 한민당 수석총무 송진우의 추천으로 한민당 총무였던 조병옥이 국가 공권력의 상징인 경찰 경무부장에 임명되었으니 한마디로 한민당 세상이었다)**를 통해 추천 받아 미군정이 임명하는 방식으로 다시 등용했다.

브루스 커밍스는 《한국전쟁의 기원》 상권 265쪽에서 "1946년 초 전남군수 21명 중 17명이 한민당 소속"이라고 했고, 정병준도 《1945년 해방 직후사》 343쪽에서 "송진우 암살자 한현우도 남한 군정 관계자 80%가 한민당과 그 관련자였다."고 했다. '눈 가리고 아웅하는' 격이었다. 엊그제까지만 해도 눈치를 보며 움츠러들었던 친일파가 다시 역사의 무대에 등장한 것이었다. 하지는 미 국무부와 3부 조정위원회의 정책 훈련이나 지침이 없는 틈을 타서, 미 국무부가 특정 정치세력을 육성할 경우 한국인과 관계가 어려워지고 미국의 선택지를 제한할 수 있다며 절대로 회피하라고 지시한 '특정 정치세력과 결탁하고 특정 정치세력을 육성하는' 방향을 선택했다.

해방 전 남북한 통틀어 2만 9,550명이었던 조선총독부 관리는 1945년 10월부터 12월 사이에 7만 5,000명으로 4만 5,000명이 늘어났다. 적절한 자격심사나 배경 확인도 없이 한민당이 주축이 된 고문회의가 추천하고 고문회의에서 투표로 결정한 자를 미군정이 임명하는 방식이었다. 행정 경험이 있는 친일파 출신과 행정 경험이 없는 친일파 무자격자가 대부분이었다. 한국인 경찰관은 해방 직전 10,619명(일본인 포함 2만 6,677명)에서 해방 이후 1945년 11월 1만 5,000명, 1946년 2만 5,000명, 1948년 4만 5,000명으로 크게 늘어났다.(정병준 《1945년 해방 직후사》 323~325쪽)

경찰 간부는 친일파 일색이었다. 1946년 11월 미군정보고서는 "전국 경찰 경사급 이상 간부 969명 중 83%인 806명이 친일경찰 출신이다."고 했다. 당시 서울 시내 8개 경찰서장을 포함하여 경찰 고위직은 친일경찰이 차지했다. 일제강점기 때 밀정이었거나 독립투사를 고문하던 고등계 형사가 벼락출세하여 경찰 간부와 경찰서장이 된 것이다. 미군정은 한국인이 중요하다고 생각하는 친일파 척결이나 농지개혁에는 관심이 없었다. 미 군사고문단 제임스 하우스만은 1992년 '〈KBS〉 역사스페셜'에서 이렇게 말했다.

우리가 남한에 들어와서 정책을 수립하려고 보니 아는 게 별로 없었다. 첫째 임무는 안보였다. 당시 안보를 맡고 있었던 조직은 경찰이었다. 경찰은 일본인한테 훈련받고 일해 왔다. 우리는 선택해야 했다. 일제강점기 때 일을 한 한국인을 모두 제거하느냐, 아니면 그대로 두느냐? 새로운 경찰을 뽑아서 훈련시키려면 몇 개월이 필요하다. 그사이에 나라는 극도의 혼란에 빠질 수밖에 없었다. 누가 질서를 지키게 하겠는가? 우리는 선택할 수밖에 없었다.

해방을 맞아 살길을 찾던 친일파는 미군정기를 맞아 기사회생했다. 해방된 한국에 친일 관리와 친일경찰이 합법적으로 다시 등장한 것이다. 친일파는 가슴을 쓸어내렸으나, 한국 백성에게는 참을 수 없는 분노요 역사의 반동이었다.

1946년 10월 1일 일어난 대구폭동 사건 처리 과정만 보더라도 알 수 있다. 대구폭동은 소련군 연해주 군관구 군사위원 테렌티 시티코프의 지시를 받은 남로당이 주도했다. 1946년 10월 24일 덕수궁에서 대구폭동 수습을 위한 '한미 공동회담'이 열렸다. 한국 측에서는 여운형, 안재홍, 김규식 등이 참석했다. 핵심쟁점은 '군정 경찰 내 친일파 청산' 문제였다. 증언대에 선 경무부(경찰청) 수사국장 최능진은 "대구폭동은 공산주의자 책동에 의한 불행한 사건이지만, 원인은 경찰 내부에도 있다. 지금 국립경찰은 친일경찰과 부패 경찰의 피난처가 되고 있다."라고 했다.

경무부장(경찰청장) 조병옥이 발끈했다. "내가 친일경찰을 많이 등용했다. 친일은 두 가지로 구별해야 한다. 하나는 Pro-Jap(적극 친일)이고, 하나는 Pro-Job(생계형 친일)이다. 경무부의 인사방침은 고의로 자신의 영달을 위하여 민족운동을 방해하였거나 민족운동가를 살해한 자 이외에는 모두 Pro-Job으로 인정하고 경찰관으로 등용했다."고 했다.

두 사람 사이에 언성에 높아지면서 고성이 오가자 미 군사고문단은 "비민주적인 경찰은 정리하겠다."고 약속했다. 이후 약속은 지켜지지 않았고, 최능진은 파면되었다.

최능진은 1948년 5월 10일 제헌 국회의원 선거에서 이승만이 출마한 동대문 갑 선거구에 출마하려 했으나 우익단체의 등록 방해로 무산되고 말았다. 이승만은 무투표로 당선되었고, 최능진은 한국전쟁이 한창이던 1951년 1월 20일 육군 중앙고등군법회의에서 국방경비법 제32조 '이적죄'로 사형을 선고받고 그해 2월 11일 경북 달성군 가창면 한 야산에서 총살되었다. 억울하고 안타까운 죽음이었다.

64년 후인 2015년 8월 27일 서울중앙지법 형사 28부(부장판사 최창영)는 최능진에게 무죄를 선고했다. 재판부는 판결문에서 "최능진이 고의로 적을 은닉, 보호하거나 연락하고 또는 적에게 정보를 제공하는 행위를 했다고 보기 어려우며 공소사실을 인정할 만한 다른 증거를 찾아볼 수 없다. 6·25전쟁 당시 북에게 점령당한 상태에서 최능진은 즉시 전쟁을 중단하고 남북 대표가 평화적으로 민족 문제를 해결하자고 했다. 이는 민족상잔을 방지하려는 목적으로 보는 것이 타당하다. 최능진은 미국 유학 당시 안창호 선생이 만든 흥사단에 가입해 활동하고 이후 후학 양성을 위해 노력했으며, 해방 이후에는 건국준비위원회 치안부장으로 활약하고 친일파 숙청 등을 요구하는 등 생애와 활동, 경력을 고려했다."고 했다.

1945년 12월 16일부터 26일까지 모스크바에서 미·영·소 3국 외무장관회의가 열렸다(모스크바 3상회의). 이 자리에서 3국 외상(外相)은 '조선을 독립국가로 재건설하기 위하여 조선 민주주의 임시정부를 수립하고, 이를 위하여 남조선 미국 점령군과 북조선 소련 점령군 대표자로 공동위원회를 설치한다. 공동위원회가 조선의 독립국가 수립을 위한 원조 협력방안(최고 5년 이내 4국 신탁

신탁통치를 주장한 소련의 구실은 38선 분할점령. 미국은 즉시 독립주장. 미국 번스 국무장관과 소련 몰로토프 외무장관 사진이 실렸다(1945년 12월 27일 〈동아일보〉).

통치 협약)을 작성할 때는 조선 민주주의 임시정부와 함께 민주주의 단체의 참여와 협조를 받아야 하며, 미·영·중·소 정부와 협의한 후 제출하여야 한다.'고 결의했다.

핵심은 '조선 민주주의 임시정부' 수립이 먼저이고, 신탁통치는 다음이었다. 그러나 1945년 12월 27일자 〈동아일보〉는 "미국은 즉시 독립을 주장하고, 소련은 신탁통치를 주장했다."는 기사를 실었다. 명백한 오보였다. '조선 민주주의 임시정부 수립과 제 단체의 참여와 협조'를 뺀 왜곡 보도였다. 우연한 오보인지 아니면 기획된 오보인지 알 수 없지만, 이 보도로 역사의 물결이 다시 한번 크게 뒤채기 시작했다. 좌우익은 일제히 반탁운동에 돌입했고, 정국은 불에 기름을 부은 듯 활활 타올랐다. 그런데 느닷없이 조선공산당 박헌영이 찬탁으로 돌아섰다. 북한에 진주해 있던 연해주 군관구 군사위원 테렌티 시티코프(북한 군정을 총괄하는 제25군 사령관 이반 치스차코프 대장 보좌관으로 소련 군정의 실세였으며 북한 주재 초대 소련 대사를 지냈다. 제25군 군사위원 니콜라이 레베데프는 2000년 3월 발견된 수첩에서 "그가 조선에 있든 프리모리에 군관구나 모스크바에 있든 그의 참여 없이 38선 이북 조선에서 이루어진 일은 하나도 없다."라고 했다. 남로당과 김일성 뒤에는 늘 그가 있었다)의 지시를 받은 것이다. 박헌영은 테렌티 시티코프의 꼭두각시였다. 이때부터 좌파는 찬탁, 우파는

소련 군정 실세 테렌티 포미치 시티코프(왼쪽)와 제25군 군사위원 니콜라이 레베데프(오른쪽). 박헌영은 테렌티 포미치 시티코프의 지시를 받고 반탁에서 찬탁으로 돌아섰다(사진 《위키백과》).

반탁 프레임이 만들어졌고, 좌우익은 다시 충돌하기 시작했다.

친일파는 줄타기의 명수였다. 살아남기 위해 이쪽저쪽 눈치를 살피며 상황을 지켜보던 친일파는 우파 쪽에 줄을 섰다. 친일파는 이승만을 지지하면서 반탁운동에 힘을 보탰다. 친일파에게 이승만은 생살여탈권을 쥔 저승사자였다.

1946년 3월 20일 제1차 미·소공동위원회가 개최되었다. 소련 측은 "미소·공동위원회가 조선의 독립국가 수립을 위한 원조 협력방안을 작성할 때, 반탁을 주장하는 단체나 정당은 임시정부 구성에서 제외해야 한다."며 날을 세웠다. 미국 측과 밀고 당기는 줄다리기 끝에 소련이 한발 물러섰다. 소련 측은 "지금까지 반탁운동을 했더라도 앞으로는 하지 않겠다고 약속하면 임시정부에 참여할 수 있다."는 방안을 제시했다. 이를 반영하여 공동성명 5호가 발표되었다. 김구는 공동성명 5호에 서명하지 않고 버텼으나 하지와 김규식이 "서명이 곧 신탁을 뜻하는 것이 아니다."고 하자 서명하였고, 이승만도 서명하였다. 어렵사리 성사되는가 싶었는데 소련 측이 또 김구와 이승만의 서명 과정에 트집을 잡으면서, 제1차 미·소공동위원회는 결렬되고 말았다.

1946년 6월 3일 이승만은 정읍에서 충격적인 발언을 했다. "무기휴회한 미·소공동위원회는 재개될 기미가 없고, 통일 정부를 염원하고 있으나 여의치 않으니 남한만이라도 임시정부나 위원회 같은 것을 만들어 38선 이북에서 소련군이 철수하도록 세계만방 공론에 호소하자."고 제안했다. 미·소공동위원회를 정상화하여 남북한 임시정부 수립과 신탁통치 성사를 위해 노력하던 미군정 사령관 존 하지는 이승만에게 뒤통수를 맞았다. 하지는 격노했고 이승만을 '정신병자'라고 하며 펄펄 뛰었으나, 이승만은 지방을 순회하며 지지기반을 차근차근 다져 나갔다. 이승만은 처음부터 공산주의자와 협상하는 건 시간 낭비일 뿐이며 남한만의 단독정부 수립이 최선이라고 생각했다. 이승만의 정읍 발언은 국제정세와 공산주의자의 의도를 꿰뚫어 본 의도된 행동이었다. 이승만은 누가 뭐라던 자신이 한번 옳다고 생각한 일은 무슨 일이 있더라도 끝까지 밀어붙이는 강한 소신과 카리스마를 가진 고집 센 정치인이었다.

이승만의 정읍 발언으로 뒤통수를 맞은 하지는 김구, 이승만, 김규식을 관저로 불러서

"두 사람은 2선으로 물러나고 앞으로는 김규식을 지원하라."며 압박했다. 이 말은 곧 이승만에 대한 지지 철회 선언이었다. 하지는 이승만을 중앙 정치 무대에서 끌어 내리기 위해 전용기를 내어주며 방미를 권했다. 1946년 12월 4일 이승만은 미국으로 떠났다. 이승만에게 목숨 줄을 맡기고 있던 친일파는 가슴이 덜컥 내려앉았지만, 이승만은 이를 더할 나위 없는 좋은 기회로 활용했다. 이승만은 미국으로 가는 도중 동경에 들러 맥아더를 만났고, 워싱턴에서는 미 정계 인사를 만났다. 워싱턴에서 이승만은 하지 사령관과 미 국무부 한국 담당자에 대한 불만을 토로하면서 남한만의 단독정부 수립의 당위성을

김구와 이승만은 정치적 동반자요 영원한 맞수였다.

역설했다. 또 미국의 대한정책의 방향을 바꿔 달라고 호소했다. 미국은 이승만의 주장에 귀 기울이지 않았다. 때맞춰 냉전이라는 행운의 여신이 이승만에게 서서히 다가오고 있었다. 이승만은 타고난 행운아였다.

마침 그리스 내전(1946년 3월 30일~1949년 10월 16일)과 중국 내전이 일어났다. 그리스에서는 미국과 영국의 지원을 받는 정부군과 알바니아, 불가리아, 유고슬라비아의 지원을 받는 공산당 무장조직이 충돌하였고, 중국에서는 국민당과 공산당이 격돌하며 불을 뿜었다. 가만히 두고만 보고 있을 미국이 아니었다. 1947년 3월 12일 미국 대통령 트루먼은 공산세력의 확대를 막기 위해 '트루먼 독트린'을 발표하였다. 미소 냉전이 시작된 것이다. 1945년 12월 모스크바 3상회의 결정이 무력화되는 순간이었지만, 코너에 몰려있던 이승만에게는 더할 나위 없는 좋은 기회였다.

이승만은 주어진 상황을 최대한 유리한 방향으로 활용할 줄 아는 노회한 정치가였다. '트루먼 독트린'을 자신의 방미성과로 포장하였고, 남한에서 임시정부를 먼저 수립하기로 미국의 대한정책이 바뀌었다며 언론에 홍보하였다. 가짜뉴스였지만 국내에서 이승만

의 인기는 치솟았다. 이승만은 국제정세의 흐름을 자신의 꿈(남한 단독정부 수립과 초대 대통령)에 접목시켜 교집합을 만들어 낼 줄 아는 탁월한 정치인이었다. 이승만은 미 국무부와 맥아더의 도움으로 전용기를 타고 다시 귀국했다. 국내 정세는 이승만에게 녹록하지 않았다. 하지는 임시조선정부 수립과 신탁통치안을 반대하며 남한만의 단독정부 수립을 주장하는 이승만을 제쳐놓고, 중도좌파 여운형, 중도우파 김규식과 접촉하여 좌우합작위원회를 만들었다. 오랫동안 찬밥 신세였던 여운형이 다시 살아난 것이다.

좌우합작위원회 조정자는 미군정 정치고문단 레너드 버치(Leonard Bertsch) 중위였다. 버치는 미 하버드 법학대학 출신으로 오하이오주 변호사로 있다가 1945년 12월 15일 한국에 배치되어 하지의 명을 받고 좌우합작위원회 조정과 미ㆍ소공동위원회, 남조선입법자문관으로 활약했다. 1947년 1월 한국에 들어와서 미 제24군단 정보부서에서 버치와 함께 일했던 토마스 주니어는 "버치가 계급은 중위밖에 안 되지만 사령관이나 군정 장관급이었다."고 회고했다. 여운형을 가까이하며 좌우합작위원회를 조정하고 있는 버치 중위에 대해 이승만은 "하지 장군과 함께 가장 위험한 공산주의자"라며 독설을 퍼부었다. 이승만은 버치를 공산주의자의 생리를 모르는 철없는 이상주의자로 평가했고, 버치는 이승만을 대통령 병에 걸린 고집 센 늙은이로 평가했던 게 아닐까? 정치는 생물이다. 이승만과 미군정은 공생관계에서 적대관계로 변하고 있었다. 문제는 친일파였다. 친일파는 미군정과 이승만의 틈바구니에서 친미파로 변신하면서 겨우 숨을 돌리나 했는데 다시 혼란에 빠져버렸다. 친일파는 미군정과 이승만의 밀당을 지켜보면서 반전의 기회를 노리는 수밖에 없었다.

한편 미군정은 좌익과 두루 소통하면서 한국인의 광범위한 지지를 받고 있는 여운형을 새로운 파트너로 삼아 김규식과 함께 좌우합작위원회를 만들어 미ㆍ소공동위원회에 참석시키려고 했다. 여운형은 미군정의 요구에 응하지 않았다. 미군정은 당황했고 여운형을 압박할 수단을 찾기 시작했다. 방법은 약점 찾기였다. 미군정은 여운형의 과거 경력 조사에 나섰다. 여운형의 해방 전 친일경력 조사 전문요원 2명(오리오단 소령과 호프 소령)을 일본으로 보냈다. 조사 요원은 1946년 8월부터 일본 국회도서관과 외무성에 남아있는 문서를 조사했고, 조선총독부 고위관리로 있었던 자(전 조선총독부 총독 고이소, 경무국장 다다오, 정무총감 류사쿠)와 전 일본 내각 수반 도조 히데키를 찾아갔다.

원가 결정적인 약점이 나올 것이라고 기대했는데 그들은 한결같이 "여운형은 천성적으로 온화하고 겸손하며 세련된 자다. 강한 민족주의자이지만 공산주의자가 아니다. 조선총독부는 여운형을 중요 직책에 앉히고 싶었지만, 말을 듣지 않았다. 여운형은 한국의 독립을 원했지만, 한국인과 일본인 사이에 피의 복수가 일어나기를 원치 않았다. 여운형은 한국을 통합할 수 있는 유일한 지도자다. 미국이 통합된 한국 정부 수립을 원한다면 여운형과 충분히 협조하고 그에게 의존해야 한다. 우리는 그가 밑에서부터 남과 북에서 지지를 받고 있다는 점을 인정해야 한다."고 했다.(1947년 1월 11일 하지에게 제출한 여운형의 친일행위에 대한 최종보고서, 박태균 지음 《버치문서와 해방정국》 36~37쪽 참고)

미국은 소련도 동의할 수 있는 인물로 좌우합작위원회를 만든 다음 제2차 미·소공동위원회에 참석시켜 합의안을 도출하고 남북한 통일정부를 수립하려고 했다. 제2차 미·소공동위원회의 결정적인 문제는 남북한 어떤 정당과 사회단체를 임시조선민주정부에 참여시키느냐는 것이었다. 어렵사리 1947년 5월 21일 제2차 미·소공동위원회가 시작되자, 남북한 사람들은 임시조선민주정부 수립에 대한 기대에 한껏 부풀어 있었다. 1947년 6월 10일 이런 분위기를 감지한 듯 그동안 반탁을 주장하며 이승만을 지지하던 한민당도 미·소공동위원회 결정에 따르겠다며 찬탁으로 돌아섰다. 남한만의 단독정부 수립과 초대 대통령을 꿈꾸던 이승만은 한민당(1945년 9월 16일 한국국민당, 조선민족당, 국민대회준비위원회를 통합하여 세운 한국민주당이다. 당수는 없고 당 대표인 수석총무와 지역을 대표하는 8명의 총무만 있었다. 실질적인 지도자는 〈동아일보〉, 보성전문학교, 경성방직을 소유한 김성수였고, 수석총무는 송진우, 책사는 장덕수였다. 한민당은 미군정기 핵심 국가권력 기구였던 고문회의(김성수, 송진우), 경찰(조병옥, 장택상), 사법부(김병로), 검찰(이인), 인사행정(정일형)을 장악하여 무소불위의 권력을 행사했다)의 배신(?)에 큰 충격을 받았다. 이승만에게 트루먼 독트린은 절호의 기회였지만 좌우합작위원회와 제2차 미·소공동위원회 개최는 절체절명의 위기였다. 미·소공동위원회는 성공과 실패의 기로에 섰다. 우연인지 필연인지 역사의 물결이 다시 한번 회오리치기 시작했다.

1947년 6월 28일 하지는 이승만과 김구에게 "당신들이 좌우합작위원회 인사에 대한 테러와 암살을 준비하고 있다는 정보가 있다. 만약 사실이라면 즉시 중지하라."며 엄중히 경고했다. 7월 17일 경기도 경찰청장 장택상도 여운형에게 "암살 정보가 있으니 서울을 떠나라."며 경고했다. 신변의 위협을 느낀 여운형은 하지의 도움으로 권총 3정을 휴대한 경호원을 대동하고 지방에 있는 지인 집으로 피신하기 위해 길을 나섰다. 1947년 7월 19일 오후 1시 헤화동 로터리에서 총성이 울렸다. 여운형이 총탄을 맞고 쓰러졌다. 여운형은 해방 이후 12차례나 암살 위협을 받으며 기적같이 살아남았지만 결국 돌아오지 못할 다리를 건너고 말았다. 미군정사령부 버치 중위는 남긴 편지에서 이렇게 썼다 "위대한 대중주의자이자 이승만의 경쟁자인 좌파 여운형이 1947년 7월 암살된 것은 이승만과 김구의 모임에서 결정되었다. 나는 그 사실을 사건 3일 전과 암살 다음 날 미군정에 보고했다."(박태균 지음 《버치문서와 해방정국》 58쪽)

버치의 주장을 뒷받침할 만한 증거는 없지만, 버치가 여운형의 경호원 박성복을 조사한 후 미군정사령부에 보고한 1947년 7월 27일 문서가 남아있다 "암살자는 경찰지서 앞을 선택했다. 이는 암살자가 경찰 개입을 두려워하지 않았다는 것을 보여준다. 경호원이 추격하려 했으나 경찰이 막기도 했다. 경찰은 암살자를 쫓지 않은 것으로 보인다. 경찰에 신고하려 했으나 주변 전화는 모두 고장 나 있었다……. 경찰을 바꾸지 않는 한 여운형의 죽음에 대한 책임을 밝히지 못할 것이다." 경찰은 최종 수사결과 스무 살 청년 한지근의 단독범행이라고 밝혔지만, 암살을 기획하고 사주했던 어둠의 그림자는 밝혀지지 않았다 (여운형 암살 당시 스물세 살이었던 신동운은 1974년 경찰에 자진 출두하여 당시 자신이 모든 범행을 꾸몄고 암살자에게 한지근이라는 이름을 지어준 것도 자신이라고 밝혔으나 공소시효가 지나서 사건은 묻히고 말았다). 여운형이 암살되면서 좌우합작위원회는 무산되었고 제2차 미·소공동위원회는 결론 없이 끝나고 말았다. 여운형의 암살 배후는 누구일까? 죽인 자는 말이 없고 암살을 사주했던 보이지 않은 그림자(?)도 시간과 더불어 흙으로 돌아가고 말았다.

좌우합작위원회와 미·소공동위원회가 실패로 돌아가자 미군정은 남한 단독정부 수립으로 방향을 바꾸고 한민당 수석총무 장덕수를 지도자로 내세웠다. 우익 세력 중 비교적 합리적인 자로 정평이 나 있는 장덕수는 마지막 희망이었다. 장덕수는 친일경력이 있었지만 뛰어난 언변과 영어 실력을 갖춘 친미 보수주의자였다. 장덕수도 1947년 12월 2일 제기동 자택에서 종로경찰서 경찰관 박광옥이 쏜 총탄을 맞고 쓰러지고 말았다. 미군정사령부 정치고문 버치는 암살 배후 정보를 수집했다. 여운형 암살 때와 마찬가지로 박광옥의 배후에 이승만과 김구가 있다는 말이 흘러나왔지만 증거는 없었다. 김구는 장덕수 암살 배후자로 의심을 받고 재판에 출두하였지만, 근거 없는 것으로 드러났다. 김구는 반공주의자였지만 친일파 청산을 강하게 주장했던 민족주의자였다. 친일파는 김구의 집권이 두려웠다.

박태균은 《버치문서와 해방정국》 109쪽에서 "2005년 겨울 '사운드오브뮤직' 영화 배경이 된 잘츠부르크 성에서 열린 세미나에 참석할 기회가 있었다. 그곳에서 전 주한 미국대사(1993~1997)였던 제임스 레이니를 만났다. 그는 1947년 미군정 정보기관에서 일했던 경험이 있었는데 한국에 부임한 직후 맡았던 사건이 여운형과 장덕수 암살 사건이었다고 했다. 조사하면서 배후를 캐고 또 캐서 이승만 주위에 있는 인물에 도달했을 때 갑자기 미군정 고위층에서 수사를 그만두라는 명령이 내려왔다. 그때가 한국 부임 직후였기 때문에 사실을 명확하게 기억하고 있다."고 했다. 미군정 지휘부는 왜 그랬을까? 여운형에 이어 장덕수 암살을 기획하고 지시한 배후는 누굴까?

이제 남은 사람은 김구와 이승만이었다. 미국은 한국 문제를 미 · 소 · 영 · 중 4개국 외상회의에 회부하자고 제안하였으나 소련이 거절하자 1947년 9월 한국독립 문제를 국제연합(UN)으로 넘겼다. 1947년 11월 유엔 총회는 유엔 감시하에 인구비례에 의한 남북한 총선거를 실시하고 통일 정부가 수립되면 미 · 소 양군은 철수하자는 안을 가결했다. 1948년 1월 유엔 한국 임시위원단은 활동을 개시했으나 소련과 김일성은 이들의 북한 입국을 거부했다. 1948년 2월 26일 유엔 소총회는 유엔 한국 임시위원단의 활동이 가능한 지역에서 (남한만의 단독정부 수립을 위한) 선거를 치르기로 결정했다. 당황한 북한의 김일성과 김두봉은 4월 19일부터 26일까지 평양에서 '전 조선 제 정당. 사회단체 대표자 연석회의(남북연석회의)'를 열기로 했다. 남북 분단을 우려한 김구와 김규식 등 151명은 통일 정부 수립을 위한 남북연석회의에 마지막 희망을 걸고 평양으로 향했다.

공산주의자의 민낯과 행태를 누구보다도 잘 아는 이승만은 "김일성 뒤에는 소련이 있다. 소련과 직접 회담하면 몰라도 앞잡이인 김일성과 만나서 무슨 성과가 있겠느냐?"며 만류했다. 김구는 "공산주의자도 우리 동포. 동포끼리 마주 앉아 최후 결정을 봐야겠다. 38선을 베고 쓰러지는 한이 있더라도 꼭 가야겠다."고 했고, 김규식은 "이게 마지막 기회가 아니라 첫 번째 기회다."고 하며 남북 통일 정부 수립을 위한 희망의 끈을 놓지 않았다. 김구와 김규식은 평양에서 김일성, 김두봉과 만났으나 '미·소 동시 철수 후 통일 정부 수립'이라는 억지 주장에 가로막혀 결국 의견차를 좁히지 못하고 빈손으로 돌아오고 말았다.

카이로 선언과 모스크바삼상회의, 미·소공동위원회, 유엔의 남북 통일 정부 수립을 위한 동시선거 시도에 이르기까지 미국의 대한정책은 실패로 돌아가고 말았다. 실패는 2년후 한국전쟁으로 이어지게 되었다. 버치는 "남북 통일 정부 수립의 실패 원인이 도쿄 최고사령부(맥아더 사령관)의 이승만 편애에 있었다."고 하며 두고두고 아쉬워했다. 버치는 1948년 한국을 떠났다. 이후 1973년 미군정기를 연구하는 한 연구자로부터 그 시기를 평가해 달라는 편지를 받고 답장을 보냈다. "도쿄연합군 최고사령부는 미군정이 한국에서 안정적인 힘을 갖기 위해 이승만이 필요하다는 망상에 사로잡혀있었다. 이 때문에 하지 장군은 다른 결정을 할 수 없었다……. 이승만은 자신에 대한 우리의 혐오를 알고 있었다. 그는 캘리포니아에 있는 친구에게 편지를 보내 한국에서 가장 위험한 공산주의자 두 명이 있는데, 하지 장군과 버치 중위라고 했다……. 하지 행정부는 순진했다."(박태균 지음 《버치문서와 해방정국》 18~19쪽 참조)

미·소 냉전이 시작되자 한반도 분단은 숙명이었다. 이승만의 남한 단독정부 수립은 국내외 정세를 꿰뚫어 보는 혜안이었지만, 미군정은 공산주의자와도 소통할 줄 아는 친미 우파가 주도하는 남북통일 정부 수립의 꿈을 버리지 않았다. 하지와 이승만의 첨예한 대립은 이승만의 승리로 돌아갔다. 이승만은 대한민국 초대 대통령이 되기 위해 미국을 이용했고 친일파를 등용했다. 이승만의 승리에 친일파는 회심의 미소를 지으면서 가슴을 쓸어내렸다. 그러나 이게 끝이 아니었다. 친일파에게는 마지막 넘어야 할 큰 장애물이 기다리고 있었다. 반민특위였다.

1948년 5월 10일 남한 단독정부 수립을 위한 총선거가 예고되자, 남로당 제주도당이 선거 저지에 나섰다. 무력이 동원되었다. 4월 3일 오전 2시 남로당 제주도당 김달삼 등 350명이 한라산 중산간 오름(봉우리)에서 봉화가 피어오르는 것을 신호로 경찰지서 24곳 중 12곳, 우익 인사 집과 청년단체 사무실을 습격했다. 제주4·3사건(1948년 4월 3일~1954

년 9월 21일 한라산 금족령 해제 때까지, 제주도에 군인, 경찰. 서북청년단을 보내 남로당과 빨치산을 진압하는 과정에서 양민 3만여 명이 희생된 사건)이다. 좌우익의 틈바구니에서 무고한 양민은 죽어야 했고 살아남은자도 숨죽이며 살아야 했다. 제주4 · 3사건을겪었던 제주 해녀 상군(上軍) 아흔두 살 김유생 할머니는 2024년 6월 3일 〈조선일보〉 인

제주4 · 3사건 행방불명 희생자 위령지(한국관광공사)

터뷰에서 "제국(일제) 시절과 4 · 3에 우리는 좋은 세상 본 적이 없수다. 4 · 3 때는 산 사람(남로당)이랑 순경들이 밤낮으로 싸우는 통에 항아리 속에도 숨고 천장에도 숨었지. 낮에는 순경들이, 밤에는 산 사람들이 내려와 총을 쏴 대서 애먼 사람들만 죽었지. 열아홉살이던 우리 오빠가 그때 죽었수다. 일본으로 도망간 남자도 많고 제삿날엔 섬 전체가 웁니다게."라고 했다. 허깨비 같은 이념 싸움에 죽어나는 건 제주 도민이었다.

1948년 5월 10일 남한 전 지역 200개 선거구에서 2년 임기 국회의원을 뽑는 총선거가 실시되었다. 제주도 3개 선거구 중 남로당의 방해로 투표율이 유권자의 과반에 미달한 2개 선거구(이듬해 5월 10일 재선거 실시)를 제외하고 198명이 당선(무투표 당선자 12명)되었다. 제헌국회는 1948년 7월 17일 헌법을 제정 공포하고 초대 대통령으로 이승만을 선출했다. 1948년 8월 15일 대한민국 정부가 수립되었다. 새 술은 새 부대에 담아야 했지만, 초대 대통령 이승만은 조선총독부 출신 관리와 경찰을 그대로 등용하였다. 미군정 기간 중친미반공주의자로 변신하면서 조심스럽게 뿌리내렸던 친일파는 이제 합법적으로 거침없이 활동하기 시작했다.

친미반공주의자였던 이승만 대통령은 대한민국 정부를 조기에 정착시키기 위해서는 친일파 단죄를 통한 민족정기 확립보다 사회 곳곳에 침투해 있던 남로당과 좌익세력 척결이 먼저라고 판단했다. 북한에 있는 소련군 장교 테렌티 시티코프의 지시를 받은 남로당은 군부와 사회단체 곳곳에서 암약하며 선전 · 선동과 폭동을 부추기고 있었다. 이승만 대통령은 제주4 · 3사건 진압을 위해 여수에 주둔하고 있던 국방경비대 제14연대를 제주도에 투입하기로 했다. 1948년 10월 19일 군부에 침투해 있던 남로당 군인(중위 김지회 등

40여 명)이 '제주토벌 출동 거부 병사위원회'를 조직하여 출동 명령을 거부하며 폭동을 일으켰다. 여수순천반란사건이다. 여수반란사건을 계기로 이승만은 특무대장 김창룡에게 "군부 내에 암약하는 남로당과 좌익세력을 색출하라."고 특명을 내렸다. 1만여 명이 체포되었고 이때 전 대통령 박정희도 검거되었다. 박정희는 사형을 언도받았으나 백선엽 장군의 도움으로 무기징역으로 감형되었고 한국전쟁이 터지면서 군으로 복귀하였다.

이승만 대통령의 친미반공 노선에 큰 장애물이 생겼다. 친일파 청산을 위한 반민특위였다. 제헌국회가 친일반민족행위자 처벌에 나선 것이다. 국회는 1948년 9월 22일 '반민족행위 처벌법'을 공포하고, 12월 23일까지 특별재판부와 특별검찰부를 구성하여 반민특위 활동을 시작했다.

반민법 제3조, 4조, 5조를 보자.

제3조 '일본 치하 독립운동자나 그 가족을 악의로 살상, 박해한 자 또는 이를 지휘한 자는 사형, 무기 또는 5년 이상 징역에 처하고 그 재산의 전부 혹은 일부를 몰수한다.' 제4조 '중추원 부의장, 고문 또는 참의가 되었던 자, 칙임관 이상 관리가 되었던 자, 밀정행위로 독립운동을 방해한 자, 독립을 방해할 목적으로 단체를 조직했거나 그 단체의 수뇌 간부로 활동했던 자, 군·경찰의 관리로서 악질적인 행위로 민족에게 해를 가한 자, 개인으로서 악질적인 행위로 일제에 아부하여 민족에게 해를 가한 자는 10년 이하의 징역에 처하거나 15년 이하의 공민권을 정지하고 그 재산의 전부 또는 일부를 몰수할 수 있다. 제5조 '일본 치하에서 고등관 3등급 이상, 훈 5등 이상 받은 관공리 또는 헌병, 헌병보, 고등경찰직에 있던 자는 본법 공소시효 경과 전에는 공무원에 임명될 수 없다. 단 기술관은 제외한다.'

반민법은 친일경찰과 관리였던 자를 향한 핵폭탄급 선전포고였다. 친일경찰은 물러설 곳이 없었다. 반민특위는 반민족행위자 일람표를 작성하고, 창씨개명에 앞장섰던 친일변호사, 작위를 받은 친일 귀족, 일제 고등계 형사, 중추원 참의, 일본 헌병 출신 현직 경찰 간부 검거에 나섰다. 친일반민족행위자는 지하로 숨어들거나 해외로 도피했으나, 죄를 뉘우치고 자수하는 자도 있었다. 검거 제1호는 화신재벌 총수 박흥식이었다. 박흥식은 조선비행기공업주식회사를 경영하며 징병제를 찬양하고 학병지원을 종용했으며, 조선총독을 자애로운 부모로 칭송하는 등 일본전쟁 완수에 적극적으로 협력하였다. 박흥식은 미국 비자를 발급받아 탈출하려 1949년 1월 8일 오후 4시 긴급체포 되었다. 창씨개명하고 황도정신을 외치며, 동경으로 건너가 학병지원을 독려했던 소설가 춘원 이광수는 반민특위 조사관이 체포하러 가자 "진작 자수하려 했으나 용기가 없어 못 했다."며 고개를 떨구었다. 일제 고등계 형사로 독립투사를 고문하며 악명을 떨쳤던 수도경찰청 수사과장 노덕술도 잡혀 왔다.

노덕술(1899~1968)은 일본으로 건너가 잡화점 고용원으로 있다가 귀국하여 1920년 순사가 되었다. 보통학교 2년 중퇴였지만 유창한 일본어 실력으로 주목받았다. 동래경찰서 사법주임 때, 반일투쟁사와 조선 역사를 기록한 《배일지집(排日誌集)》을 만들어 배포한 혁조회 회장 김규진과 부회장 유진흥을 고문하여 죽였다.

1932년 5월 통영경찰서 사법주임 때는 반일단체 'ML' 당원 김재학이 노동절 집회에 참가했다는 이유로 두 손을 뒤로 묶고, 두 발을 앞으로 묶은 다음 천장에 매달고 입에 물을 붓고 때리는 등 혹독한 고문을 가했다. 해방 후 수도관구(서울시경) 경찰청 수사과장이 되어, 1947년 3월 전국 노동자 총파업의 배후 인물로 김원봉(독립군 의열단 단장)을 체포하여 조사했다. 취조실에서 김원봉이 통곡했다. "내가 조국 해방을 위해 중국 놈들과 싸울 때도 이런 수모를 겪지 않았는데 해방된 조국에서 악질 친일파 경찰에게 수갑을 차고 이런 모욕을 당하다니 어찌 이런 일이 있을 수 있단 말인가?" 기가 막히고 분통이 터질 일이었다. 누가 누구를 취조하고 고문한단 말인가?

노덕술은 수도경찰청장 장택상을 저격한 혐의로 잡혀 온 박선근을 고문 살해한 후, 꽁꽁 언 한강 물을 깨고 시체를 던져버리는가 하면, 1949년 10월 서울시경 수사과장 최

일제강점기 독립투사 고문 기술자로 악명을 떨쳤던 친일경찰 노덕술이 반민특위에 체포되어 연행되고 있다(좌). 친일경찰은 살아남기 위해 반공 투사로 변신했고 한국전쟁을 거치면서 승승장구했다. 노덕술은 증거불충분으로 풀려났다.

난수, 사찰과 차석 홍택희와 함께 반민특위를 무산시킬 목적으로 요인 암살을 기획하며 그럴듯한 시나리오를 꾸몄다. 시나리오에 따르면 "반민법 제정과 특위 구성을 주도한 국회의원 3명(김웅진, 노일환, 김장렬)을 납치하여 감금한 뒤 '나는 이남에서 국회의원 노릇하는 것보다 이북에 가서 살기를 원한다.'는 취지의 성명서 3부를 자필로 작성하게 하고, 38선 가는 길에서 살해한 후, 월북을 기도했다고 누명을 씌워, 마치 애국청년이 공산주의자를 살해한 것처럼 위장한다."는 것이었다.

일제강점기 때 독립투사를 고문하며 악명을 떨쳤던 노덕술의 고문기술은 해방 이후 경찰, 중앙정보부 등 수사기관으로 이어졌다. 민청련 김근태는 1985년 9월 4일부터 9월 20일까지 치안본부 남영동 대공분실에서 무차별 폭행과 물고문, 전기고문을 당한 후 고문 후유증에 시달리다 2011년 세상을 떠났고, 서울대생 박종철 군은 1987년 1월 14일 같은 장소에서 물고문을 받다가 꽃다운 청춘의 시간을 마감해야 했다. 친일파를 청산하지 못하고 일제 잔재를 고스란히 물려받았던 업보였다.

노덕술은 대담하게도 초대 대법원장이며 반민특위 특별재판부 재판장을 맡게 될 판사 김병로, 특별 검찰부 관장 권승렬, 국회의장 신익희, 특별조사위원회 위원장 김상덕, 부위원장 김상돈, 특별재판관 오택관, 최국형, 홍순옥, 특별검찰관 서용길, 곽상훈, 서성달, 이청천, 유진산, 이철승, 김두한 등 15명도 암살할 계획이었다. 친일경찰 최난수와 홍택희는 백민태(전문 테러리스트)에게 범행에 필요한 자금 30만 원을 지원하기로 약속하고, 1948년 11월 2일 서울시경 사찰과장실에서 10만 원권 수표 1매(반민특위 제1호로 체포된 화신 백화점 사장 박흥식 명의)를 제공했고, 1949년 1월 8일 같은 장소에서 권총 1정, 실탄 3발, 수류탄 5개, 현금 7만 원과 3만 원 수표 1매를 제공하였다.(1950년 4월 18일 대법원 '반민특위요원 암살음모사건' 판결문 중에서)

하늘이 도왔는지, 노덕술의 사주를 받고 1949년 1월 8일 반민특위 요원 암살을 준비하던 백민태가 심경에 변화를 일으켜 국회의원 조헌영과 김준연에게 암살 음모를 제보하여 사건 전모가 드러나게 되었다. 백민태는 중국 북경에서 일본군을 암살하고 철도와 극장 등 주요시설을 파괴하여 사형선고까지 받았던 독립투사였으나, 해방 후 일제 밀정으로서 독립운동가를 고문하여 17명을 죽인 이종형의 심복이 되었고, 노덕술에게 포섭되었던 것이다.

　반민특위는 역풍을 맞았다. 1949년 1월 26일 노덕술이 반민특위에 체포되자, 이승만 대통령은 1월 27일 반민특위 위원장 김상덕과 특위위원 5명을 불러 노덕술 석방을 종용했다. 이어서 1월 28일 국무회의에서는 "노덕술의 피검에 관하여는 그가 치안기술자임을 비추어 정부가 보증하여서라도 보석할 필요가 있다."고 하며 다시 석방을 종용했다. 한발 나아가 이승만 대통령은 2월 2일 담화문을 발표하여 "반민특위 활동은 삼권분립에 위배되는 헌법 위반이며 조사위원은 조사만 하고 검속과 재판 진행은 사법부와 행정부에 맡겨라."고 했다. 이승만 대통령은 한 번 한다면 끝까지 하는 사람이었다. 2월 12일 국무회의에서 "노덕술을 잡아들인 반민특위 조사관 2명과 지휘자를 체포하여 의법처리하고 계속 감시하라."고 지시했다. 대통령이 반민특위에 대해 노골적으로 반감을 드러낸 것이었다. 반감을 넘어선 직권남용이요 위법행위였다. 이승만 대통령은 2월 15일 다시 담화문을 발표하여 "검찰청과 내무부장관에게 지시하여 특경대를 폐지하고, 특별조사위원이 체포구금하는 것을 막도록 하고, 반민법이 국회에서 정하고 대통령이 서명한 것이라고 하더라도 전국적인 치안에 관계될 때는 임시로 정지하는 것이 마땅하다."며 반민특위 활동을 방해했다. '전국적인 치안에 관계될 때는 임시로 정지하는 게 마땅하다니?' 이쯤 되면 대통령이 아니라 절대 군주였다. 이승만 대통령은 노덕술이 수도경찰청 수사과장으로 있을 때 이화장으로 불러 "자네 같은 애국자가 있어서 내가 발 뻗고 잔다(강준만 지음 《한국 현대사 산책》 2권 224쪽)."고 격려했을 만큼 총애했던 인물이었다.

　대법원장 겸 반민특위 특별재판관장 김병로는 1949년 2월 17일 "반민특위활동은 적법하다."며 이승만 대통령에게 강력하게 항의했다. 2월 18일 이승만 대통령은 경우대로 국회의장 신익희와 대법원장 김병로를 초청하여 반민법 개정에 협조해달라고 부탁했지만 단칼에 거절당했다. 격노한 이승만은 2월 22일 정부안으로 반민법 개정안을 국회에 제출하여 법사위원회 심의도 거치지 않고 본회의 심의에 착수했으나 부결되고 말았다. 이제 마지막 남은 방법은 반민특위 요원에 대한 가짜뉴스 배포와 총기사고를 가장한 조사 요원 암살시도(1949년 3월 28일 반민특위 강원도 지부에서 권총 오발 사고로 조사부장 김우종이 부상당함) 등 반민특위 파괴 공작이었다.

누군가의 사주를 받은 국민계몽협회는 반민특위 사무실 앞에 몰려와 "반민특위는 빨갱이 앞잡이다. 공산당과 싸운 애국지사를 체포한 조사위원은 공산당이다."라고 하며 반민특위에 빨갱이 프레임을 씌우며 항의시위를 벌였다. 어용단체를 통한 항의시위는 반민특위 해산을 위한 정해진 수순이었다. 1949년 6월 6일 오전 7시, 드디어 경찰은 반민특위 청사를 습격했다. 서울 중부경찰서장 윤기병과 경찰관 80여 명은 쓰리쿼터 2대에 나눠 타고 남대문로 2가에 있는 반민특위 청사를 포위한 후, 반민특위 검찰부장 권승렬과 조사관이 휴대한 권총을 빼앗고, 특경대원 24명, 반민특위위원 경호원 9명, 민간인 2명 등 35명을 체포하여 끌고 갔다. 또 반민특위 사무실 서류와 직원 주소록, 경비전화를 압수하고 자동차 4대도 압수했다.

반민특위 위원은 "국립경찰이 헌법기관인 반민특위를 강제 점령하고 직원을 불법 체포하니 이게 도대체 무슨 행패냐?"며 거칠게 항의했으나 경찰은 상부 지시라며 막무가내였다. 1949년 6월 7일 이승만 대통령은 〈AP통신〉 기자에게 "특별경찰대(특경대) 해산은 내가 직접 경찰에 지시했다……. 헌법은 행정부에게만 경찰권을 허용하고 있기에 특경 해산을 명했다."고 했다. 대통령의 말이 곧 법이었다. 6월 29일 노덕술은 박선근 고문치사 및 유기사건, 반민특위 위원 암살기도사건 재판에서 증거불충분으로 무죄를 선고받고 풀려났다. 이승만 대통령과 친일경찰의 승리였다.

노덕술이 풀려나기 3일 전인 1949년 6월 26일 미군정 요원 사이에서 '블랙타이거(흑표범)'로 불리며 친일파 처단에 앞장섰던 김구가 경교장(새문안로 29, 강북삼성병원 부지)에서 미군 CIC(미 24군단 소속 정보기관) 요원이자 우익 암살단체 '백의사' 단원이었던 안두희가 쏜 총탄을 맞고 서거하였다. 김구 암살과 노덕술의 무죄방면 뒤에는 친일파와 미군정의 보이지 않는 손이 어른거린다. 김구는 반공주의자였지만 친일파 청산을 주장했던 강경파 독립투사였다. 역사에는 가정이 없다고 하지만 만약 이승만이 친일파 청산에

38선을 베고 쓰러져 죽을지언정 남북 분단은 안 된다고 하며 통일을 위해 노력하다가 안두희의 흉탄에 쓰러진 민족지도자 백범 김구. 미군정은 블랙타이거라 불렀고 친일파도 김구를 두려워했다.

앞장섰다면 어떻게 되었을까? 민족지도자를 암살하고도 오래도록 살아남은 안두희는 1996년 10월 23일 인천 신흥동 자택에서 버스 기사 박기서가 휘두른 정의봉을 맞고 절명하였다. 안두희의 배후는 끝까지 밝혀지지 않았다.

1996년 10월 23일 인천 중구 신흥동 동영아파트에 살던 김구 암살범 안두희가 버스기사 박기서가 휘두른 정의봉을 맞고 죽었다. 1949년 6월 26일 경교장에서 김구를 암살한 지 47년이 지나도록 배후는 밝혀지지 않았다. 박기서는 징역 3년을 선고받고 1년 5개월 복역 후 특별사면되었다.

1949년 10월 4일 반민법 3차 개정안이 공포되었다. 반민특위 검찰부의 수사와 기소권은 대검찰청으로, 특별재판부 재판은 대법원으로 넘어갔다. 반민특위 발족 8개월 만이었다. 친일파 청산은 돌아오지 못할 다리를 건너고 말았다. 반민특위는 1949년 8월 22일 국회에서 폐지안이 통과되면서 역사 속으로 사라졌다. 살아남은 친일파는 승승장구했고, 이역만리에서 풍찬노숙하며 조국광복에 몸바쳤던 독립운동가는 좌우익의 주도권 싸움과 한국전쟁의 소용돌이에 속에서 월북하거나 암살 또는 사형당했고, 살아남은 자는 숨죽이며 살다가 차츰 잊혀지고 말았다.

역사는 한 지도자의 선택이 민족의 운명에 얼마나 큰 영향을 미칠 수 있는지 생생하게 보여주고 있다. 이승만 대통령은 미·소냉전과 좌우익의 대립 속에서 미국이 주도하는 국제질서의 흐름을 간파하고 친미반공 노선을 택하여 대한민국의 주춧돌을 놓았고, 농지개혁을 단행하여 소작농에게 땅을 줌으로써 경제 민주화의 초석을 다진 큰 업적이 있다. 그러나 친일파의 등용과 반민특위 해산으로 민족정기를 바로잡지 못한 허물도 있다. 박민식 전 보훈부 장관은 2023년 9월 18일 〈조선일보〉 인터뷰에서 "반민특위가 친일로 규정한 자는 680여 명이었다."고 했다. 모든 일에는 때가 있다. 미군정 기간 중 뿌리내린 친일파를 모두 단죄할 수는 없었다고 하더라도 반민특위 재판을 통해서 노덕술 등 일제에 적극적으로 부역했던 반민족행위자만이라도 처벌할 수는 없었던 것일까?

역사학자 이인호는 2023년 8월 21일 같은 신문 인터뷰에서 "지도자의 판단은 49 대 51 상황에서 51을 선택하는 것이지 흑백 중 하나를 선택하는 게 아니다. 그런 통찰과 지혜는 역사를 통해 배워야 하는데 나를 포함한 기성세대들이 역사는 객관적이어야 한다며 현대사를 가르치지 않았다. 제대로 된 역사서를 읽고 고민하고 토론했다면 시비를 가릴 능력이 생겼을 것이다. 독립투쟁과 건국 그리고 13년 동안 대통령을 했던 사람(이승만)의 족적을 알아야 우리가 무엇을 위해 싸웠고 어떤 난관에 부딪혔으며 어떻게 극복했는지 알게된다."고 했다. 친일파는 모두 세상을 떠났지만, 친일의 역사는 여전히 현재진행형이다. 가슴 아픈 역사를 되풀이하지 않기 위해서라도 역사에서 배워야 한다.

제2차 세계대전 때 독일 뮌헨 서북쪽에 세운 뮌헨 다하우 강제수용소 벽에는 감옥에 갇혀 죽어간 자들이 새긴 글귀가 남아있다.

'용서하라. 그러나 잊지는 말라.'

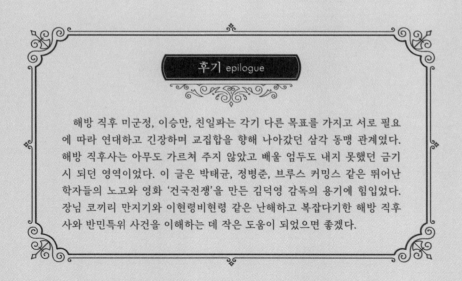

후기 epilogue

해방 직후 미군정, 이승만, 친일파는 각기 다른 목표를 가지고 서로 필요에 따라 연대하고 긴장하며 교집합을 향해 나아갔던 삼각 동맹 관계였다. 해방 직후사는 아무도 가르쳐 주지 않았고 배울 엄두도 내지 못했던 금기시 되던 영역이었다. 이 글은 박태균, 정병준, 브루스 커밍스 같은 뛰어난 학자들의 노고와 영화 '건국전쟁'을 만든 김덕영 감독의 용기에 힘입었다. 장님 코끼리 만지기와 이현령비현령 같은 난해하고 복잡다기한 해방 직후사와 반민특위 사건을 이해하는 데 작은 도움이 되었으면 좋겠다.

제Ⅱ장 지정 · 부론편

원주굽이길 간현봉길(1)(옛 원점회귀 5코스)

(간현관광지주차장 ⊕ 두몽폭포 ⊕ 망태봉 ⊕ 간현봉 ⊕ 간현관광지주차장)

간현에는 '작은 금강산'으로 불리는 소금산(343m)이 있다. 병풍 같은 기암괴석과 울창한 소나무 숲, 맑은 강물이 어우러져 예로부터 시인과 묵객이 즐겨 찾던 오형제 바위가 있고, 주말마다 관광객으로 넘쳐나는 출렁다리와 울렁다리도 있다. 가까운 안창리에는 김제남 신도비, 흥법사지, 을미의병 기념탑, 욕바위 등 역사의 현장이 남아있어 문화유산 답사길로 주목받고 있다.

간현방문자센터 ⊕ 간현교 ⊕ 철계단 ⊕ 산여울식당 ⊕ 남매바위 ⊕ 두몽폭포 ⊕ 망태봉 ⊕ 헬기장 ⊕ 간현봉 ⊕ 송전탑 ⊕ 보릿고개밭두렁 ⊕ 철계단 ⊕ 간현교 ⊕ 간현방문자센터

독한 정철이 내 어진 신하를 죽였다

"정철은 사람됨이 충성스럽고 강직하여 전국에 많은 사람이 풍도(風度, 풍채와 태도)를 흠모하였으나, 술 마시기 좋아하고 취하면 위엄을 잃었기 때문에 사람들이 그 점을 병통(단점)으로 여겼다."《선조 수정실록》13년(1580) 2월 1일 기록이다. 선조는 마흔다섯 살 정철을 "호랑이와 독수리 절개를 지닌 신하"라고 추켜세우며 강원도 관찰사로 보냈다. 정철은 경복궁을 나와 강원감영이 있는 원주로 향했다.

'강호에 병이 깊어 죽림에 누웠더니 관동 팔백 리에 방면을 맡기시네. 어와, 성은이야 갈수록 망극하다. 영추문(경복궁 서문) 들이달아 경회 남문(경회루 남쪽 문) 바라보며 하직하고 물러나니 옥절이 앞에 섰다. 평구역(남양주 사패동) 말을 갈아 흑수(여주 여강)로 돌아드니 섬강은 어드메뇨 치악이 여기로다.'

송강 정철의 '관동별곡' 첫 문장이다.
간현관광지 표지석에 관동별곡 글귀
가 새겨져 있다.

강원도 관찰사로 원주와 인연을 맺
은 정철은 가사 문학의 대가로 널리 알
려져 있지만, 정여립 모반사건(기축옥사)
수사 검사로 역사에 이름을 남겼다. 기
축옥사는 선조가 기획하고 정철이 주연
을 맡아 동인 선비의 씨를 말린 조선 최
대 옥사였다. 기축옥사의 주인공은 정
여립이다. 정여립은 서인이었으나 율곡
이이를 비판하며 동인으로 당적을 바꾸
고 낙향하여 진안 죽도에서 대동 세상
을 꿈꾸다가 역모 혐의를 받고 자진했
다. 정여립 집터는 숯불로 지지고 못을
파서 없애 버렸고, 편지를 주고받았거
나 친분이 있었던 자는 예외 없이 의금
부로 끌려왔다.

정여립 모반사건 특별검사 송강 정철

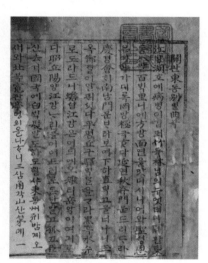

《송강가사》에 실린 '관동별곡'

선조 22년(1589) 10월 추국청에는 피
바람이 불었다. 잡혀 온 자는 고문 받다
가 죽었고, 살아남은 자도 유배되거나 사사되었다. 동인 영수 이발과 정개청,
최영경이 죽었고, 이발의 다섯 살, 열한 살 어린 아들은 매 맞아 죽었으며, 여

주리 틀기. 근육은 물론 뼈까지 상해서 심할 경우 앉은뱅이가 되기도 했다. 영조 때 금지되었으나 천주교 문제로 충주목사로 좌천되었던 이가환이 결백을 증명하기 위해 천주학쟁이에게 곤장과 함께 가했던 가혹한 고문이다. 오른쪽은 비교적 가벼운 형벌인 곤장이다.

든두 살 노모도 압슬형을 받고 죽었다. 정철은 이발의 노모와 어린 아들은 살려 주려 했지만, 선조는 고개를 가로저었다. 모질고 냉혹한 임금이었다. 묘향산에 있던 서산대사도 끌려왔고 오대산에 있던 사명당도 강릉도호부로 끌려와서 조사를 받고 풀려났다. 이중환은 《택리지》에서 "임금이 정철을 위관 삼아 옥사를 다스리게 하였다. 정철이 옥사를 맡자 동인으로서 평소 과격한 자는 죽지 않으면 귀양 갔고 조정이 텅 비게 되었다."고 했다. 동인 가운데 살아남은 자는 본관을 바꾸고 깊은 산속이나 섬으로 숨어들기도 했다.

선조는 역모 프레임을 씌워 동인을 꼼짝 못 하게 한 후 마음을 바꿨다. 선조는 건저의 사건(정철이 영의정 이산해의 계략에 속아 광해를 세자로 책봉해야 한다고 건의했다가 선조의 미움을 받아 귀양 간 사건)을 빌미로 "악독한 정철이 나의 어진 신하를 죽였다(毒澈殺我良臣, 독철살아양신). 대신으로서 주색에 빠져 나랏일을 그르쳤다."고 하며 파직한 후 귀양 보냈다. 토사구팽당한 정철은 임진왜란이 일어나면서 선조가 다시 부를 때까지 명천, 진주, 강계 등지로 유배지를 옮겨 다녀야 했다. 율곡 이이는 《경연일기》에서 의심이 많고 변덕이 죽 끓듯 하는 선조를 두고 "한 갓 의혹만을 조장하여 의혹하지 않는 사람이 없었고, 의혹하지 않는 일이 없었 다."고 했다. 선조는 왕권 강화를 위해 서인을 이용하여 동인을 죽이고 동인을 이용하여 서인을 죽였다. 왕권 강화가 나라와 백성을 위한 수단이 아니라 목적 이었다.

정철은 금수저로 태어나서 왕실과 인연을 맺은 누나와 누이동생의 부침을 지 켜보며 자랐다. 누나는 인종의 후궁 귀인 송씨였고, 누이동생은 인종의 뒤를 이을 유력한 후보로 거론되던 계림군 이류의 부인이었다. 정철은 부친, 누이동 생, 처남이 모두 '을사년의 화'에 연루되었으나, '나이가 어리다는 이유'로 화를 면했다. 을사년의 화'로 불리는 을사사화의 얼개를 살펴보자.

연산군을 내쫓고 왕위에 오른 중종은 힘이 없었다. 반정 세력의 강요로 단경왕후를 내쫓고, 계비 장경왕후를 맞아들였으나 아들(인종)을 낳고 엿새 만에 죽었다. 새 계비 가 들어왔다. 문정왕후다. 문정왕후는 혼인 17년 만인 서른다섯 살 때 아들을 낳았다. 경원대군(후일 명종)이다. 중종이 죽고 인종이 왕위에 올랐다. 인종은 25년 세자 생활 을 통해서 준비된 왕이었다. 정철은 큰 누나(귀인 정씨)가 인종 후궁으로 있을 때 궁궐 에서 경원대군과 함께 뛰어놀던 친구였다. 인종은 후사가 없었다. 노론은 문정왕후를 등에 업고 경원대군을 지지하며 기회만 엿보고 있었고, 소론은 경종을 지지하며 인성 왕후 박씨에게 적자가 태어나기만 학수고대하고 있었다. 소론의 영수는 죽은 장경왕후 오빠 윤임이었고, 노론의 영수는 문정왕후 동생 윤원형이었다. 소론은 대윤(윤임), 노 론은 소윤(윤원형)이라 불렀다. 인종은 즉위 9개월 만에 죽었다. 윤원형과 문정왕후의 독살설이 제기되었지만 명백한 증거는 없었다. 문정왕후의 열두 살 어린 아들 경원대군이 왕위에 올랐다. 명종이다. 문정왕후의 섭정이 시작되자 윤원형은 기다렸다는 듯이 윤임 일파 죽이기에 팔을 걷어붙였다.

을사사화의 시작이었다. 윤원형은 윤임만 아니라 계림군 이유(부인은 정철의 누이, 이모는 중종의 첫째 계비 장경왕후, 외숙은 윤임)와 봉성군(중종의 여섯째 아들)을 역모 혐의로 엮었다. 명종 즉위년(1545) 9월 1일 경기도 관찰사 김명윤이 "윤임 일파가 계림군을 왕으로 추대하려는 역모 혐의가 있다."고 운을 떼자, 9월 6일 윤임의 사위 이덕응이 의금부로 끌려왔다. 그는 신장 4대를 두들겨 맞고 장인을 물고 들어갔다. "선왕(경종)의 병세가 위중했을 때 윤임이 '주상이 소생할 기미가 없으니 만약 경원대군(명종)이 왕위를 계승하여 윤원로(윤원형의 형)가 뜻을 얻게 되면 우리 집안은 멸족당할 것이다. 여러 왕자 중에 어진 사람을 골라 세운다면 봉성군을 세워야 한다. 만약 내가 문안차 입시하게 되면 그 일을 도모할 수 있을 것이다.'라고 하기에 저는 순리대로 추대해야 한다고 하였습니다."라고 했다. 장인과의 의리를 헌신짝처럼 내던져버린 비겁한 사위였다. 윤임은 9월 11일 양화진 근처 성산에서 참수되어 3일간 효수되었고, 살려고 발버둥 쳤던 사위 이덕응도 같은 날 군기시 앞에서 참수되어 3일간 효수되었다. 이덕응은 저승에서 장인 윤임을 만나서 뭐라고 했을까? 윤임 일파가 무너지는 과정을 지켜보던 계림군은 종 무응송을 데리고 황해도 토산을 거쳐 안변으로 피신했다. 그는 머리를 깎고 변복한 후 금강산 부근 황룡산 상봉 바위 밑에 숨어있다가 첩보를 입수한 토산현감 이감남과 신계현령 변응몽 등에 의해 9월 25일 체포되었다. 계림군은 한양으로 압송된 후 9월 28일 참수되었다.

을사사화와 기축옥사로 이어지는 피비린내 나는 역사의 한복판에서 정치권력의 비정함을 맛보며 59년을 살다간 정철. 그에게 강원도 관찰사 11개월은 어떤 시간이었을까? 관동별곡으로 널리 알려진 가사 문학의 대가 정철을 당시 사관은 어떻게 평가했을까? 사관의 붓은 매서웠고, 날카로웠고, 거침이 없었다.

《선조 수정실록》26년(1593) 12월 1일 송강 정철의 졸기를 들여다보자.

　전 인성부원군 정철이 죽었다. 정철은 강화에 우거하다가 술병으로 죽었다. 향년 59세였다. 젊었을 때부터 재명(才名)이 있었다. 김인후와 기대승에게 배웠는데 기대승은 정철의 결백한 지조를 자주 칭찬하였다. 정철의 누나는 인종의 귀인(貴人, 후궁에게 내리던 종1품 봉작)이 되고, 누이동생은 계림군의 아내가 되었다. 을사년의 화에 부친이 관계되었으나 정철은 나이가 어리다는 이유로 화를 면했다. 어린아이 때 동궁을 드나들었는데, 명종이 대군으로 있을 때 같이 뛰어놀면서 매우 가깝게 지냈다……. 선조 초년(1568~1570)에 전랑(이조 정5품)으로 기용되었으나 격탁양청(激濁揚淸, 당서에 나오는 말로 탁류를 몰아내고 맑은 물을 끌어들인다는 뜻)에만 힘썼으므로 명망은 높았으나 좋아하지 않는 자가 많았다. 정철은 당론이 갈라지자 한쪽만을 극력 주장하다가 시론에서 원수처럼 되었다.

　처신을 모나게 하여 유성룡은 평소 정철을 미워했지만 "그는 입이 곧아 자기가 한 일은 반드시 숨기지 않았던 인물"이라고 했다. 이발과 이산해는 한때 권세를 장악했던 자로서 정철은 그들과 친구였다. 정철이 재주로서 그들의 비위를 조금만 맞춰주었더라면, 어찌 낭패를 당하고 곤고하게 되어 굶주린 신세가 되었겠는가. 정철은 그들에게 한 번도 굽히려 들지 않았다. 정철은 결백성이 지나쳐 의심이 많고 용서하는 마음이 적어 일을 처리해나가는 지혜가 없었으니, 이것이 평생 병통(단점)이었다. 만일 그를 강호(시인이나 묵객이 현실을 도피하여 살던 시골) 산림의 사이에 두었더라면 잘 처신했을 텐데, 지위가 삼사(三司, 사헌부, 사간원, 홍문관)의 끝까지 오르고 몸이 장상(將相, 장수와 재상)을 겸하였으니 그에게 맞는 벼슬이 아니었다. 정철은 중년 이후로 주색에 병들어 스스로 충분히 단속하지 못한 데다가 탐사한 자(삿된 것을 탐하는 자)를 미워하여 술이 취하면 권귀(權貴, 권세가 있고 지위가 높은 자)를 가리지 않고 면전에서 꾸짖었다. 또한 편벽된 의논을 극력 고집하면서 왕명을 받아 역옥(기축옥사)을 다스릴 때 당색의 원수(정적이었던 동인)를 많이 체포하였으니, 정철이 한 세상 공격 대상이 된 것은 괴이할 게 없다. 정철의 처신은 정말 지혜롭지 못했다고 하겠다. 정철을 권간(權奸, 권세 있는 간신)과 적신(賊臣, 불충한 신하)으로 지목하는 것은 문제가 있다. 정철은 조정에서 앉은 자리가 미처 따스해질 틈도 없이 정승이 된지 겨우 1년 남짓하였다. 밝은 임금이 있었고 이산해, 유성룡과 함께 세 사람이 정승을 하고 있는 상황이었으며 이산해가 임금의 은총을 입고 있었으니 정철이 어찌 권세를 부릴 여지가 있었겠는가?

정철은 정치가 어울리지 않는 인물이었다. 말과 말이 부딪히며 권모술수와 당색이 판치는 정치판은, 술 좋아하고 격정적이며 직선적인 성품의 정철에게는 어울리지 않았다. 차라리 초야에 묻혀 문학하는 선비로 살았더라면 훨씬 자유롭고 넉넉하게 살 수 있지 않았을까? 사람 사는 세상은 예나 지금이나 크게 다르지 않다. 정치! 이건 아무나 하는 게 아니다.

간현(艮峴)은 옛 원주군 지향곡면 2리였다. 지정면은 지향곡면 '지'와 정지안면 '정'자를 따서 지었다. 1914년 간현동, 정지말(배터말, 점말), 진방동, 작동, 경장동을 모아서 간현리라 이름 짓고 지정면에 편입하였다. 간현에서 '간'은 갈다, 높다, 크다는 뜻이다. 마을 동쪽 월송리로 넘어가는 숯돌고개(간재)에서 유래했다. 고려 말 이색 후손으로 선조 때 이조판서를 지낸 이희는 간현에 내려와 살면서 마을 이름을 따서 호를 '간옹'이라 하였다.

간현교 입구에 백호부대 유격장 표지판이 보인다. 간현 모래사장은

1970~80년대 유격장으로 유명했다. 간현교 건너편 녹슨 철교 교각에 검은 글자가 희미하다. 미간을 찌푸려 읽어보려 하지만 보이지 않는다. 옆에 있던 눈 밝은 도반이 말했다. "때려잡자! 김일성이네요." 유격장 하면 빨간 독수리 모자를 눌러 쓰고 PT 체조를 시키던 유격 조교의 모습이 떠오른다.

독수리 모자를 눌러 쓴 유격훈련장 조교와 PT 체조 병사들의 고통스러운 표정과 목소리가 들리는 듯하다.

간현교는 섬강 양쪽에 줄을 매어놓고 도강 훈련하던 옛 부사관 학교 유격장이었다. 철길 지나 점말 가는 길에도 절벽에서 줄 타고 하강하던 유격훈련장이 남아있다. 군 복무 시절 점말에서 유격훈련을 받았던 문막 사는 양태화는 "다른 사람은 한두 번 받고 말았지만, 나는 세 번이나 받았다. 그때 훈련하던 모습이 눈에 선하다."고 했다. 점말 유래에는 세 가지 설이 있다.

고려 때 원주 이씨 문중에 초상이 나서 배에 관을 싣고 강을 거슬러 올라왔는데 마을 부근에 다다르자 꼼짝도 하지 않았다. 문중 사람들은 어쩔 수 없이 마을에 묘를 쓰고 '배터 말'이라 불렀다고 한다. 다른 설도 있다. 마을 큰 느티나무 앞에 정자가 있다고 '정자말', 나루터가 있다고 '정지말', 조선 시대 사기그릇을 굽던 곳이 있었다고 '점말' 또는 '사기전말'이라 불렀다고 한다. 《한국지명총람》은 '정자말(배터)'이라고 했다.

2024년 4월 13일 점말 건너편 배나무골에서 만난 정운학(80세, 한국전쟁 때 황

간현 점말에는 세 가지 설이 있다.

해도 연백에서 부모 따라 월남하여 인천을 거쳐 열다섯 살 때 마을에 들어왔다고 함)은 "점말은 조선 시대 사기그릇을 굽던 사기점이 있었다고 점말이라 불렸고, 원주 이씨 배가 닿은 곳은 점말이 아니라 배나무골이다. 배나무골 옆에 원주 이씨 사당이 있다."고 했다. 전설은 귀에 걸면 귀걸이요 코에 걸면 코걸이다. 세대를 이어 구전되어 오는 전설에 무슨 정답이 있겠는가? 현장을 다니며 토박이 노인의 옛이야기를 듣다 보면 시간 가는 줄 모른다. 필자는 사기점말에 한 표다.

간현교 건너편 오형제바위 중 첫째 바위 밑에 '汝淵洞天(문연동천)'이 새겨져 있다. 강원도 관찰사가 기생을 불러 풍류를 즐겼다고 '여기(女妓)바위'라고도 한다. '문연동천'에서 '문연(汝淵)'은 중국 '태산'에서 발원한 '문수(汝水)'와 횡성 태기산에서 발원한 섬강이 이름과 물 흐르는 모습이 비슷하다고, 강 이름 '汝(문)'과 근원 '淵(연)'자를 썼다고 한다. '문수'와 '문연'은 세상과 떨어져 있는 은둔지를

간현교 건너편 오형제바위　　　　　　　　오 형제 첫째 바위 밑 문연동천

말하고, '동천'은 '풍광이 뛰어난 장소'를 말한다. 치악산 구룡사 앞 마당바위에
도 '龜龍洞天(구룡동천)'이 새겨져 있다. '汶淵洞天(문연동천)' 글씨는 해동암각문연
구회(단장 홍순석)의 현장조사와 문헌고증 결과 조선 중기 간현에 은둔했던 택당
이식이 쓴 것으로 밝혀졌다.

《조선환여승람》 원주목 명승조에 기록이 남아있다.

"문연동천은 지정면 간현 섬강 위에 있다. 깎아지른 벼랑이 우뚝 솟아 있고
바위가 튀어나와 있는데 택당 이식이 '문연동천' 네 글자를 크게 써서 새겼다.
맑고 푸른 물결에 경치까지 빼어나서 봄, 가을로 찾아오는 사람이 끊이지 않는
다."(2024년 4월 8일 〈원주투데이〉 기사 중에서)

고문헌에 섬강이 처음 등장하는 건 《세종실록지리지》 원주목편이다. "대천
(大川)은 섬강이다. 고을 서남쪽 흥원창이 있는 곳이다." 《신증동국여지승람》은
"동쪽에는 치악산이 서리고, 서쪽에는 섬강이 달린다. 고을 서남쪽 50리에 있
다."라고 했다. 섬강은 달강, 달래강, 안창수, 피내울, 북천 등 별칭이 많다. 달
강은 신라 말(900년 이전) 북원의 도적 양길이 취병산을 넘으면서 달빛에 비친 강
을 월천(月川)이라고 부른 데서 유래한다. 또 오형제 바위 중 첫째 바위(문연동천

위쪽)가 마치 두꺼비처럼 생겼다고 '섬강'이라 불렀다는 말도 있다.

섬강에는 은주암 전설도 있다. 인조반정 때 선봉장 역할을 맡았던 이괄이 공신 책록에 불만을 품고 반란을 일으켰다가 실패하자 장인(이지난)과 장모(횡성 조씨)는 배를 타고 섬강으로 도주했다. 추격선이 점점 가까이 다가오자 두 사람은 오형제바위 밑에 숨어서 가까스로 관군을 따돌렸다. 배를 숨겼던 둘째 바위는 숨을 '은', 배 '주'자를 써서 은주암(隱舟巖)으로 불리게 되었다. 이괄은 김류와의 불화와 무신에 대한 차별대우로 이등공신으로 책록된 후, 한성부윤을 거쳐 평안병사 겸 부원수로 밀려났다. 반정 동지였던 김류와 이귀는 역모 고변서가 올라오자 이괄 아들(이전)을 체포하러 영변으로 금부도사와 선전관을 보냈다. 이괄은 격분했다. 공을 세우고 변방으로 밀려난 것만 해도 억울한데 역모 혐의까지 씌워 아들을 연행하려 하자 가만히 있을 수 없었다. 이괄은 금부도사와 선전관을 죽이고 순변사 한명련과 합세하여 인조 2년(1624) 1월 22일 항왜병 130명과 1만 2,000명 정예 군사를 이끌고 난을 일으켰다.

《인조실록》 2년 1월 24일 기록이다.

> "부원수 이괄이 금부도사 고덕상, 심대림, 선전관 김지수, 중사 김천림 등을 죽이고 군사를 일으켜 반역하였다. 앞서 고변한 자는 이괄 부자가 역적 우두머리라고 하였으나 임금은 이괄이 반역하지 않으리라고 생각하여 그 아들 이전만 체포하여 오라고 명했는데 이전은 그때 이괄 군중에 있었다."

인조는 이괄 목을 베어오는 자에게는 신분과 관계없이 일등 공신과 일품 품계를 주겠다고 약속했다. 이괄은 평양에 있던 도원수 장만을 피해서 강동, 황주, 개성을 거쳐 한양까지 파죽지세로 쳐 내려갔다. 인조는 창경궁 명정문을 빠져나가 양재역을 거쳐 공주 공산성으로 피신했고, 이괄의 반란군은 인조 2년 (1624) 2월 9일 무악재를 넘었다. 이괄은 선조의 열 번째 아들 흥안군(선조와 온빈 한씨 사이에서 태어났다. 이괄의 난을 피해 인조와 함께 한강을 건너다가 도망쳐서 이괄에게 항복했다)을 왕으로 추대했다. 이괄이 무악재에 이르자 반란군에 동조하는 군사 수천 명이 길을 안내했고 의관을 갖춘 관청 서리들이 영접했다. 한양을 점령한 이괄은 임진왜란 때 불타버린 경복궁 터에 병영을 설치했다. 반란은 성공하는 듯했으나, 2월 11일 안산(鞍山. 인왕산 옆에 있는 낮은 산으로 산 모양이 말안장 같다고 붙여진 이름이다. 다른 이름은 무악이다) 전투에서 장만(병자호란 때 주화파 최명길의 장인)과 안주목사 정충신이 이끄는 관군에게 패하면서 뿔뿔이 흩어지고 말았다. 이괄은 한양 도성에 숨었다가 광희문을 빠져나와 이천으로 달아났으나, 인조 2년 2월 15일 아들 이전, 아우 이수, 순변사 한명련과 함께 부하 기익헌과 이수백에게 살해되어 목이 잘렸다. 등잔 밑이 어둡다고 배신자는 늘 가까이 있다. 흥안군은 광주 소천강에서 심기원과 신경진에게 체포되어 창덕궁 돈화문 앞에서 처형되었으며 한명련의 아들 한련은 후금으로 달아났다가 3년 후 정묘호란 때 선봉장이 되어 조선으로 내려왔다. 이괄의 난은 삼일천하로 막을 내렸다. 이괄은 허균, 정여립과 함께 조선왕조가 끝날 때까지 신원되지 못했다. 역사는 승자의 기록이다. 패하면 패할 운명이었다고 합리화시키고 덧씌워 버린다.

부론면 손곡리 안산골에 전해오는 이괄 부친과 조부 묫자리 전설에는 승자가 퍼뜨린 패자 운명론과 미륵 세상을 기원하며 이괄을 응원했던 민초들의 꺾여버린 희망이 뒤섞여 있다(양평 떠드렁 섬과 홍천 대미산성 이괄봉에도 비슷한 전설이 있다).

풍수에 밝았던 이괄 부친 이육은 손곡리 안산골에 묫자리를 정해놓고, 아들에게 "내가 죽으면 시신을 거꾸로 묻고 머리가 섬강 쪽을 향하게 하라."고 신신당부했다. 풍수가는 "이 묫자리는 시신이 용이 되는 형국으로 후손 중에 왕이 나올 자리"라고 했다. 이괄 부친은 평소 청개구리마냥 어깃장을 놓으며 속을 썩였던 아들이지만 마지막 유언은 지켜 주리라 믿었다. 부친이 죽자 이괄은 "부친이 살아계실 때 늘 뜻을 거슬렀으니 일부러 반대로 말씀하신 것이다. 시신을 어떻게 거꾸로 묻을 수 있겠는가?"라고 하며 유언을 무시하고 똑바로 묻었다. 이괄의 난이 진압되고 부친 묘를 파헤치자, 시신의 반은 용이 되고 반은 썩어 있었다. 만약 이괄이 부친의 유언을 지켰더라면 난이 성공하여 왕이 되었을 것이라는 전설이다. 둘째 이야기는 '알쌍골' 전설이다. 이괄은 왕이 되려는 야심을 품고, 삶은 달걀도 묻어두면 병아리가 된다는 안산골(알상골)에 조부의 묫자리를 잡은 후, 땅 기운을 시험하기 위해 달걀을 불에 그슬려 묻어놓았다. 며칠 후 알을 깨고 나온 병아리는 '삐약삐약' 소리를 내지 못했다. 이번에는 닭을 묫자리에 넣어 보았더니 묘에서 나온 닭도 겨우 '꼬끼꼬끼' 소리만 냈다. 그래서일까? 이괄의 반란은 실패하고 삼족(친가, 외가, 처가)까지 칼을 받았다. 조부 묘는 다행히 난을 피해 갈 수 있었다고 한다.

이괄의 장인·장모가 숨어 살았다는 원주시 지정면 보통리 '자갑마을'은 조엄기념관 지나 88번 지방도 따라 질마재(길마재) 가는 길에 있다. 자갑마을 옛 지명은 '작압부리'였다. 작압은 '잘 보이지 않는다.'는 뜻이다. 작압마을은 마을 밖에서 안이 들여다보이지 않아서 한국전쟁 때도 화를 피했다고 한다. 도로명 주소는 지정면 작압길이다. 자갑은 작압을 소리나는 대로 적은 말이다. 자갑마을 지나 길마재 가는 길은 평해대로(서울~원주~강릉~삼척~울진~평해)가 지난다. 간현에서 조금 떨어져 있지만, 내친걸음이니 고종 24년(1887) 3월 5일 정선군수 오횡묵(1834~?)이 부임 신고차 강원감영으로 오던 길을 따라가 보자.

이 길은 오횡묵의 《정선총쇄록》에 자세하다. 필자는 2023년 3월 1일 오횡묵

여주시 북내면 서원리 서화마을

양평군 양동면 삼산2리

이 걸었던 길을 따라 걸었다. 여주시 북내면 서화고개(서원리)에서 출발하여, 양평군 양동면 단석리, 삼산리, 송치(대송치, 소송치)와 도 경계를 넘어서 원주 지정면 안창리 욕바위, 안창대교, 지정초등학교, 조엄기념관, 질마재, 광터, 만종역, 유문 사거리(옛 원주역 앞), 강원감영에 이르는 길이다. 옛길에는 솔치고개, 욕바위, 김제남 신도비, 흥법사 터, 을미의병 봉기기념탑, 조엄 묘소, 질마재, 광터 등 역사유적이 즐비하다. 잠시 타임머신을 타고 137년 전 오횡묵과 함께 강원감영까지 글 걸음을 옮겨보자.

양평군 양동면 솔치, 경기 평해길, 9구간 종착지.

경기 양평과 강원 원주 경계지. 평해대로 따라 원주 지정면 안창리로 들어오는 길목이었다.

안창리 나루터가 있던 곳. 지금은 안창대교가 지난다.

대마도에서 고구마를 들여와 굶주리는 백성의 허기를
달래주었던 조엄 사당 문익사(조엄기념관 안에 있다)

"첫닭이 울자 말에게 여물을 먹인 다음 조반을 먹었으나 날이 밝지 않았다. 지평에
서 순영(巡營, 강원감영)까지는 산길이 험해서 일찍 출발해야 명을 받아 신고할 수 있
다고 하여 서둘러 길을 나섰다. 부연10리에 이르자 밥 짓는 연기가 올라왔다. 부연(양
평군 양동면 삼산리)을 지나고 3리를 더 가서 송치(松峙, 소나무가 많았다고 '솔치'라
고 불렀다)에 이르니 지평(양평의 옛 지명, 1908년 9월 양근군과 지평군을 합하여 양
평군이 되었다) 끝 지점이었다. 두 송치(대송치와 소송치) 사이는 봉우리가 하늘을 찌
르고 수목이 울창하여 들리느니 새소리와 물소리뿐이었다. 도둑의 출몰이 잦아 행인
은 조심해야 한다고 일러주었다. 통탄할 일이다. 간신히 재를 넘어 이운4리를 지나 안

이괄 장인·장모가 숨어 살았다는 자갑동 뒤로 질마재
가는 길이 이어진다.

군량미를 보관하던 창고가 있었던 광터. 옛날에는 이곳
까지 배가 올라왔다.

양(安壤, 안창 옛 이름)에 이르니 큰 강(섬강)이 가로막아 조각배로 강을 건넜다. 정양
천을 건너 작두동(斫頭洞, 조엄 부친 조상경 때부터 내리 6대 판서가 나왔다고 벼슬
'작(爵)'을 써서 작동이라 부른다. 조엄 묘는 양평군 양서면에 있었으나 정조 7년 9월
이곳으로 이장했다)4리에 이르니 큰 수목이 숲을 이루었는데 한양의 재신 조풍은(豊
恩, 조엄 손자 조만영이다. 딸이 순조 아들 효명세자의 빈으로 책봉되자 풍은부원군에
봉해졌다. 효명세자는 22세로 요절하였고 아들 헌종이 왕위를 이어받았다. 헌종은 부
친을 후일 익종으로 추존하였다) 상공 조부(조엄) 산으로 수호하는 범절이 자손으로서
정성을 다하고 있다고 했다. 나무 그늘에서 잠시 쉬었다가 지름길로 안현(鞍峴, 고개
가 말안장처럼 생겼다고 길마재였는데 음이 변해 질마재가 되었다. 한자로 말안장 '안
(鞍)'과 고개 '현(峴)'을 써서 안현이라 하였다)으로 가는데 길이 매우 험하여 걸어서 재
(질마재)를 넘었다. 광허(廣墟, 군량미를 쌓아두던 곳. 윗광터와 아랫광터가 있으며 주
막도 있었다)까지 10리를 와서 말에게 여물을 먹이고 즉시 출발하여 만종점(멀리 치
악산을 바라본다는 뜻으로 바라볼 '망(望)', 으뜸 '종(宗)'자를 써서 '망종(望宗)'이라 하
였는데 음과 한자가 모두 변했다)10리, 유문(酉門, 옛 원주역 앞 사거리와 학성동 행
정복지센터 사이에 있던 감영 망루.《조선지지자료》와《한국지명총람》은 망루가 있었
다고 누문(樓門)이라 하였으나 음이 변해 유문이 되었다) 지나 바로 북문을 향해 들어
가니 이곳이 원주의 영문(營門, 강원감영 정문 관찰사 영문의 줄임말)이었다."

필자는 이 길을 가칭 '관찰사길'로 명명했다. 고증을 거쳐 특별한 걷기 길로
만들어 보면 어떨까? 오횡묵은 이듬해 8월까지 1년 5개월간 정선군수로 있
었다.

(2편에 계속)

간현방문자센터 ⊙ 간현교 ⊙ 철계단 ⊙ 산여울식당 ⊙ 남매바위 ⊙ 두몽폭포 ⊙ 망태봉 ⊙ 헬기장 ⊙ 간현봉 ⊙ 송전탑 ⊙ 보릿
고개밭두렁 ⊙ 철계단 ⊙ 간현교 ⊙ 간현방문자센터

허균의 선영은 원주 노림리였다

다시 간현봉 들머리다. 간현교 지나 가파른 고개를 넘으니 지정면 안창리다.

안창은 한양에서 평해대로 따라 원주로 들어오는 길목이었다. 안창(安倉) 옛
이름은 '안양(安壤)'이다. 안양의 '안'과 세곡을 보관하던 창고 북창(北倉)의 '창'을
따서 '안창'이라 하였다. 세곡 보관 창고는 강원감영을 중심으로 세 곳이 있었
는데, 영월 주천의 동창, 부론 흥원창의 서창, 안창에 있던 북창이었다. 안창에
는 역과 나루터도 있었다.

마을 어귀에서 만난 쉰아홉 살 연안 김씨는 "김제남(선조 계비 인목왕후 부친) 신
도비가 있는 마을은 능말, 안창역이 있던 마을은 역말, 북창이 있던 마을은 창
말"이라고 했다. 안창역 터는 88번 지방도 건너편 흥법사 터 가는 길에 있다.
《여지도서》는 "안창역은 고을 서쪽 35리에 있다. 역리 1명이 있고 큰말 1필,

흥법사지

선조 장인 김제남 신도비

을미의병 봉기기념탑

안창리 능촌 표지석

복마(卜馬) 2필, 노비 21명이 있다."고 했다.

안창나루다. 《여지도서》는 "안창진은 고을 서쪽 북창 앞에 있다."고 했고, 《신증동국여지승람》은 "겨울에는 다리를 놓고, 여름에는 배를 둔다."고 했다. 2023년 6월 6일 마을에서 만난 여든세 살 경주 김씨는 "내가 시집올 때는 나 루터에서 배를 타고 왔다. 나루터는 교회 앞에 있었다."고 했다. 교회는 장로교 안창교회다. 옛 나루터 자리에 안창대교가 놓였다. 안창대교를 건너면 길이 나 뉜다. 지정초등학교에서 만종 지나 강원감영 가는 길과 문막 지나 부론, 귀래, 충주 가는 길이다. 안창리는 역사의 보고다. 간현주차장에서 섬강 따라 안창리를 잇는 역사문화길을 만들어 보면 어떨까?

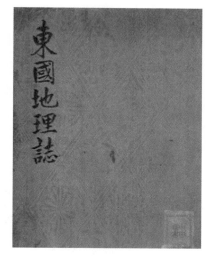

한백겸의 《동국지리지》

안창리를 지난 섬강은 문막 물굽이 나루터와 부론 노림리를 지나 흥원창(은섬포)으로 향한다. 내친 글 걸음이니 섬강 따라 흥원창까지 다녀오자. 정해진 길만 보며 빠르게 걷는 것보다 가끔씩 제 길을 벗어나 색다른 길을 걸어보면 또 다른 눈이 열린다. '걸어서 지구 세 바퀴 반'을 돌았던 작가 한비야도 "지도 밖으로 행군하라."고 하지 않았던가?

부론면 노림리는 일명 노숲마을이다. 인조 비 인열왕후 부친 한준겸(선조가 죽기 전 어린 영창대군을 잘 보살펴달라고 부탁했던 일곱 신하 가운데 한 명)과 우리나라 최초 역사지리서 《동국지리지》를 쓴 한백겸

(한준겸의 친형이며 역사지리를 새로운 사관과 독창적인 견해로 정리한 60쪽짜리 《동국지리지》를 남겼다. 원주시 호저면 산현리 칠봉서원에 배향되었다)의 고향이다.

산현리 칠봉서원(강원도지)

노림배수장에서 섬강 건너편(세종천문대 옆) 여주시 강천면 부평리 가마섬은 청주 한씨 세장지(世葬地, 대를 이어 묻힌 곳)다. 가마섬 입구에 구암 한백겸 신

도비(이조판서를 지낸 친구 정경세가 지었다)가 서 있다. 신도비에서 산길 따라 올라가면 함경도 문천군수를 지낸 한백겸의 조부 한여필 부부 합장묘가 나온다. 위쪽에 한백겸 부친 한효윤 부부 합장묘가 있고 맨 위쪽에 한백겸 부부 합장묘가 있다. 한여필이 문천군수를 그만두고 부론 '노수촌(蘆藪村)'에 살다가 세상을 떠나자 한씨 형제(한백겸과 한준겸)가 허균의 큰 형인 허성에게 묘지명(墓誌銘, 망자의 덕과 공을 글로 새기어 후세에 전하는 글. 망자의 성씨와 고향, 벼슬을 적은 글을 '지(誌)'라 하고 칭송하는 글을 '명(銘)'이라 하며, 두 개의 돌에 나누어 새긴 뒤 무덤 옆에 묻었다)을 부탁했다.

허성은 모친 청주 한씨(부친 허엽의 첫째 부인) 묘를 성묘하면서 동네 사람한테 한여필에 대한 '아름다운 이야기'를 듣고 있었는데 부탁을 받으니 거절할 수 없었다. 허성은 한백겸의 《기전도설(箕田圖說)》에도 후어(後語, 부족한 부분을 보완해주는 짧은 글)를 써주었다. 《기전도설》은 동생 한준겸이 어머니를 모시고 평안도사로 가 있을 때 한백겸이 문병 차 찾아갔다가 평양 일대를 답사하면서, 기자(箕子)가 조선에 와서 시행했다는 은나라식 밭 '전(田)'자형 정전제 터를 확인하고 직접 글과 그림을 그려 넣은 논문이었다. 양천 허씨 집안은 청주 한씨 집안과 혼사를 맺고 있어 혈연적으로 무척 가까운 사이였다. 허엽(허성, 허봉, 허난설헌, 허균 부친)의 증조부였던 허창의 누이동생 딸이 한사무에게 시집갔는데 한사무의 증손자가 한효윤과 한효순이고, 한효윤의 두 아들이 한백겸과 한준겸이다. 허엽 아들 허성, 허봉, 허균과 한효순, 한효윤, 한백겸, 한준겸은 모두 화담(서경덕)학파로서 두 집안은 학문적으로도 가까웠

1616년 8월 12일 좌승지 임취정의 아들 임흥후가 문과에 급제하자 임취정이 축하 글을 짓고 명인 13명이 자필로 직위와 이름을 적고 수결한 '풍천 임씨가 임취정 성문'에 나오는 허균의 자필 서명이다.

다.(전 서울대 교수 한영우《허균평전》32~33쪽, 58~60쪽 참고)

　허성의 모친 청주 한씨(세종 때 명신 한확의 고손녀. 한확의 두 누이는 명 황제의 후궁이었고 한확의 딸이 성종 모친 인수대비) 묘가 있었던 '노수촌'은, 허균의 '망처 숙부인 김씨 행장'에도 등장한다. 임진왜란 때 허균은 모친(허엽의 둘째 부인 강릉 김씨)과 어린 딸, 스물두 살 부인 안동 김씨를 데리고 함경도 단천으로 피난 갔다. 만삭이었던 부인은 피난지에서 아들을 낳고 사흘 만에 산후 후유증으로 죽었고 아기도 젖이 없어 굶어 죽었다. 허균은 피눈물을 흘리며 죽은 부인을 현지에 가매장하였다가 1595년 가을 강릉 외갓집 부근으로 이장했다. 5년 후 1600년 3월 선산이 있는 원주 서면 노수에 있는 모친 묘소 부근으로 재이장했다. 허균 모친과 부인이 잠들어 있던 '노수'는 어디일까? 허균의《성소부부고》에 나오는 '망처 숙부인 김씨 행장'을 따라가 보자.

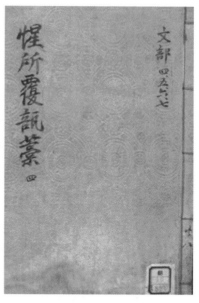

　《성소부부고》는 허균이 역모 사건으로 체포되기 전 외손자 이필진에게 보내 가까스로 살아남은 시문집이다. 성소는 허균의 호, 부부고는 '장독이나 덮을 정도로 하찮은 글'이라는 뜻이다. 허균은 광해 2년(1610) 11월 별시 대독관으로 있으면서 조카 허보와 조카사위 박홍도를 과거에 부정 합격시킨 죄로 42일간 의금부에 구금되었다가 함열(익산시 함라면)로 유배되었다.

1619년 허균이 역모 혐의로 처형 직전 외손자 이필진에게 보내 가까스로 살아남은《성소부부고》. 성소는 허균의 호, 부부는 '작은 장독이나 덮을 정도로 하찮은 글'이라는 뜻이다.

유배지에서 성옹지소록, 도문대작, 성수시화와 함께 시문을 정리하여 성소부부고를 펴냈다. 서문은 허균이 명나라 대문장가 주지번에게 부탁하여 이정기가 받아왔다. 허균의 외손자 이필진은 "허균은 옥사가 일어나기 전 끝내 목숨을 부지할 수 없음을 알고 이 글을 우리 집으로 보냈다. 그가 죽은 지 50년이 지나서야 겨우 주변 사람에게 공개한다."고 했다.

임진왜란 때(1592) 모친과 만삭의 아내, 어린 딸을 데리고 단천으로 피난 갔다가 아내와 아들을 잃고 돌아온 허균이, 18년 후(1609, 종3품 형조참의로 승진) '망처숙부인 김씨 행장'은 허균이 광해 1년(1609) 종3품 형조참의로 승진한 후 아내 묘소를 찾아와서 제문과 함께 지은 글이다. 마흔한 살 허균의 아내 사랑하는 마음이 절절히 느껴진다.

임진년(1592) 왜적을 피하던 때 마침 부인이 태중이어서 지친 몸으로 단천까지 가서 7월 7일 아들을 낳았다. 이틀 후 갑자가 왜적이 닥치자……. 나는 어머니와 부인을 데리고 밤을 새워 고개를 넘어 임명역(함경북도 길주군 임명면, 현 김책시 임명리)에 이르렀는데, 부인은 기운이 지쳐 말도 못 했다. 그때 같은 성씨인 허행이 우리를 맞아 해도로 피난하였으나 머물 수가 없었고, 산성원 백성 박논억 집에 이르러 7월 10일 저녁 숨을 거두었다. 소 팔아(짐은 싣고 다니던) 관을 사고 옷을 찢어 염을 하였으나 체온이 따뜻하여 차마 묻지 못했는데 갑자기 왜적이 성진창(함경북도 길주목 성진에 있던 세곡보관 창고)을 친다는 소문이 들려 도사공(의금부 종6품 도사를 지냈던 허균의 장인 김대섭)이 급히 명하여 뒷산에 임시로 묻으니, 그때 부인 나이 스물두 살로 같이 살기는 여덟 해였다. 아, 슬프다. 아들은 젖이 없어 일찍 죽고 첫딸은 잘 자라서 진사 이사성(영의정을 지낸 이준경의 손자)에게 시집가서 아들(이필진, 허균이 죽기 전에 보내준 《성소부부고》를 간직했다가 후대에 전해주었다)과 딸 한 명을 낳았다. 기유년(1609, 광해 1년) 내가 당상관으로 승진하여 형조참의(정3품)에 임명되니 예에 따라 숙부인으로 추봉하게 된 것이다. 18년 뒤(1592~1609)에 다만 한 장의 빈 교지를 궤연(几筵, 망자의 신주와 혼백을 모셔두는 곳)에 바치게 되니……. 아, 슬프다. 을미년(1595) 가을 길주에서 강릉 외사(外舍, 외갓집 부근)로 옮겼다가, 경자년(1600) 3월 선부인(모친)을 따라 원주 서면 노수(蘆藪)에 영장(永葬)하니 그 묘는 선산 왼쪽에 있으며 인좌신향(寅坐申向)이다.

허균의 《성소부부고》 '유원주법천사기(遊原州法泉寺記)'에도 "법천사 북쪽 10여 리쯤에 모친 산소가 있어서 매년 한 번씩 성묘했다."는 이야기가 나온다. 허균과 함께 비봉산, 명봉산, 지광국사 탑비가 나오는 광해 1년(1609) 9월 28일 법천사 그 역사의 현장으로 걸어 들어가 보자.

기유년(광해 1년 1609, 허균이 형조참의로 승진하고 노림리 선영에 있는 아내 묘소를 찾아와

부론 법천사 터와 지광국사 탑비

'망처 숙부인 김씨 행장'과 제문을 쓴 해) 9월 28일 쓴 글이다.

    원주의 남쪽 50리 되는 곳에 '산이 있는데 비봉산(有山曰飛鳳, 유산왈비봉)'이라 하며, 그 산 아래 절이 있어 법천사라 하는데 신라의 옛 사찰이다. 일찍이 듣기를, 절 밑에 태재 유방선이 살고 있었는데, 권람, 한명회, 서거정, 이승소, 성간이 그에게 배우고 이 절에서 학업을 익혀 문장으로 세상을 울리고, 혹은 공을 세워 나라를 안정시켰으므로, 이로 말미암아 절의 명성이 드러나게 되었다. 지금까지도 사람들이 그곳(태재가 제자를 가르친 곳)을 말하고 있다. 내 선비(先妣, 모친)의 산소가 그 북쪽(법천사 북쪽) 10여 리쯤에 있으므로 매년 한 번씩 가서 성묘하였으나, 법천사에는 가본 적이 없었다. 금년(1609) 가을에 휴가를 얻어서 얼마 동안 와 있었는데, 마침 지관이란 승려가 묘암(墓菴, 산소 부근 암자)으로 나를 찾아와서 기축년(선조 22년 1589년) 가을에 일찍이 법천사에서 1년간 지낸 적이 있다고 하였다. 나는 유흥(遊興)이 나서 지관을 이끌고, 새벽밥을 먹고 일찍 길을 나섰다. 험준한 두멧길을 따라 고개를 넘어 명봉산(至所謂鳴鳳山, 지소위명봉산)에 이르니, 산은 그다지 높지 않으나 봉우리가 네 개인데 서로 마주 보는 모습이 새가 나는 듯했고 개천 두 개가 동쪽과 서쪽에서 흘러나와 계곡 어귀에 모여서 하나가 되었다. 절은 그 한가운데 위치하여 남쪽을 향하고 있었는데 난리에 불타서 그 터만 남아있었다. 무너진 주춧돌이 토끼나 사슴 따위가 다니는 길에 여기저기 흩어져 있었고, 비석은 반 동강이 난 채 잡초 사이에 묻혀 있었다. 가만히 살펴보니 고려 승려 지광(智光)의 탑비였다. 문장이 심오하고 필치가 굳세었으나 누가 짓고 쓴 것인지 알 수 없었다. 실로 오래되고 기이한 것이었다. 나는 해가 저물도록 어루만지며 탁본하지 못한 것을 한스럽게 여겼다. 중은, "이 절(법천사)은 대단히 커서 당시에는 상주한 이가 수백 명이었지만, 내가 일찍이 머물렀던 소위 선당(禪堂)이란 곳은 지금 찾아보려 해도 찾을 수가 없습니다."라고 하였다. 이에 서로 한참 탄식하였다……. 서둘러 말 고삐를 나란히 하여 돌아왔다.

허엽의 첫째 부인 청주 한씨(허성 모친)와 후처였던 강릉 김씨(허균 모친), 허균의 첫째 부인 안동 김씨 묘소가 있었던 '노수', 한여필의 묘지명에 나오는 노수촌, '유원주법천사기'에 나오는 '법천사에서 북쪽으로 10리쯤'은 어디일까? 부론면 노림리가 아닐까? 노림리 옛 지명은 노숲이다. '노숲'을 소리 나는 대로 적으면 '노수'가 되고 마을 '촌'자를 붙이면 '노수촌'이 된다. 또 허균은 '망처 숙부인 김씨 행장' 말미에서 "원주서면 노수에 영장하니 그 묘는 선산 왼쪽에 있으며"라고 했다. 부인 묘가 '노수 선산'에 있다는 말이다. 부론면 노림리는 허균의 본관인 양천 허씨 선영이었다. 노림리에서 양천 허씨 선영이 있었던 곳은 어디일까?

부론면 손곡리는 허균과 허난설헌의 스승이었던 손곡 이달이 살았던 곳이고, 허균의 둘째 부인 선산 김씨 부친 동인의 영수 김효원(허엽의 친구) 묘소도 있다. 허균은 1601년 죽은 친구 임약초를 위해 지은 '임약초 곡문'(《성소부부고》 제15권)에서 "그는 나보다 한 살 어렸다……. 아, 슬프다. 섬강에 살자던 약속 아직 귀에 쟁쟁한데 수십 년도 못 되어 먼저 죽어 귀신이 될 줄……. 나 또한 오래지 않아 저승으로 그대를 따라가 젊은 날의 우정과 도리를 이어갈 것이니……."라고 하며 아쉬워했다. 허균은 모친과 부인 묘소가 있고 스승 손곡 이달이 살았던 섬강 부근에 살고 싶었던 것이다. 또 궁금한 게 있다. '유원주법천사기'에 나오는 산 이름이다. 기록에는 산 두 개가 나온다. "원주 남쪽 50리쯤에 있었다는 '비봉산'과 '봉우리가 네 개인데 서로 마주 보는 모습이 새가 나는 듯했다.'는 '명봉산'이다. '새가 나는듯한 산'이면 비봉산이 아닌가? 허균이 비봉산을 명봉산으로 착각한 게 아닐까? '유원주법천사기'를 쓴 날로부터 415년이 지났다고 하지만 특별한 이유도 없이 산 이름이 바뀔 리가 있겠는가? 아무리 찾아봐도 법천사 터 주변에 명봉산은 없다. '봉황이 울었다.'는 명봉산은 문막읍 동화리에 있으며 《정조실록》 17년 12월 3일 기록에도 '사제면', '건등산'과 함께 나온다. 지세로 보나 산 이름으로 보나 비봉산이 더 어울리지 않겠는가? 몇몇 사람에게 물어보았으나 다들 고개를 가로저었고, 어떤 자는 "명봉산 줄기가 부른 법천사 터까지 뻗어있다."고 했다. 필자는 소이부답(笑而不答)하며 발걸음을 옮겼다. 꿈 속에서라도 허균을 만난다면 물어보고 싶은 심정이다.

2023년 4월 봄비에 철쭉꽃이 뚝뚝 떨어져 내리던 날, 섬강이 바라보이는 여주시 강천면 부평리에 있는 구암 한백겸 묘소를 찾았다. 한백겸이 살았던 남양주 물이촌(勿移村, 마포구 상암동과 은평구 수색동에 걸쳐 있던 마을. 장마 때 한강 물이 마을 앞까지 들어왔다고 한다)에서 나룻배에 관을 싣고 남한강을 거슬러 오던 동생 한준겸과 아들 한흥일, 청주 한씨 문중 사람들 목소리가 두런두런 들려오는 듯했다.

청주 한씨는 조선 왕비 6명을 배출한 명문가다. 태조 이성계의 첫째 부인 신의왕후 한씨, 세조의 아들 의경세자(열아홉 살 때 죽었고 동생 예종은 그를 덕종으로 추존했다) 부인 소혜왕후(인수대비), 예종의 원비 장순왕후(한명회의 셋째 딸이다. 원손 인성대군을 낳고 열일곱 살 때 죽었다), 예종의 계비 안순왕후, 성종(의경세자의 둘째 아들 자을산군이다. 첫째 아들 월산대군을 제치고 왕위에 올랐다. 한명회와 세조비 정희왕후의 정치적 타협의 산물이다)의 원비 공혜왕후(한명회의 넷째 딸이다. 후사 없이 열아홉 살 때 죽었다), 인조의 원비 인열왕후가 있다. 예종의 원비 장순왕후와 성종의 원비 공혜왕후는 자매간이다. 한명회는 셋째 딸과 넷째 딸을 왕비로 올렸으나 요절하고 말았다. 지나친 욕심이 화를 부른 게 아닐까? 한명회는 일흔세 살 때 죽었으나, 갑자사화 때 연산군 모친 폐비 윤씨 사건에 연루되어 부관참시당했다. 정치 권력은 긴 호흡으로 바라보면 콩 심은 데 콩 나고 팥 심은 데 팥 난다.

노림리를 지나 섬강 따라 흐르면 흥원창이 지척인 월봉 마을이다. 마을에서 만난 아흔한 살 토박이 노인은 "월봉은 마을 북쪽에 있는 봉우리를 말하는데 옥토끼가 달을 바라보는 형국이다. 창말(흥원창 마을의 줄임말)에서 바라보면 달빛이 가장 먼저 비친다."고 했다. 월봉마을에는 한백겸의 7대손 한치응 집터가 남아있다. 집터에 월봉 한기악 사적비가 있다. 한기악(1898~1941)은 일제강점기 때 〈동아일보〉, 〈시대일보〉, 〈조선일보〉 편집국장을 지내며 민족 계몽운동에 앞장섰던 언론인이다. 월봉한기악선생기념사업회는 매년 월봉 저작상 수상자를 선정하여 시상하고 있는데 2024년 49회를 맞았다. 한기악 사적비 맞은편 언덕에 한치응의 손자 한돈원이 잠들어 있다. 한돈원은 한기악의 증조부로서 고종 때 공조판서와 형조판서를 지냈다. 한기악의 손자는 전 서울대 교수 한민구(현 한국과학기술한림원 이사장)와 성공회대 교수 한홍구다. 부론면 노림리와 흥호리에서는 청주 한씨 족보를 알아야 말발이 선다.

청주 한씨는 풍산 홍씨, 나주 정씨, 초계 정씨와 함께 원주 4대 명문가다. 세 거지 이름을 따서 청주 한씨는 노림 한씨(한준겸, 한백겸), 풍산 홍씨는 단구 홍씨(다산 장인 홍화보가 대표 인물이다. 단구동에 홍 판서 댁이 남아있다), 나주 정씨는 개치 정씨(부론면 법천리 옛 지명이 '개치'다. 법천리와 충주시 앙성면을 잇는 남한강 대교 아래 개치나루가 있다. 청백리 항재 정종영이 대표 인물이다), 초계 정씨는 송호 정씨(송호리와 월호리를 통합하여 월송리가 되었다. 평생 벼슬하지 않고 초야에 묻혀 살았던 우담 정시한이 대표 인물이다. 정약용은 '정구와 장현광 이후 진정한 유학자는 우담 선생뿐'이라고 했다)라고 부른다.

월봉에서 섬강 둑길 따라 내려오니 흥원창이다. 흥원창은 남한강 수로 따라 세곡선이 오가던 조창이었고, 나루터 이름은 은섬포(銀蟾浦)다.《대동지지》는 두꺼비 '섬'자를 써서 '섬구포(蟾口浦)'라고 했다. 은섬포는 고려 초기 남해안과 서

강원도 영서지방 세곡을 모았다가 이듬해 봄 한양으로 보내던 조창이 있던 곳이다. 세곡을 싣던 평저선 21척이 있었고 판관과 감창이 주재했던 남한강 물류 중심지였다. 남한강에는 충주 가흥창도 있었고, 북한강에는 소양강 창이 있었다(왼쪽은 사진작가 김상현, 오른쪽은 원주문화관광해설사 정태진 제공).

해안, 북한강과 남한강 곳곳에 설치했던 60개 포구 중의 하나다.

흥원창은 매년 가을 영서지방 세곡을 거두어 보관했다가 이듬해 봄, 한강수로 따라 고려 개경과 조선 한양으로 보내던 조창(고려 13개, 조선 9개) 가운데 하나였다. 조선 시대 9개 조창 중 3곳은 남한강에 2곳(충주 가흥창, 원주 흥원창)과 북한강에 1곳(춘천 소양창)이 있었고, 6곳은 서해안과 남해안에 있었다. 전라, 충청, 황해도 세곡은 바닷길을 이용했고, 경상도 세곡은 낙동강과 남한강(충주 가흥창)을 이용했으며, 강원도 세곡은 남한강(흥원창)과 북한강(소양강창)을 이용하여 경창(용산에 있던 군자감, 광흥창, 경저창)까지 운송했다. 평안도와 함경도는 국경이 가깝고 사신 내왕이 잦아 자체 군사비와 사신 접대비로 활용하였다. 흥원창에는 한 척에 200섬씩 싣던 평저선 21척이 있었고 총책임자인 판관과 중앙에서 파견된 감독관인 감창이 있었다.

흥원창의 이름은 부론면 법천리 앞을 흐르는 남한강 지류 '흥원강(興原江)'에서

정조 때 화가 지우재 정수영의 '한임강명승도권'에 나오는 흥원창 풍경. 오른쪽 끄트머리 기와집은 조창을 관리하던 관아다. 마을 한가운데 봉우리는 똥뫼(한자로 동산)다. 흥원창은 일몰 명소로 널리 알려져 있다.

유래했다. 흥원창에는 영월, 정선, 평창 떼꾼들이 쉬어갔으며 물 많고 바람 좋은 날은 마포나루까지 꼬박 하루 걸렸다고 한다. 한양에서 흥원창까지 오는 배는 큰 배였고, 흥원창에서 섬강을 거슬러 올라 원주천이 있는 배말까지 오는 배는 작은 배였다. 흥원창이 있던 마을은 '창말'이라 불렀다. 창말은 부론면 소재지였으나 1936년 대홍수 때 포구에 있던 배가 부서지고 마을이 폐허가 되면서 현 법천리로 면 소재지가 옮겨오게 되었다.

옛 흥원창 모습이 남아있는 그림이 있다. 정조 때 화가 지우재 정수영이 그린 '한임강명승도권(漢臨江名勝圖卷)'이다. 쉰네 살 정수영은 1796년 봄, 한지 28장을 이어 붙인 16m 두루마리를 들고 남한강과 한탄강, 임진강을 오르내리며 강 풍경을 그렸다.

섬강 길 따라 멀리 내려왔다가 간현으로 되돌아왔다. 호흡을 가다듬고 다시 길을 떠나보자. 간현교에서 고개 너머 산여울식당을 지나자 '남매바우'다. 남매

두몽폭포의 하드웨어는 똥구멍바위요, 소프트웨어는 남매바위다. 선조들은 폭포나 바위 하나에도 이야기 옷을 입힐 줄 알았던 이야기꾼이었다.

가 사랑하는 연인이 되어 자진했다는 슬픈 이야기가 전해온다. 《한국지명총람》은 바위 모양이 똥구멍처럼 생겼다고 '똥구멍바우'라고 했다. 똥구멍바우에 이야기를 입히니 남매바우가 되었다. 이야기의 힘은 세다.

두몽폭포다. 폭포 아래 소가 두멍처럼 생겼다고 '두멍소폭포'다. '두멍'은 물을 담는 큰 가마나 독을 말한다. 두멍이 '두몽'이 되었다. 전설에는 실 꾸러미 하나가 들어갈 정도로 깊었다고 한다. 문막 토박이 양태화는 "간현에 출렁다리가 생기기 전까지 두몽폭포 주변 식당은 손님으로 북새통을 이뤄 돈을 갈퀴로 긁어모을 정도였다."고 했다. 출렁다리가 생기자 식당 손님이 크게 줄었다. 장사도 밀물이 있고 썰물이 있다. 모두 다 때가 있다. 장사도 운칠기삼이다.

급경사를 허위허위 올라서자 망태봉(231.4m)이다. 숨이 턱에 닿는다. 망태봉은 전투가 벌어졌을 때 적군 동향을 살피기 위해 망을 보던 '망재봉'이었는데 음이 변해 망태봉이 되었다고 한다. 솔바람이 불어온다. 땀 흘린 뒤 바람 맛은 말로 형용할 수 없다.

전국 지자체에 출렁다리 붐을 일으켰던 간현출렁다리. 오른쪽은 울렁다리. 인공과 자연이 조화를 이루면서 울림과 감동을 줄 수 있는 방법은 없을까?

피톤치드와 세로토닌 팡팡 터지는 솔숲을 지나 옥대산(332m)이다. 숲에 둘러앉아 땀을 식혔다. 오랫동안 같이 다녔어도 이름이 긴가민가할 때가 있다. 물어보기도 멋쩍고 떡 본 김에 제사 지낸다고 출석을 불렀다. 초록물고기, 걷기전설, 노래하는 시인, 도봉산 암벽고수…….호명하면서 별명도 같이 불렀더니 모두 박장대소다. 우리나라 사람은 별명 짓기를 좋아한다. 전 현직 대통령과 유명 정치인의 별명을 떠올려보라. 중·고등학교 시절 특별히 기억나는 친구는 별명이 있다. 친구들은 선생님 별명도 기가 막히게 지었다. 선생님 이름은 가물가물하지만, 별명은 또렷이 기억나지 않는가? 중·고등학교 시절 당신의 별명은 무엇이었나?

간현봉이다. 섬강 지류 삼산천이 한 폭의 동양화다. 절벽 바위틈에서 비바람 맞으며 오랜 세월 자라온 소나무 밑동이 싹둑 잘려나갔다. 돈 앞에서 나무는 속수무책이다. 영국 첼시 플라워 쇼 3관왕 K-가든 디자이너 대표 황지혜는 "한국의 산야는 세상에서 가장 고상한 언어이자 가장 스펙터클한 영화"라고 했다.

자연을 깎고 부수고 잘라내어 만든 인공 작품에는 울림이나 감동이 없다. 자연에서 태어나 자연으로 돌아가는 게 우리네 삶이 아닌가? 자연과 인공이 조화를 이루면서 울림과 감동을 줄 수 있는 방법은 없을까?

보릿고개 밭두렁이다. 곳곳에 화전민이 살았던 흔적이 남아있다. 화전민은 먹고살기 위해 산을 계단식으로 개간하여 밭두렁을 만들고 보리를 심었다. 양태화는 "어릴 때는 먹을 게 없어서 소나무 뿌리를 잘근잘근 씹어 먹었다."고 했다. 봄마다 보릿고개 걱정 안 하고 살게 된 건 불과 60여 년 전이다. 세상에 당연한 건 없다.

다시 간현정이다. 골바람이 솔솔 불어온다. 구자희는 간현정을 "바람이 머물다간 자리"라고 했다. 받아 적으니 시가 된다. 하늘나리가 활짝 피었다. 귀뚜라미 소리도 간간이 들려온다. 아! 가을이다.

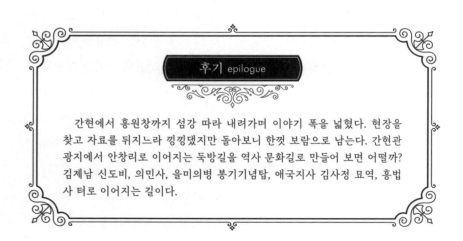

후기 epilogue

간현에서 흥원창까지 섬강 따라 내려가며 이야기 폭을 넓혔다. 현장을 찾고 자료를 뒤지느라 낑낑댔지만 돌아보니 한껏 보람으로 남는다. 간현관광지에서 안창리로 이어지는 둑방길을 역사 문화길로 만들어 보면 어떨까? 김제남 신도비, 의민사, 을미의병 봉기기념탑, 애국지사 김사정 묘역, 흥법사 터로 이어지는 길이다.

원주굽이길 기업도시 둘레길(옛 원점회귀 10코스, 현 17코스)

원주기업도시 옛길 등산로를 정비하여 둘레길로 조성했다. 완만한 경사와 숲길로 이어져 기업도시 주민 건강 걷기 길로 이용되고 있다. 기업도시 전망대에서 바라보는 도시 전경은 백미로 꼽힌다. 생태공원 한가운데 인조 때 원주목사를 지낸 박순의 청덕 선정비가 있다.

애플라인드 ⊙ 가곡천교 ⊙ 당고개 ⊙ 바람머리산 ⊙ 돌터거리 ⊙ 창대고개 ⊙ 신촌 생태통로 ⊙ 매봉재 ⊙ 새말고개 ⊙ 문고개 ⊙ 기업도시 전망대 ⊙ 여운터 사거리 ⊙ 애플라인드

'라떼'는 말이야?

일진광풍이 불었다. 누구는 로또라고 했고 프리미엄 몇천만 원은 기본이라고 했다. 어떤 아파트는 110대 1, 단독주택용지는 1,014대 1, 점포 겸용 단독주택용지는 최고 9,300대 1이었다. 2016년 원주기업도시 이야기다. 돈이 풀렸고 풀린 돈은 집값을 밀어 올렸다. 싼 이자로 대출받아 몇 채를 사고 금리가 오르기 전에 집을 판 자는 큰돈을 벌었지만, 집 한 채만 있는 자는 마찬가지였다. 집값이 뛰자 재산세와 건강보험료가 올랐고, 금리가 치솟자 부동산 거품이 꺼지면서 대출받아 산 땅이나 건물은 애물단지가 되었다. 부동산 광풍으로 벼락부자가 된 자

원주 기업도시(나무위키)

기업도시를 가로질러 섬강으로 흘러드는 가곡천 다리.　핏골에서 월송리로 넘어가는 옛 고개. 성황당이 있었다
고 당고개라 불렀다.

도 있고 알거지가 된 자도 있다. 뭐든지 살 때가 있으면 팔 때가 있다. 때를 알
면 얼마나 좋겠는가? 사는 게 내 맘대로 안 된다. 모든 게 복이 있어야 한다.

　아파트와 건물로 **빽빽한** 기업도시는 옛 원주군 지향곡면 분(分)3리였다.
1914년 다오랑, 당고개, 도오개, 자작촌, 지촌, 뒷골, 평장동을 모아서 '아름다
운 골짜기 마을' 가곡리(佳谷里)라 하였다. 가곡리 토박이는 '골짜기가 갈라지는
마을'이라고 '가래울', '갈우리'라 부른다. 기업도시 둘레길 출발지는 스포츠웨어
전문점 애플라인드(Applerind)다.

　산허리를 내려서니 가곡교다. 가곡천은 창대고개에서 당고개를 지나 간현으
로 흘러드는 섬강지류다. 당고개다. 도오개와 핏골에서 북서쪽 월송리로 넘어
가는 고개다. 고갯마루에 성황당이 있었으나 1970년대 도로가 나면서 없어졌
다고 한다. 성황당이 있던 곳에 죽림사가 들어섰다.
　도반이 물었다.
　"서울 지하철 4호선에도 당고개가 있는데 같은 뜻인가요?"
　"'당(堂)'자 붙은 곳은 주로 성황당이 있었다고 보면 됩니다."

"팔당(八堂)도 성황당이 여덟 개 있었다는 뜻인가요?"

"성황당이 아니고 사당이에요. 산세와 풍광이 좋아서 하늘에서 여덟 선녀가 내려와서 쉬었다 가곤 했는데 그 자리에 사당 여덟 개를 지어 '팔당'이라고 불렀다고 합니다."(《디지털남양주문화대전》'팔당리 지명유래' 중에서)

잠시 숨을 고르는데 곽신 목사가 케냐에서 가져온 원두커피를 꺼냈다. 그는 "케냐에서 선교 활동 중 잠시 귀국했다가 코로나로 발이 묶였는데 다시 나갈 수 있게 되어 기쁘다."고 했다. 일흔여덟 살 노 목사의 열정에 고개가 숙여진다. 진한 커피 향을 맡으니 커피를 즐겨 마시다가 죽을 뻔했던 고종이 생각난다. 고종만 아니라 아들 순종도 죽을 뻔했다. 민비가 시해당한 후 두려움에 떨던 고종은 1896년 러시아 공사관으로 피신했다가 1년 만에 경운궁(덕수궁)으로 돌아왔다. 고종은 러시아어 통역관으로 자신을 보좌했던 김홍륙을 흑산도로 유배 보냈다. 죄명은 뇌물수수와 공금 횡령죄였다. 김홍륙은 고종의 총애를 등에 업고 인사에 개입하는 등 전횡을 일삼다가 환궁하면서 벼슬을 잃었다. '고종 커피 독살 미수 사건' 속으로 들어가 보자. 《고종실록》35년(1898) 8월 23일, 8월 25일, 9월 12일 기록을 참고하였다.

정2품 김홍륙은 말로써 약간의 공로를 세웠기에 벼슬을 높여주고 봉급을 후하게 주었다. 그런데 교활한 성품으로 속임수가 버릇이 되어 공무를 빙자하여 사욕을 채우는 온갖 짓을 다 하여 백성의 울분이 오래도록 그치지 않고 있다. 법부로 하여금 율에 의거하여 유배토록 하라." 사흘 후 8월 26일 김홍륙은 곤장 100대를 맞고 흑산도로 유배되었다. 토사구팽당했다고 생각한 김홍륙은 앙심을 품고 고종을 죽이기로 결심했다. 김홍륙은 유배지로 가던 도중 김광식의 집에 들러서 친하게 지내던 공홍식을 만났다. 김홍륙은 손 주머니에서 아편을 꺼내 공홍식에게 주면서 "어선(御膳, 임금에게 올리는 음식)에 섞어서 올려 달라.”고 은밀히 부탁했다. 김홍륙의 부탁을 받은 공홍식은 계획을 실행에 옮길 자를 물색했다. 적임자가 나타났다. 전 왕실 궁중요리사 김종화였다. 김종화는 궁내부 대신 이재순의 추천으로 고종이 미국, 독일, 일본 등 각국 대사를 만나며 접견실로 사용하던 경복궁 보현당에서 서양요리 주방장을 맡고 있었으나 요리 실력이 부족해 쫓겨난 자였다. 공홍식은 김종화에게 김홍륙한테 부탁받은 내용을 알려주면서 약물(아편)을 고종이 마시는 차에 타 달라고 부탁했다. 공홍식은 만약 거사가 성공하면 ‘1,000원 상당의 은(銀)으로 보상하겠다.’고 약속했다. 김종화는 약물을 소매 안에 넣고 대궐 주방으로 숨어 들어가 커피차 주전자에 약물을 탄 다음 고종에게 올렸다.

아편이 든 커피를 마신 고종은 어떻게 되었을까? 황현은 《매천야록》에서 “1898년 9월 12일 만수성절(萬壽聖節, 고종 생일)에 누군가 황제와 황태자(순종)를 독살하려고 독이 든 커피를 올렸다. 황제는 맛이 이상해서 조금만 마시고 말았으나, 황태자는 두 잔이나 마셨다. 황태자는 그 자리에 쓰러졌으나 재빨리 치료받아 목숨에는 지장이 없었다.”고 했다. 이후 황태자는 후유증으로 이빨이 빠져 합죽이가 되었고 며칠 동안 피똥을 싸면서 판단력도 차츰 흐려지기 시작했다.

《고종실록》 35년(1898) 9월 12일 궁내부 대신 이재순이 “삼가 듣건대 전하(고종)와 태자(순종)가 동시에 건강을 상했다고 하는데 수라를 올릴 때 신중하게 살피지 못하여 몸이 불편하게 되었으니 철저히 조사하여 형률을 바로 잡게 하소서.”라고 하자, 고종은 “경무청으로하여금 근본 원인을 밝혀내도록 지시하겠다.”고 했다. 독살 미수 사건 관련자 김홍륙, 공홍식, 김종화는 고종 35년(1898) 10월 10일 모반대역죄로 교살되었다.

왼쪽에서 두 번째가 김홍륙이다. 1899년 프랑스 우편고문 클레망세가 촬영한 풍속 사진 48장을, 대한제국 정부가 알레베크에게 엽서제작을 의뢰하여 만든 한국 최초의 사진엽서다(나무위키). 오른쪽은 고종이 외국사절을 만나며 커피를 즐겨 마셨던 덕수궁 정관헌이다. 김홍륙의 고종 커피 독살 미수사건이 벌어졌던 역사적인 장소다.

조선왕 27명 중 독살설이 제기된 왕은 7명이다. 인종, 선조, 효종, 현종, 경종, 정조. 고종이다. 임금을 자리에서 끌어내리는 방법은 일명 삼급수로 불리는 칼, 독약, 폐출이었다. 첫째, 자객을 보내 죽이는 대급수, 둘째, 궁녀를 통해 어선(御膳)에 독약을 타서 올리는 소급수, 셋째, 선왕의 유언을 위조하여 국왕을 폐출하는 평지수였다. 임금이 먹는 음식에 독을 타는 소급수는 여러 경로를 통해 시도되었으나 명백히 독살로 밝혀진 임금은 없다. 죽음을 전후하여 일어났던 사건이나 시신을 통해 추정할 뿐이다.

동서고금을 막론하고 독살 시도는 끊임없이 일어났고 지금도 어디선가 일어나고 있을 것이다. 2004년 11월 11일 '미확인 혈액질환'으로 사망한 전 팔레스타인 자치정부(PLO) 수반 야세르 아라파트도 이스라엘 정보기관 모사드가 독살했다는 주장이 제기되었다. 아라파트가 좋아하는 꿀과 약초로 만든 특별 음료에 흔적이 남지 않는 독극물을 넣어 의료진이 개입할 때쯤이면 몸에서 흔적이 사라지도록 개발되었다고 한다(고든 토마스 지음 《기드온의 스파이》 2권 128~131쪽). 무서운 모사드였다. 2012년 7월 4일 카타르 방송사 〈알자지라〉는 아라파트의

옷, 칫솔, 스카프 등을 부인에게 넘겨받아 스위스 로잔대학병원 연구소에 검사 의뢰한 결과 유품에서 자연 발생하는 폴로늄 함유량의 10~30배가 검출되었다고 발표했다. 폴로늄은 2006년 영국으로 망명한 전직 러시아 스파이 알렉산더 리트비넨코 암살에도 사용되었다.

기업도시를 둘러싸고 있는 '바람머리산'이다. 바람머리산은 월호나루터 상류에서 배를 돌리던 곳이라고 '배낫머리산', 산 밑에 배를 댔다고 '배댄머리산'이었는데 음이 변해 '바람머리산'이 되었다. '바람머리산'에서 배를 상상할 수 있을까? 도오개(道五介)는 가곡천 상류, 창대고개 남쪽 마을이다. 고개 넘기 힘들다고 '된고개'였다. 일이 힘들면 '고되다.'고 하지 않는가? '되'는 힘들다는 뜻이다. 되가 ' 도오'가 된 것이다. 가곡리 들판에 물을 공급하던 핏골 저수지다. 경주 김씨가 골짜기에서 피 농사를 지었다고 '핏골'이었는데, 한자로 기장 '직(稷)' 자를 써서 직동(稷洞)이 되었다. 핏골 저수지는 이름이 거슬린다고 '거울못'으로 고쳤다. 선조들의 흔적이 남아 있는 옛 지명은 손대지 말고 그냥 놔두는 게 좋지 않을까? 거울못에 원주목사 박순의 선정비(목사 박공 순의 청덕 선정비)가 있다. 박순의는 인조 27년(1649) 4월 22일부터 이듬해 4월 4일까지 1년간 원주목사를 지냈다.

《인조실록》 26년(1648) 10월 3일 "정태화가 아뢰기를 '천안군수 박순의는 치적이 도내(충청도) 최상입니다만 승서(陞敍, 승진임용)하라는 명이 없기에 초천(超薦, 특별승진)시키지 못하고 있습니다."라고 하니, 상(임금)이 "그렇다면 초천시키도록 하라."고 했다. 박순의는 천안군수로 있을 때 백성에게 공덕을 베풀어 인사고과에서 최고 점수를 받아 특별승진 대상이 되었다. 밀양 박씨 12세손 박종영은 박순의 청덕비각에서 "밀양 박씨 족보 첩에 따르면 청백리로 세상에 알려

기업도시 거울못에 세워진 원주목사 박순의 선정비

져 있으며 보임된 고을마다 선정비와 공덕비가 있었다."고 했다.

'청백리 똥구멍은 송곳부리 같다.'는 속담이 있다. 조선 시대 청백리는 218명
이었다. 청백리는 의정부와 육조 소속 2품 이상 당상관과 사헌부, 사간원 관리
가 추천하고 임금이 임명했다. 청백리 자손은 과거를 치르지 않고 관리로 채용
될 수 있는 특전이 주어졌다. 박순의는 뛰어난 목민관이었으나 아쉽게도 청백
리 214명 명단에는 없다. 박순의 선정비는 1970년 무렵 원주시 단계동 하천변
에서 발견되어 당고개로 옮겼다가 기업도시 건설 공사 때 다시 거울못 자리로
옮겼다.

이 시대 청백리란 어떤 사람인가? 고위공직자는 국회 인사청문회 때 부동산
투기, 병역의무 등 넘어야 할 산이 한두 개가 아니다. 1993년 김영삼 대통령은
장관후보자가 부동산투기 문제로 연일 비판을 받자 "부와 명예 중 하나만 선택
하고, 스스로 땅 투기한 후보자는 물러나라."고 했다. 세상을 잠시 속일 수는

있어도 언제까지 속일 수는 없다. 장차 고위공직자가 되려는 자는 돌아보고 또 돌아보며 신독(愼獨)해야 한다.

돌터 삼거리다. 왼쪽 산 능선에 '돌터고개'가 있다. 울퉁불퉁 잔돌이 많았다고 다른 이름으로 '돌틈고개', '돌톱고개'다. 지금도 돌터 삼거리 부근에는 돌이 많이 나오곤 한다. 2024년 6월 7일 돌터 삼거리 밭에서 만난 토박이 할머니는 "아이고! 말도 말아요. 지금은 양반이에요. 옛날에는 아예 돌밭이었어요."라고 했다.

창대(蒼坮)고개다. 삼거리에서 도오개 가는 길과 횡성서원 가는 길이 갈린다. 고갯마루는 생태통로가 되었고 고개 밑으로 굴이 뚫렸다. 곽신 목사는 "젊은 시절 지정면사무소에 근무할 때 고개란 고개는 모두 걸어 다녔는데 옛 모습이 사라졌다."며 아쉬워했다.

매봉재다. 늦게 출발한 최미영이 뒤따라 왔다. 챙겨온 간식을 배낭에서 꺼내 나눠준다. 칠백 년 노송길과 말치고개에서 도토리묵을 무쳐 나눠주던 모습이 떠오른다. 떡도 먹어본 사람이 더 먹는다고, 나누고 베푸는 일도 해본 사람이 더 잘한다.

지식 나눔 모델 한 분이 생각난다. 2023년 3월 27일 세상을 떠난 네이버 지식인 녹야 조광현(88세) 옹이다. 조광현은 33년간 치과를 운영했으나 당뇨가 심해 문을 닫고, 사위가 사준 컴퓨터 한 대로 2000년 초반부터 지식인에 올라오는 질문에 답을 하기 시작했다. 눈이 어두워서 돋보기 두 개를 겹쳐 쓰고 독수리 타법으로 5만 2,000여 건 답을 달았다. 네이버는 녹야 선생을 지식인 19등급 중 2등급인 '수호신'으로 지정했다. 불가에는 '무재칠시(無財七施)'가 있다. 재물이 없어도 나누려고 하면 얼마든지 나눌 수 있다.

신림 사는 김종욱이 다가왔다.

"걷기에 나오면 '라떼는 말이야.'라고 해도 들어줄 사람이 있으니 참 좋다."
고 했다. 누구나 가슴 한 켠에 보여주고 싶지 않은 상처 한두 개쯤 안고 산다.
그는 "한국전쟁 때 대구로 피난 갔다 와 보니 살던 집이 불타고 마당에 재만
남아 있었다. 봉대초등학교(현 봉대가온학교) 부근에 할아버지 댁이 있어서 그곳
에서 살았다. 월남전에 참전했다가 고엽제 피해를 입었으나, 귀국한 후 먹고
살기 위해서 권투를 했다. 고엽제 후유증과 권투를 하면서 많이 얻어맞아서
그런지 머리가 자주 아프지만 훈장으로 생각하며 산다."고 했다. 그 시절 앞만
보고 달려온 꼰대(?)들의 선연한 발자국이다. 과거 없는 현재 없고 현재 없는
미래 없다.

신평고개다. 다른 이름으로 새말고개다.

도반이 물었다.

"왜 새말고개에요?"

"'새'는 새로 생긴, 풀, 사이라는 몇 가지 뜻을 가지고 있다. 신평은 새로 생긴
마을이다. 예를 들어 옛 서대문형무소 부근에도 새말(종로구 교북동, 행촌동, 홍파동
에 걸쳐있던 마을)이 있다. 애국지사 옥바라지를 위해 모여든 사람들이 만든 마을
이다. 영동고속도로 새말IC가 있는 횡성군 우천면 새말도 당시 '새로 생긴 마
을'이었다.

문고개다. 고갯마루에는 대문처럼 생긴 바위가 있었는데 마을 사람이 고개를
넘으면서 "열려라! 문"이라고 소리치면 문이 스르르 열렸다고 한다. 문고개는
핏골, 도오개, 당고개 주민이 만종, 모래내를 지나 원주를 오가던 가곡리 대표
고개였다. 생태통로 동쪽에 흔적이 남아 있다. 잠깐 소피를 보고 나니 함께 걷

던 사람들이 보이지 않는다. 도반이 말했다. "얼마나 빨리 가는지 사진 한두 장만 찍고 나면 사람이 보이지 않아요."

빨리 가려면 혼자 가고 멀리 가려면 함께 가라고 했다. 걷기는 속도전이 아니다. 속도만 아니라 과정도 중요하다.

1994년 10월 21일 성수대교 상판이 무너졌고, 1995년 6월 25일 서초동 삼풍백화점도 무너져 1,445명이 죽거나 다쳤다. 30여 년이 지난 2023년 1월 HDC 현대산업개발이 광주시 서구 화정동에 짓고 있던 아파트 외벽이 무너져 6명이 죽었고, 4월 29일 GS건설이 인천 서구 검단신도시에 짓고 있던 LH아파트 지하주차장 1, 2층 천장과 바닥도 무너졌다. 조사결과 둘 다 기둥에 넣어야 할 철근을 빼먹은 것으로 드러났다.

이게 어디 건설현장만의 문제일까? 보도블록, 데크길 등 주변을 돌아보면 곳곳이 부실투성이다. 어디서부터 잘못된 것일까? 실질국민소득 3만 6,000달러, 자동차, 휴대폰, 반도체 강국이며, 지하철과 국제공항도 세계 일류인 대한민국이 아닌가. 외화내빈이 아니라 명실상부한 나라가 되려면 어떻게 해야 할까?

돌아가신 정채봉 시인은 '나는 지금 어디로 가고 있는가.'에서 이렇게 말했다.

"쫓기듯 살고 있는 한심한 나를 살피소서. 늘 바쁜 걸음을 천천히 천천히 걷게 하시며, 추녀 끝의 풍경소리를 알아듣게 하시고, 책 한 구절이 좋아 한참 하늘을 우러르게 하시고, 돌 틈에서 피어난 민들레 꽃 한 송이에도 마음 가게 하시고, 기왓장 이끼 한 낱에서도 배움을 얻게 하소서."

행복의 원천은 빨리빨리가 아니라 정직과 여유다. 삶의 속도를 조금만 늦춰보자. 천천히 걷고, 천천히 먹고, 천천히 읽고, 천천히 바라보자. 답답하더라도 조금 더 기다려주고, 조금만 더 지켜봐 주자.

기업도시 전망대다. 도시 전경이 한눈에 들어온다. 긴 타원형으로 겹겹이 둘러싸인 계란 모양이다. 가곡리가 상전벽해가 되었다는 말이 실감난다. 전망대를 내려서자 딴동구리산 동쪽에 여운사라는 절이 있었다는 여운 터다. 딴동구리산은 현 의료기기종합지원센터 서쪽에 있었던 산이다. 들판에 홀로 불쑥 솟아 '딴동구리산'이라 불렀다. 기업도시가 생기면서 '딴동구리 소공원'이 들어섰다. 하늘이 컴컴해지면서 후드득 후드득 빗살이 돋는다. 기업도시 옛 모습을 돌아보며 한 바퀴 도는 데 딱 3시간 걸렸다. 짧지만 알찬 걷기였다.

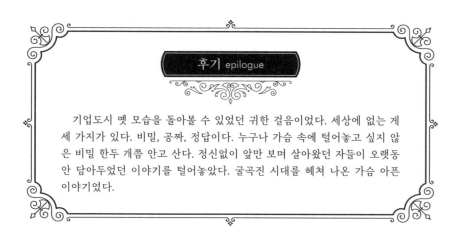

후기 epilogue

기업도시 옛 모습을 돌아볼 수 있었던 귀한 걸음이었다. 세상에 없는 게 세 가지가 있다. 비밀, 공짜, 정답이다. 누구나 가슴 속에 털어놓고 싶지 않은 비밀 한두 개쯤 안고 산다. 정신없이 앞만 보며 살아왔던 자들이 오랫동안 담아두었던 이야기를 털어놓았다. 굴곡진 시대를 헤쳐 나온 가슴 아픈 이야기였다.

제5장 호저 · 귀래 · 신림편

주산은 산 모양이 구슬처럼 생겼다고 구슬뫼로 불린다. 주산을 중심으로 주산리-옥산리-대덕리를 거쳐 돌아오는 코스다. 옥산리 종포는 섬강을 거슬러오던 배가 더 이상 올라가지 못하고 멈추었던 수로의 종점이며, 대덕리에는 연산군의 아들로 추정되는 태실이 있다. 대화지강에는 원주 시민의 젖줄 섬강취수장이 있고 곰너미고개에서 샛별고지미고개로 이어지는 능선 길에 올라서면 섬강이 한눈에 내려다보인다.

호저면 행정복지센터 ⊙ 샛별고지미고개 ⊙ 원주취수장 ⊙ 양4리 마을회관 ⊙ 섬강보 ⊙ 대덕리 느티나무 ⊙ 대덕교 ⊙ 옥산교 ⊙ 북원주IC 교차로 ⊙ 호저뉴시터 ⊙ 호저중학교 ⊙ 막골길 ⊙ 살감길 ⊙ 호저면 행정복지센터

팔도에 전염병이 크게 번져

호저는 섬강을 옆구리에 끼고 있는 물의 도시다. 물이 풍부하고 기후조건이 알맞아 예로부터 한지 원료인 닥나무 재배에 적지였다. 호저라는 지명도 닥나무밭을 뜻하는 저전동(楮田洞)과 '물이 흐르는 골짜기 마을'이라는 호매곡면 앞 글자를 따서 지었다. 누구는 호저에 볼 게 뭐가 있냐고 하지만, 알고 보면 역사 인물과 문화유적의 보고다. 동학 2대 교주 최시형의 피체지인 고산리 송골 원진녀 가옥, 대덕리 태실과 산현리 태실, 사액서원인 칠봉서원, 조선 최초의 여성 성리학자 임윤지당이 잠들어 있는 무장리 고여대, 박해 시절 천주학쟁이가 모여 살았던 곤의골, 원주 시민의 젖줄 섬강취수장, 조선을 천연두의 공포에서 해방시킨 의학자 지석영의 본관 충주 지씨 세거지도 호저에 있다.

호저초등학교 북쪽에 봉긋한 산이 있다. 주산(珠山)이다. 마치 구슬처럼 생겼

호저면 행정복지센터. 소나무보다 섬강과 닥나무가 어우러진 조형물이 더 낫지 않을까?

다고 '구슬뫼' 또는 '구실미'라 부른다.

구슬뫼길 들머리 살감 마을이다. 마을 한가운데 활짝 핀 양귀비꽃과 도라지 꽃이 고혹적이다. 양귀비꽃의 절정은 일주일이다. 사람의 절정은 몇 년이나 될까? 전 〈중앙일보〉 논설위원 정진홍은 "인생을 60분이라고 한다면 최상의 컨디션으로 전력 질주할 수 있는 시기는 10분을 넘기 어렵다."고 했다. 절정일 때는 절정인 줄 모른다. 절정이었음을 알게 될 때는 몸도 마음도 예전 같지 않을 때다. 당신의 절정은 언제쯤이었는가?

마을 한편에 빨래터가 남아 있다. 빨래터는 아낙들이 모여서 시댁 식구 흉도 보고 속상한 얘기도 털어놓았던 '조선판 해우소'였다. 빨래터에는 온갖 정보와 소문이 들끓었다. '카더라 통신'도 있었고 가짜 뉴스도 있었다. 팩트와 픽션이 뒤섞여 진짜가 가짜가 되기도 하고, 가짜가 진짜가 되기도 했다. 소통 방법만 달라졌다뿐이지 사람 사는 모습은 예나 지금이나 별반 차이가 없다.

동네 빨래터는 아낙들의 온갖 정보가 오가던 카페였다. 빨래터 너머로 전 〈KBS〉 아나운서 이계진이 자랐던 고향 집이 보인다.

빨래터 옆 파란 양철지붕 집이 눈에 띈다. 전 〈KBS〉 아나운서 이계진 고향 집이다. 그는 1990년대 '국민 아나운서'로 불리며 '퀴즈탐험 신비의 세계', '아침의 광장', 'TV는 사랑을 싣고' 등 유명 프로그램 진행자로 이름을 떨쳤다. 2004년 방송을 그만두고 정치판에 뛰어들어 17, 18대 국회의원을 지낸 후 지금은 경기도 광주 곤지암에 살고 있다. 이계진은 2024년 1월 9일 〈조선일보〉 인터뷰에서 "아나운서의 고향은 어디까지나 라디오라고 생각한다. TV는 짜인 대로 방송을 하지만 라디오는 아나운서 단독 리사이틀이나 마찬가지다. 투쟁 일변도인 한국 정치에는 유머가 통하지 않았다. 보람은 있었지만 내 길은 아니었다."라고 했다.

사람마다 주어진 길이 있다. 이계진에게 정치는 어울리지 않는 옷이었다. 1급수에 사는 어름치는 3급수에서는 살지 못한다. 어디 물고기만 그러랴?

곁에 있던 조철묵이 이계진 모친 얘기를 꺼냈다.

"오래전 첫눈이 깔리던 날 그분 모친이 점심 드시고 돌아가셨다. 망자 염을 하러 갔다가 시신을 봤는데 마치 주무시는 듯 편안해 보였다."

누구든지 예외 없이 언젠가는 가야 할 길이다. 천주교 원주교구 조규만 주교는 저서《오래된 대답》204쪽에서 "오랫동안 죽은 이들의 염과 장례를 치러주었던 어느 성당 연령회장이 들려준 이야기다. 어떤 사람은 죽었는데도 죽은 건지 잠을 자는 건지 모를 정도로 편안한 죽음을 맞이하고, 어떤 사람은 그 집에 들어서기조차 힘들 만큼 역겨운 냄새가 진동하더라."고 했다.

잠자는 듯 편안한 죽음을 맞을 수는 없을까? 오복 중의 하나가 고종명(考終命, 명대로 살다가 편안하게 죽음)이다. 잘 살기도 어렵지만 잘 죽기는 더 어렵다. 인명은 재천이니 목숨은 하늘에 맡기고 오늘이 생의 마지막 날인 것처럼 살 수 있다면 얼마나 좋겠는가?

호저초등학교와 섬강을 잇는 고지미고개

고지미고개다. 고지미(高地嵋)는 '높은 봉우리'다. 산길 곳곳에 대간첩 작전이나 예비군 훈련 때 사용했던 참호가 눈에 띈다. 'Freedom is Not Free.' 자유는 공짜가 아니다. 자유는 선조들의 희생과 헌신 덕분이다. 튼튼한 안보는 아무리 강조해도 지나치지 않다.

두 벌 고지미와 세 벌 고지미 지나 작골 뒤쪽 곰넘이재다. '곰'은 뒤쪽 또는 '곰'이라는 뜻이다. '작골'은 고개(재) 밑에 있다고 '잿골'이었는데 음이 변해 '작골'이 되었고 한자로 '척동(尺洞)'이 되었다. 고개 '현(峴)'이 아니라 자 '척(尺)'자를 쓰다니? 우리 지명 되찾기 운동이라도 벌여야 하는 게 아닐까? 예나 지금이나 지방행정은 디테일이 중요하다.

원주(섬강)취수장이다. 유관수 선생이 반갑게 맞아준다. 그는 "취수장 펌프를 24시간 가동하면서 모니터링하고 있으며 요즘은 갈수기라서 보를 건너갈 수 있다."고 했다. 물이 가정으로 공급되기까지는 몇 단계를 거친다. 섬강 물을 막아 취수장 펌프로 퍼 올린 다음 오존처리와 여과, 침전 과정을 거치고, 정수장, 양수장, 배수장을 거쳐서 집집마다 공급된다. 태기산에서 발원한 섬강은 횡성(갑천)댐을 지나 원주취수장으로 내려온다. 원주취수장 상류는 상수원 보호구역이다. 원주와 횡성 일부 지역(대덕리, 광격리, 장양리, 둔둔리, 모평리, 반곡리, 곡교리, 묵계리)에는 공장을 세울 수 없다. 횡성군은 상수원 보호구역 해제를 요구하고 있다. 원주에서 하루에 필요한 양은 12만 7천 톤이다. 횡성댐(다목적 댐이며 한국수자원공사에서 관리하고 있다)에서 6만 3천 톤, 원주취수장에서 6만 4천 톤을 공급한다. 원주취수장 하루 용수 최대 생산능력은 9만 톤, 횡성댐은 12만 톤이다. 횡성군은 원주취수장을 없애고 상수원 보호구역을 풀어주면 한국수자원공사와 협의하여 횡성댐에서 물을 전량 공급해 주겠다고 한다.

원주취수장. 원주 일 용수량의 절반인 6만 8천 톤을 공급하는 원주 시민의 젖줄이다.

　원주시는 가뭄 때 물 부족이 예상되고 원주취수장을 폐지했다가 다시 설치하려면 약 4천억~5천억 원이 소요되며, 2035년부터는 원주·횡성지역 생활 및 공업용수는 20만 3천 톤으로 예상된다며 반대하고 있다(2020년 9월 21일, 2024년 6월 17일 〈원주투데이〉 기사 참고). 물 문제는 환경문제요 생존문제다. 섬강이 오염되면 남한강이 오염되고 남한강이 오염되면 한강 식수원 오염으로 이어진다. 환경과 생태계는 한번 망가지면 복구하는 데 오랜 시간과 많은 비용이 든다. 이 땅에서 살아가야 할 후손을 생각하면서 신중하고 또 신중해야 한다.

　소초면 장양4리 마을회관이다. 박명원이 삶은 두릅 이파리와 초장, 치악산 막걸리를 풀었다. 과자, 사과, 커피를 제치고 단연 인기다. 박명원은 호저면 광격리 사람이다. 그는 고향 집에 두릅나무를 심었다가 봄이 되면 두릅과 이파리를 따서 걸을 때마다 가져온다. 감사한 마음으로 기쁘게 먹으니 보약이 따로 없다.

바라만 봐도 걷고 싶은 섬강생태공원　　　요염하게 누워있는 돌 두꺼비

　소초면 장양리와 호저면 대덕리를 잇는 섬강보(洑)다. 장양리와 대덕리 주민은 섬강을 '대화지강'이라 부른다. '마을 앞에 큰 밭이 있다.'고 '대밭지'라 했는데 음이 변해 '대왓지'가 되었고 한자로 '대화지(大化地)'가 되었다. 대화지강은 갈수기 때만 건널 수 있다.

　섬강 보를 건너니 호저면 대덕리 생태공원이다. 생태공원 억새 숲에 돌 두꺼비가 누워있다. 고혹적이고 요염한 자세다. 웬 두꺼비? 섬강의 섬이 두꺼비 '섬(蟾)'자이기 때문이다.

　억새 숲을 지나오자 마을 한가운데 큰 느티나무가 우뚝하다. 대덕리는 호매곡면 오리(五里)였다. 호랑이가 살았다는 호암산 아래 둔덕마을이다. 1914년 한터, 잿말, 쇠절이와 함께 호저면에 편입되었다. 한터는 '터가 넓다.'는 뜻이고, 잿말은 쇠절이 고개 아랫마을이다. '쇠절이'는 호암산 아래 작은 절이 있었다고 '소절'이라 불렀는데 음이 변해 '쇠절이'가 되었다. 작은 절이 '쇠절이'가 된 것이다.

　대덕리 쇠절이는 충주 지씨 집성촌이다. 입향조(마을에 처음 들어와 살았던 조상)는 500여 년 전 청풍군수를 지낸 지손(池遜)이다. 지손은 벼슬에서 물러난 뒤 대덕리로 낙향하여 현재 16대 후손에 이르고 있다. 대덕리는 섬강과 호암산에 둘러싸인 육지 속 섬마을이었다. 1970년대 새마을운동으로 다리가 놓이기 전까지는 나룻배가 유일한 교통수단이었다. 대덕리에는 '장군샘'이 있어서 장수가 많이 나왔는데, 임진왜란 때 왜군이 우물에 쇠말뚝과 엄나무 말뚝을 박아서 혈을 잘랐고 그때부터 장수가 나오지 않았다고 한다. 약 70여 년 전, 마을 사람 지기선이 우물 공사를 하면서 장군샘에서 말뚝 두 개를 빼냈다고 한다. 지독한 일제였다. 충주 지씨는 매년 음력 10월 4일 사근절 고개에 있는 사당에서 시제를 지내고 있다. 충주 지씨 조상 묘는 사당 주변과 호암산에 있다.

충주 지씨가 자랑하는 역사 인물이 있다. 일제 강점기 대한민국 임시정부의 한국광복군 총사령관을 지낸 지청천 장군과 종두법을 보급하여 조선을 천연두의 공포에서 해방시킨 의학자 지석영(1855~1935)이다.

조선을 천연두에서 해방시킨 의료혁명 선구자 지석영과 저서 《우두신설》(한국민족문화대백과)

조선을 공포 속으로 몰아넣었던 천연두와 지석영의 종두법 보급에 이르는 역사 속으로 발걸음을 옮겨보자.

종두법은 소머리에 난 고름(두창)을 이용한 천연두 예방법이다. 지석영은 1796년 영국인 에드워드 제너가 개발한 우두법을 1880년 일본에서 들여와 조선 팔도에 보급했다. 조선은 전염병을 역병이라 불렀다. 《조선왕조실록》에는 역병과 역질에 관한 기록이 1,400여 회 나온다. 역병과 역질은 콜레라, 두창, 성홍열, 장티푸스, 이질, 홍역을 말한다. 그 가운데 가장 무서운 역병은 콜레라와 천연두였다. 콜레라는 '호랑이가 사지를 찢는 듯 아프다.'고 호열자라 불렀고, 천연두는 염병, 마마, 손님, 창진, 완두창, 두질, 포창, 두창(痘瘡) 등 다양한 이름으로 불리었다.

천연두는 걸렸다 하면 죽었고 살아났더라도 눈이 멀거나 곰보가 되었다. 천연두에 걸리면 열이 나면서 사흘이 지나면 반점이 생겼고 부스럼과 고름이 나고 딱지가 떨어지기까지 보름 정도 걸렸다. 가려워서 긁으면 곰보 자국이 생겼다. 영조에서 순조에 이르는 시기 초상화 모음집 《진신화상첩》에 나오는 22명 선비 가운데 얼굴에 곰보 자국이 있는 자는 문인 김상적과 남태제 등 5명이다. 다산 정약용은 일곱 살 때 천연두에 걸려서 오른쪽 눈썹 두 곳에 흉

곰보 자국이 선명한 모암 오명항(1673~1728)

터가 생겼다. 눈썹이 세 토막 났다고 아
호를 삼미자(三眉子)라 하였다. 강원도
관찰사와 우의정을 지낸 모암 오명항과
대동법과 동전유통으로 백성의 부담을
덜어주고 세수도 증대시켰던 소신 있는
관료 잠곡 김육도 천연두를 앓았다. 초
상화에 곰보 자국이 선명하다.

잠곡 김육(1580~1658)도 천연두를 앓았다.

《조선왕조실록》에 등장하는 천연두
최초 발병자는 태종의 막내아들 성녕대
군이다. 그는 열네 살 때 천연두에 걸려
죽었다. 《태종실록》 18년(1418) 2월 4일 기록이다.

"성녕대군 이종이 졸했다. 창진에 걸려서 병이 심해지자 충녕대군(세종)이 의원 원학
을 거느리고 친히 약이 되는 음식으로 병을 치료하려 했으나 졸하게 되었다."

세종(자녀 18남 7녀)의 장녀 정소공주와 다섯째 아들 광평대군도 천연두로 죽
었다.

"여(이여, 광평대군)가 창진을 앓고 있었는데 여러 가지 방법으로 치료했으나 효과를
보지 못하고 죽었다."

숙종 6년(1680) 10월 26일 원비 인경왕후(20세)도 천연두에 걸려 발병 8일 만
에 죽었고, 3년 후(1683) 숙종도 천연두에 걸렸다. 간신히 나았으나 얼굴에 곰

보 자국이 남았다. 아들 숙종을 위해 굿을 하고 속옷 차림으로 냉수욕까지 하며 치성을 드렸던 명성왕후(현종 비)도 '감질(感疾)'에 걸려 죽었다. 《숙종실록》 9년 (1683) 11월 30일 "임금 병이 위독하였을 때 모친의 근심이 지나친 나머지, 속법(俗法)을 써서 목욕재계하였는데, 감질에 걸려서 오랫동안 낫지 않았고 점차 위독해졌다." 감기가 폐렴이 되었는지, 천연두에 걸린 것인지 확실하지 않지만 12월 5일 병세가 악화되어 죽었다.

왕대비 명성왕후가 죽고 열흘 후 '속법'의 실체가 밝혀졌다. 주인공은 무녀 막례였다. "임금이 두질을 앓았을 때 무녀 막례가 술법을 가지고 궁중에 들어와 재앙을 물리치는 법을 행하였는데 대비에게 매일같이 차가운 샘물로 목욕할 것을 청하였고, 궁인들을 꾀어 재화와 보물을 취하였으며 출입할 때는 늘 가마를 타고 다녀서 듣는 자가 놀라고 분하게 여겼다." 340년 전 가마를 타고 궁궐을 들락거리던 무녀 막례 이야기를 읽으며 불현듯 떠오르는 인물이 있다. 누굴까? 상상에 맡긴다. 숙종 아들 경종도 열두 살 때 천연두에 걸렸다가 12일 만에 절로 딱지가 떨어지면서 가까스로 나았고 경종 때 왕세제로 책봉되었던 연잉군(영조)도 천연두를 피해갈 수 없었다. 왕실이 이럴진대 백성은 오죽했겠는가?

《현종실록》 9년(1668) 4월 28일 기록을 보자.

  "팔도에 전염병이 크게 퍼져 백성이 잇달아 죽었는데 천연두와 홍역으로 죽은 자가 많았다. 서울의 5부에서 보고한 사망자는 9백여 명이지만 실제로는 이루 헤아릴 수 없이 많았다."

병자호란 때 12만 군사를 이끌고 쳐들어 왔던 청나라 황제 홍타이지도 삼전도에서 항복을 받은 직후 마마에 쫓겨 도망치듯 서둘러 조선을 떠났다고 한다.

구범진은《병자호란과 홍타이지의 전장》281쪽, 284쪽에서 "1637년 1월 16일 청군 홍타이지가 머물고 있는 군영에서 마마가 발생했다. 1월 30일 인조가 남한산성을 나와 삼전도에서 항복하자, 2월 2일 청 병력 3만 4천여 명 가운데 군졸 2,300여 명만 이끌고 마마가 도는 서울을 피해 심양으로 바삐 귀국길에 올랐다."고 했다.

병자호란 직전 천연두가 퍼지기 시작했다.

인조 14년(1636) 11월 21일《승정원일기》(조선 임금의 비서실인 승정원 회의에서 오 갔던 대화, 육조에서 올린 문서, 개인 상소를 기록한 문헌이다. 세종 때부터 이어져 왔으나 임진 왜란 때 불타고 남아 있는 자료는 인조 1년 1623년 3월부터 1910년 8월까지 기록뿐이다)는 "근 일 두역이 창궐하여 군사 가운데 죽은 자가 한 명이고 앓고 있는 자가 여섯 명 이다."고 했다.

홍타이지가 부친 누르하치 뜻을 받들어 명나라 정복에 집중하느라 바삐 돌아 갔다고 하지만 천연두도 병자호란을 끝내는 데 일조했다고 하니 그야말로 천연 두의 역설이다.

송촌(松村) 지석영은 철종 6년(1855) 서울 낙원동에서 중인 집안 둘째 아들로 태어났다. 20대 시절 서양 서적을 구해 읽으며 개화에 일찍 눈을 떴다. 1876년 강화도조약 체결 후 선진문물 견학차 김기수가 일본에 수신사로 갈 때 동행한 박영선이 동경 순천당 한의사에게 우두 치료법을 배워오자, 박영선에게 종두법 강의를 들으며 꿈을 키웠다. 지석영은 1879년 부산에 있는 일본인 전담병원이 었던 제생의원 마쓰에 원장과 해군 군의관 도즈카에게 2개월간 사사하며 종두 법을 배웠다. 지석영은 우두원료와 종두 침 2개를 구해서 서울로 돌아오던 중,

충주 덕산면 처가에 들러 두 살 처남과 마을 어린이 40명에게 천연두 예방백신 주사를 놔주었다. 우리나라 최초의 천연두 시술이었다.

지석영은 1880년 5월, 제2차 일본 수신사로 가는 김홍집의 수행원으로 따라 갔다. 동경 위생국 우두종계 소장 기쿠치한테 종두기술. 우두원료 제조와 저장법을 배웠고, 우두원료 50병을 가져와서 직접 만들어 보급하기 시작했다.

2년 후 1882년 임오군란이 터졌다. 구식군인들은 지석영을 친일파로 몰아서 체포령을 내렸다. 똥인지 된장인지 구분도 못 하고 일본인과 접촉했다고 하면 무조건 체포령을 내렸던 무지한 자들이었다. '호환마마' 확산 때마다 굿으로 돈벌이를 하던 무당들도 자기 밥그릇을 지키기 위해 지석영이 애써 만든 종두장을 불태워 버렸다. 남이야 죽건 말건 나한테 이익이 된다면 앞뒤 안 가리고 행동했던 어리석은 인간들이었다.

이듬해 1883년 전라도 암행어사 박영교는 전주에 우두국을 만들었고, 충청우도 암행어사 이용호도 공주에 우두국을 만들어달라고 건의했다.《고종실록》20년(1883) 9월 23일 이용호는 임금에게 "우두법은 서양의학에서 창시된 것인데 백 번 시험해도 백 번 효과가 있으며 만 번 중 단 한 번의 실패도 없었다. 충청감영에 우두국을 설치하고 감영에서 의원에게 기술을 가르치며 제반 기구와 갖추어야 할 모든 것을 헤아려 조치할 수 있도록 내의원에 지시해 달라."고 했다. 지방 수령이 천연두 예방을 위해서 앞장서기는 했지만, 중앙에서 컨트롤타워 역할을 할 수 있는 자가 필요했다. 개화파도 공감했다. 같은 해 지석영은 개화파의 도움을 받아서 문과에 급제하고 지평(사헌부 정5품)이 되었다. 지석영에게 과거급제와 벼슬은 조선을 천연두 공포에서 해방시키기 위한 수단이었을 뿐, 벼슬 그 자체가 목적이었던 골수 친일파와는 결이 다른 것이었다.

고종 22년(1885) 지석영은 우두 접종법을 체계적으로 정리한《우두신설(牛痘新說)》을 펴냈고, 통리교섭통상사무아문은 우두 의사 양성 교육을 맡겼다. 전국에서 우두 접종이 시작되었다. 우두국은 각 군별로 인구수에 따라서 3명에서 11명씩 의원을 파견하여 모든 영·유아에게 접종을 실시했다. 조선왕조 개국 이후 임금부터 백성에 이르기까지 나라 전체를 공포에 떨게 했던 천연두에 브레이크가 걸리는 순간이었다. 좋은 일에는 반드시 마가 끼는 법. 고종 24년(1887) 지석영에게 환난이 닥쳤다.

같은 해 3월 29일 지석영은 임금에게 간언하는 장령(掌令, 사헌부 정4품)으로 있으면서 "고종 친위부대인 무위소 군기가 엉망"이라며 민씨 척족을 비판했다. 아니! 이것 봐라. 가만히 있을 민씨 척족이 아니었다. 곧장 반격이 들어왔다.

4월 26일 부사과(오위 소속 종6품 무관) 서행보는 "박영효가 흉악한 음모를 꾸밀 때 간사한 계책을 도와준 자가 지석영이며, 우두 놓는 기술을 가르쳐준다는 구실로 도당을 유인하여 모았으니 의도가 무엇인지 알 수 없다."며 지석영을 갑신정변을 일으켰던 박영효와 연루시켰다. 벌집을 건드렸다가 크게 한 방 쏘인 것이다. 정치는 시시비비를 가리는 토론장이 아니라 죽고 죽이는 총성 없는 전쟁터였다.

고종 24년(1887) 윤 4월 1일 지석영은 신지도로 유배되었고 4년 후 고종 28년(1891) 2월 9일 유배가 풀렸다. 그는 곧장 서울로 올라와 우두보영당(牛痘保嬰堂)을 세우고 어린이에게 우두 접종을 실시했다.

1894년 봄 동학혁명이 일어나자 일본군이 경복궁을 에워싼 가운데 김홍집이 친일정권을 수립했다. 개화파의 신임을 받던 지석영은 형조참의로 임명되었다. 형조참의는 의사였던 지석영에게 어울리지 않는 옷이었다. 그해 가을 지석영은 일본군 통역 겸 동학군 토벌 토포사가 되어 진주, 언양, 하동에서 동학군을 체포하여 처형했다. 지석영은 공을 인정받아 고종 32년(1895) 5월 29일 동래부 관찰사가 되었으나, 1896년 김홍집 내각이 무너지자 다시 서울로 돌아왔다. 지석영이 살아있다면 도대체 왜 그랬는지 물어보고 싶은 심정이다.

고종 35년(1898) 지석영은 〈독립신문〉에 우두법 실시를 촉구하는 글을 올리며 활발하게 활동했다. 독립협회 활동을 지켜보던 고종은 3월 20일 "지석영은 마음가짐이 음흉하고 비열하다. 제멋대로 유언비어를 만들고 인심을 선동하고 현혹시켰다."고 하면서 황해도 풍천군 초도(椒島)로 10년 유배형에 처했다가 3달 만인 6월 28일 풀어주었다. 고종 36년(1899) 3월 24일 조선의학교 초대교장으로 임명하였고, 고종 39년(1902) 12월 20일 "의학교 교장 지석영이 천연두 치료법을 천명하여 치료에 힘입고 있으니……. 훈 5등에 서훈하고 팔괘 훈장을 하사하라."고 지시했다. 어떤 때는 황해도 섬으로 유배 보냈다가 어떤 때는 훈장을 주었다가 고종은 변덕이 죽 끓듯 하는 종잡을 수 없는 임금이었다.

1905년 지석영은 "개화가 늦어지는 것은 어려운 한문을 쓰기 때문"이라고 하면서 주시경과 함께 한글 가로쓰기 운동을 벌였다. 1908년 국문연구소 위원에 임명되었고 한글로 한자를 해석한 《자전석요》를 펴냈다. 1909년 12월 12일 전 조선통감 이토히로부미 추도식에 참석하여 추도문을 낭독했다. 하필이면 지석영이 추도문 낭독자가 되어야 했는지 또 물어보고 싶은 심정이다. 지석영은 천연두 예방을 위해서 일제의 도움을 받아야 했고 그러기 위해서 어쩔 수 없이 비위를 맞춰야 했던 게 아닐까?

지석영은 1910년 경술국치 이후 모든 벼슬을 거절하고 숨어 지내다가 1935

년 2월 1일 돌보는 이 없이 쓸쓸하게 죽었다. 여든한 살이었다. 지석영은 망우리 역사문화공원에 소파 방정환, 만해 한용운, 호암 문일평 등과 함께 잠들어 있다. 지석영은 우두법을 보급하여 조선을 천연두의 질곡에서 해방시킨 큰 업적을 남겼으나 친일행적은 허물로 남았다. 세상에 완벽한 인간은 없다. 허물을 드러내는 건 업적을 폄훼하려는 게 아니고 반면교사로 삼자는 것이다. 완벽한 친일도 완벽한 독립투사도 없다. 허물은 허물대로 업적은 업적대로 드러내어 역사의 평가에 맡기면 될 일 아니겠는가?

대덕리 너른 들판을 지나자 호저면 정중앙 옥산리다. 옥산리는 옛 호매곡면 삼리(三里)였다. 동쪽은 대덕리, 서쪽은 산현리, 남쪽은 주산리, 북쪽은 고산리와 광격리다. 섬강 남북을 잇는 종포 북서쪽에 옥산이 있다.

《조선지지자료》는 옥산을 '옥녀봉'이라 하였다. 옥산교 동쪽 노송 우거진 절벽에 옥산동대(玉山東臺)가 있다. 예부터 시인 묵객들이 즐겨 찾았던 아름다운 정자다. 옥산리라는 지명도 옥산동대에서 유래했다. 버스정류장에 마을 노인이 모여 있다.

한 노인이 큰기침을 하며 원주 이씨 자랑 보따리를 풀었다. "가까운 곳에 원주 이씨 선산이 있다. 9대 이녹규부터 18대 이준신까지 11명이다. 운곡 원천석 모친도 원주 이씨다."고 했다. 자랑이 계속 이어졌지만, 눈치를 살피다가 간신히 빠져나왔다.

옥산천과 섬강이 몸을 섞는 종포다. 섬강을 거슬러 온 배가 더 이상 앞으로 나아갈 수 없어서 배를 묶어두었다는 설도 있고 옥산이 종(鐘)처럼 생겨서 종포라는 설도 있다. 옥산이 고향인 원주문화관광해설사 목익상은 "종포의 옛 이름은 종종개다. 옥산천은 폭은 넓지만 수심이 얕아서 짐 실은 배가 올라갈 수 없

섬강 상류 옥산천. 수심이 얕아 짐 실은 배가 더 이상 올라가지 못했다고 한다.

었다."고 했다.

옥산교다. 다리 밑에는 나루터가 있었고, 주막도 있었다고 한다. 같은 길을 걸어도 스토리를 알면 보이는 게 달라진다. 명리학자 조용헌은 2023년 3월 11일 〈조선일보〉 칼럼에서 "아는 것 없이 여행만 다니면 유람수준에서 끝난다. 유람의 특징은 결과물이 없다는 것이다."고 했다. 다가오는 길 걷기 트렌드는 '스템프 투어' 너머 '스토리 투어'다.

종포에서 호저면 옥산리와 곤의골이 갈린다. '곤의골'은 호저면 고산리 큰 골짜기다. '곤란을 당했지만 의롭게 사는 마을'이다. 다른 이름은 곤이골, 고농동, 고충골이다. 곤의골에는 오래된 천주교 공소가 있다. 교우촌은 쉽게 피신할 수 있는 외진 곳이나 경계지에 있었다. 정조 19년(1795) 7월 25일 '사학에 물들어 가는 호서지방' 금정도 찰방으로 좌천된 정약용이 7월 30일 충청도 관찰사 유강에게 보낸 편지에 이런 내용이 나온다.

"어리석은 백성이 모두 자취를 감추고 동에 번쩍 서에 번쩍 속이고 숨기는 행실이 많습니다. 강변을 달리다가 보면 박 넝쿨 얹힌 울타리와 오두막집들이 이따금 마을을 이룬 것이 보일 뿐입니다. 저들이 그 속에 몰래 숨어 새처럼 모였다가 쥐처럼 손을 모으는 것을 무슨 수로 찾아내겠습니까?"

궁벽한 산골 '오두막집에서 새처럼 모였다가 쥐처럼 손을 모으는' 그런 교우촌이 바로 곤의골이었다. 조선대목구 제8대 주교 뮈텔은 1900년 10월 26일 '주교일기'에서 곤의골을 일러 "외인과 떨어져 계곡 깊숙이 있는 이 공소는 산악지대에 있다."고 했고, 부이용 신부는 1896~1897년 《교세통계표》에서 "곤육골 신자는 90명"이라고 했다.

교우촌과 공소는 한국 천주교회 신앙의 못자리다. 곤의골 공소는 천주교 원주교구 순례길(님의 길)에 들어있다.

북원주IC 교차로다. 할머니가 참깨를 심고 있다. "추석 전에 수확해서 손주가 오면 용돈 주려고 재미로 심고 있다."고 했다. 늙은 부모의 자식 사랑은 가

옛 공소 순례길

옥산리 버스정류장 이정표

없다. 자식이 아무리 속을 썩여도 부모는 죽는 순간까지 희망의 끈을 놓지 않는다.

호저중학교다. 교훈이 새겨져 있다. '생각하고 실천하며 책임지자!' 어린이와 청소년이 많아야 희망이 있고 미래가 있다. 출산율이 해마다 감소하고 있다. 2023년 합계 출산율(여성 1명이 평생 낳을 것으로 기대되는 아기 숫자)은 전국 0.72명, 원주는 0.87명이다. 퀴즈를 냈다. "2023년 말 원주시 인구는 36만 명, 호저면 인구는 3,500명, 호저중학교 학생은 몇 명일까요?" 20명부터 100명까지 다양하다. "학생은 15명, 교사는 10명"이라고 했더니 다들 깜짝 놀란다.

2023년 4월 11일 전국 17개 시·도교육청이 국회교육위원회 김병욱 의원실에 제출한 자료에 따르면, 2023년 전국 초등학교 6,163곳 중 신입생이 한 명도 없는 학교는 145곳, 10명 미만 학교는 1,587곳으로 전국 초등학교의 4분의

호저초등학교 교훈은 '바르고 슬기로운 호저어린이'다. 1934년 개교하였고 2024년 3월 4일 신입생 8명, 학생 40명, 교사 13명이다.

1이었다. 2023년 초등학교 입학생은 2016년생으로 40만 6,000명이었다. 7년 후 2029년 초등학교 입학생은 몇 명일까? 놀라지 마시라. 딱 절반이다. 2022년생 24만 9,000명이다. 입학생 10명 미만 초등학교가 2배로 늘어난다는 말이다. 문 닫는 어린이집과 초등학교가 늘어나고 중·고교는 남녀공학이 되고, 지방대학은 통폐합되고 있다.

이런 날이 올 줄 몰랐던 게 아니다. 출산율 증가를 위한 정책이나 실천 방안을 제시하는 자가 왜 없었겠는가? 이미 예상된 일이었지만 먼 산 불 보듯이 남의 일이었다. 왜 그랬을까? 다가올 미래보다는 당장 박수받는 일에 집중했고, 나 있을 때까지만 괜찮으면 된다는 안일한 생각 때문이 아니었을까?

2024년 4월(4. 16.~4. 27.) 국민권익위원회가 국민에게 물었다. "만약 출산, 양육 지원금으로 1억 원을 준다면 아이를 낳을 생각이 있는가?" 설문 조사에 참여한 1만 3,640명 중 63%인 8,536명이 동기부여가 된다고 답했다.

대한민국은 위기 때마다 똘똘 뭉쳐 국난극복의 저력을 보여준 위대한 나라다. 위기가 기회다. '사람 속에 들어있다. 사람에서 시작된다. 사람만이 희망이다.'

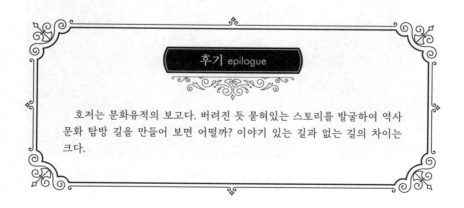

후기 epilogue

호저는 문화유적의 보고다. 버려진 듯 묻혀있는 스토리를 발굴하여 역사 문화 탐방 길을 만들어 보면 어떨까? 이야기 있는 길과 없는 길의 차이는 크다.

원주굽이길 다둔인벌길(옛 원점회귀 11코스)

너더리 지나 운남저수지에서 인벌동과 다둔마을로 이어지는 임도길이다. 운남저수지 너머 배재는 원주와 제천 경계다. 신라 경순왕의 애달픈 설화가 전해오고 조선 단종이 호송군사와 함께 영월 청령포로 향했던 눈물의 길이다. 다둔골은 금광제련 터가 남아 있어 선조들의 생활 모습을 떠올려볼 수 있다. 귀래공원에는 기미 만세운동 기념비와 한국전쟁 때 산화한 순국선열을 기리는 비가 세워져 있어 귀래의 역사를 살펴볼 수 있는 의미 있는 길이다.

귀래면 행정복지센터 ⊙ 귀래 교차로 ⊙ 이동부락 ⊙ 운남2리 마을회관 ⊙ 호수의 성 펜션 ⊙ 사방댐 ⊙ 임도 차단봉 ⊙ 간선임도 ⊙ 다둔마을 ⊙ 운계3리 경로당 ⊙ 돌 장승 ⊙ 유현마을 ⊙ 분토골 ⊙ 귀래공원 ⊙ 귀래면 행정복지센터

네댓 살 어린아이도 담배를 피웠다고?

귀래(貴來)는 말 그대로 귀한 손님이 다녀간 고장이다. 귀한 손님이 누굴까? 신라 마지막 경순왕이다. 귀래에는 경순왕 흔적이 곳곳에 남아 있다. 경순왕이

신라 경순왕 영정

경천묘(사당)

머물렀다는 미륵산 학수사 터(황산사), 아침마다 고갯마루에 올라 신라의 수도 서라벌 쪽을 향해 절하며 망국의 한을 달랬던 배재, 옛 신하들이 경순왕 영정을 모시고 제사 지냈던 경천묘(고자암 터로 추정)도 있다. 광해군 장인 김희철과 외숙 김예직이 잠들어 있는 지둔사, 기미 독립 만세운동이 벌어졌던 귀래리 삼일공원, 화향이라는 기생이 떨어져 죽었다는 화향대도 있다.

귀래 옛 지명은 '굴파'였다. 굴파는 '구불구불한 고개'다. 1481년 《동국여지승람》과 1765년 《여지도서》는 '굴파'라고 했으나, 인조 때 문신 김세렴이 일본에 통신사로 다녀와서 쓴 《해사록》에는 '구래촌(求來村)'이라고 했다. 1871년 〈원주읍지〉는 '귀래'와 '굴파'를 같이 썼고 1914년 행정구역 통폐합 때 귀래가 되었다. 지명은 시대 따라 변했다. 민초들의 이야기 따라 변했고, 글 쓰는 자 따라 그때그때 변했다.

귀래 행정복지센터 옆에 표지석이 있다. '너더리'다. 경순왕 행차 때 백성들이 널빤지로 다리를 놓아 건너게 했다는 이야기가 전해 온다. 귀래의 중심은 귀

경순왕이 지나갈 때 널빤지를 놓아 건너게 했다는 이야기가 전해지는 너더리. 오른쪽은 귀래 들머리 솟대. 마을 재해를 막고 안녕을 빌었던 민간신앙이다.

래리였는데 2013년 원주~충주 간 국도 대체 우회도로가 나면서 운남리로 옮겼다. 귀래는 영서 남부와 충북 내륙을 잇는 육로교통의 중심지였다. 교통이 편리하고 물산이 풍부해 큰 장이 열렸다. 조선 시대 원주에는 물길 따라 장이 열렸다. 읍내장, 안창장, 흥원창장, 주천장, 귀래장이다. 귀래만 육로장이고, 나머지는 뱃길이 이어지는 수로장이었다. 장터나 고개 어귀에는 주막도 있었다. 너더리, 작은 양안치, 터골 주막이다.

운남저수지 가는 길, 농부가 논두렁에 제초제를 뿌리고 있다. "제초제를 뿌리면 땅이 죽지 않느냐?"고 했더니 "이 약은 풀만 죽인다."고 했다. "땅에 사는 미생물도 죽지 않느냐?"고 했더니 "농약을 안 뿌리면 농사꾼은 굶어 죽는다."고 했다. 친환경과 농약은 늘 다투며 갈등한다. 어떻게 살 것인가? 목줄 풀린 백구 한 마리가 꼬리치며 따라온다. 쫓아 보내도 계속 따라온다.

부락 명칭을 우리말로 배골이라고 하면 좋을 텐데 이동부락이라고 하니 무슨 뜻인지 알 수 없다. 덕주공주가 부친 경순왕을 만나고 돌아가면서 미륵산 쪽을 향해 절했다는 이야기가 전해져 온다.

이동(梨洞)이다. 이동은 배골이다. 배나무가 많아서 배골이었다는 설도 있고, 경순왕이 귀래 미륵산 학수사에 머물고 있을 때 덕주공주가 아버지를 만나고 돌아가면서 이곳에서 미륵산 쪽을 향해 절을 했다고 절 '배(拜)'자를 써서 '배골'이라는 설도 있다. 필자는 절 '배'자에 한 표다.

운남2리 마을회관이다. 시집온 지 74년 되었다는 아흔 살 할머니를 만났다. 할머니는 "열여섯 살 때 시집와서 마을 밖으로 나가본 적이 없다."고 했다. 산첩첩 구름 첩첩 궁벽한 산골에서 어떻게 살았을까? 할머니는 "앞으로 얼마나 살려는지 모르겠지만 김삿갓처럼 마음대로 돌아다니다가 풀숲에 쓰러져 잠자리처럼 죽었으면 소원이 없겠다."고 했다. 할머니의 소원을 받아 적으니 한 줄 시가 된다.

안도현 시인은 '가을의 소원'에서 내 소원은 "아무 이유 없이 걷는 것……. 가끔 소낙비 흠뻑 맞는 것……. 혼자 울다가 잠자리처럼 임종하는 것"이라고 했다. 할머니가 남은 생을 마치고 '잠자리처럼' 고요하게 임종할 수 있기를 소망해 본다. 할머니 머리 위로 노란 나비 한 마리가 빙빙 돌다가 점점 멀어져 갔다.

운남저수지다. 저수지 너머로 단종과 경순왕 전설이 서려 있는 배재가 하늘에 닿아있다. 검은색 그랜저가 천천히 다가와서 멈춰 섰다. 차 문이 열리면서 중년 여인이 다가왔다. "혹시 백구 한 마리 못 봤어요? 마을 사람한테 물어보니 걷는 사람들 따라갔다고 하던데."

"배골에서 집에 가라고 쫓아 보냈어요."

순간 백구의 밥과 자유를 떠올렸다. 소설가 김훈은 "모든 밥에는 낚싯바늘이 숨어있다."고 했다. 백구는 오랫동안 묶여 있을 게 틀림없다. 백구만 아니라 주

운남저수지의 겨울과 여름. 저수지 너머로 제천시 백운면 화당리로 넘어가는 배재가 아스라이 펼쳐진다. 경순왕이 넘어왔고 단종이 넘어갔던 역사의 현장이다. 보부상이 넘었고 기해박해 때 순교자 최해성도 넘었던 고개다(사진 작가 김상현 제공).

인도 먹고사는 일에 묶여 있다. 생명 있는 것들은 모두 다 어딘가에 묶여 있다. 인간은 묶고 묶여서 아우성치며 살다가 때가 되면 표표히 떠나간다. 당신은 지금 어디에 묶여 있는가?

배재와 인벌골 갈림길이다. 배재는 경순왕도 넘었고, 단종도 넘었고, 보부상도 넘었던 옛 고개다. 역사의 현장 배재가 원주굽이길에서 사라졌다. 길의 역사를 생각했더라면 이런 일이 없었을 텐데. 머지않아 역사의 길로 다시 돌아올 수 있기를 소망해 본다.

초록으로 출렁이는 호수마을이다. 쑥을 캐고 있는 중년 여인을 만났다. "일산에 살고 있는데 남동생 집에 다니러 왔다."고 했다. 말이 고팠는지 묻지도 않은 말을 술술 털어놓는다. "남동생이 경치가 좋다고 집을 지었는데 터 파기할 때 계속 물이 나와서 돌을 몇 차나 들이부었어요. 경치만 보고 땅을 살 건 아니더라고요. 남동생 부부가 모두 교수라서 내가 이따금씩 내려와서 살림을 돌봐주고 있어요. 단오 전에 쑥을 캐서 일 년 내내 먹으려고요." 여인의 눈매가 매섭다. 얼굴에 칼이 몇 개나 들어있다. 얼굴은 마음의 그릇이요 삶의 이력서다. 미 대통령 에이브러햄 링컨은 "나이 오십이 되면 얼굴에 책임을 져야 한다."고 했다. 당신의 얼굴은 어떤가?

운남저수지 북쪽 골짜기 인벌동(仁伐洞)이다. 《한국지명총람》은 '인벌(인버럭골)'이라 했다. 무슨 뜻일까? 《원주지명유래집》 저자 김은철은 "고증된 건 아니지만 원주가 한때 고구려 땅이었다는 것을 감안해 보면 '골짜기에 있는 너른 들' 정도로 해석할 수 있다."고 했다. 골짜기를 오르다 보면 계단식 묵정밭이 군데군데 눈에 띈다. 아는 만큼 보인다는 말이 잘 어울리는 계곡 길이다.

긴 오르막이다. 60대 노부부를 만났다. 안동열(68)은 인벌동이 고향이라고 했다. 그는 "초등학교 2학년 때 충주로 나갔는데 고향을 잊지 못해 매년 봄, 가을로 한 번씩 찾아온다. 아파트 공사장에서 일하다가 난간에서 떨어져 크게 다쳤는데 아내 덕분에 살아났다."고 했다. 곁에 있던 부인이 입을 삐쭉거리면서 "이 양반이 다치기 전에는 나를 종 취급하더니 다쳐서 꼼짝도 못 하니까 모든 걸 내려놓더군요. 진즉 그랬으면 얼마나 좋았을까? 다들 부인한테 잘해주세요."라고 했다. 뜨끔했다. 괜히 물어봤다가 한 방 먹었다.

부인은 미안했던지 살짝 웃으면서 방금 뜯은 고추나물을 집에 가서 무쳐 먹으라며 건네주었다. 안동열이 묻지도 않은 부친 얘기를 꺼냈다.

"아버지는 육사 8기생으로 36사단 연대장을 지냈고, 성품이 꼿꼿해서 정몽주 같았어요. 결국 별을 못 달고 예편했지요. 어릴 때는 융통성이 없는 아버지를 원망했지만, 나이를 먹어보니 이해가 되더군요."

꼿꼿하면 별을 못 달고 융통성이 있어야 별을 다는 걸까? 별을 달기 위해 원칙과 소신을 접어야 하는 걸까? 정유재란 때 "수군의 전력이 약하니 권율의 육군에 합세하라."는 선조의 교지를 받고 "신에게는 아직도 열두 척의 배가 있고 신이 살아있는 한 적들은 감히 조선의 수군을 업신여기지 못할 것"이라며 소용돌이치는 명량의 바다 울돌목으로 나아갔던 이순신 장군의 모습이 떠오른다. 이 시대 '별의 자격', '장군의 자격'은 과연 무엇일까?

긴 오름길이다. 다들 힘이 드는지 말이 없다.

운남리 임도다. 매봉(644m)이 가깝다. 매봉은 다른 말로 수리봉이다. '수리'는 높다는 뜻이다. 전설이 있다. 임진왜란 때 장수 김철이 산봉우리에 감시병을 배치한 후, 훈련된 매를 이용하여 왜군 수백 명을 무찔렀다. 얼마 지나지 않아 매는 왜군이 쏜 조총을 맞고 떨어지고 말았다. 김철은 죽은 매를 산봉우리에 묻어주며 시치미(매에 달아놓은 주인 이름)와 방울을 달아 놓았는데 바람이 불 때마다 방울 소리가 난다고 한다. 칼바람 불고 싸락눈 쏟아지는 날 방울 소리 들으러 다시 한번 와야겠다.

오월 임도는 걷기 최적이다. 온몸에 푸른 물이 흠뻑 들었다. 수목이 내뿜는 청량한 피톤치드에 닫혀있던 말문이 스르르 열린다. 문이 열리자 대기하고 있던 말들이 마구 쏟아진다. 이현교는 "빨랫줄에 빨래 널기 딱 좋은 날씨"라고 했다. 시인이 따로 없다. 자연에 들면 누구나 시인이 된다. 이용미는 벌 3억 마리가 사라졌다며 걱정했고, 최미영은 "도로 결빙을 막기 위해 뿌리는 염화칼슘을 천일염으로 바꾸어야 한다."고 힘주어 말했다. 걷다 보면 자연사랑, 환경 사랑 정신이 저절로 몸에 밴다.

산이 깊어 찾는 자가 적다 보니 산 두릅이 지천이다. 도반 한 사람이 스틱으로 두릅 따는데 초집중하고 있다. 공부를 이렇게 했으면 하버드대학을 갔을 거라고 했다. 정신 일도 하사 불성이다.

다둔 마을 가는 길, 이호실이 마음 갈피 속에 넣어두었던 옛 기억을 소환했다.

"다둔리는 외가다. 외가 동네 사람들은 돌아가신 어머니를 '다둔댁'이라 불렀다. 초등학교 시절 집이 있던 내 남송에서 양안치고개 넘어 다둔리까지 걸어 다녔다. 가까운 칠통골에는 1970년대 중반까지만 해도 칠기 만들고 옹기 굽던 친척이 살고 있어서 묵어가곤 했는데 모두 돌아가시고 추억만 남아있다."

이호실은 어린 시절을 회상할 때 타임머신을 타고 열두 살 어린이로 돌아갔다. 조선 시대 사대부 집 여인들은 이름이 없었다. 출가 전에는 아가씨, 작은 아씨, 큰 아씨로 불렸고 출가하면 시댁 성으로 부르거나 친정 마을 이름을 따서 어느 댁, 어느 씨처럼 택호를 지어주었다. 남편 벼슬 따라 정경부인, 숙부인, 숙인 등이 되었고 학문과 덕행이 뛰어난 여성에게는 윤지당, 사임당, 난설헌 같은 당호를 지어주기도 했다.

임도를 내려서자 운계리 다둔 마을이다. 운계리는 귀래면 분이리(分二里)였다. 1914년 다둔리, 구사리, 칠통, 유현, 분토동, 대동을 모아서 운계리라 하였다. 다둔리 뒷산 치마골에는 일제 강점기 때 금광이 세 곳 있었다고 한다. 금광석을 지고 내려온 지게꾼이 제련 터에서 하루에 금 다섯 돈을 만들었다고 '닷돈'이라 했는데 음이 변해 '다둔'이 되었다. 또 다른 설이 있다. 다둔은 '달둔'이었다. "달은 '높다.'는 뜻이고, '둔'은 '언덕'이다. 달둔은 '산언덕 마을'이다. 다둔은 하늘에서 내려다보면 삼태기 모양이다. 삼태기는 퇴비를 담아서 밭에 뿌릴 때 쓰는 농사 필수품이었다. 이호실이 "삼태기를 아는 걸 보니 꼰대"라고 놀렸다. 명리학자 조용헌은 "들을 이야기가 없고 피곤하면 꼰대고, 도움이 되는 지침을 줄 수 있으면 어른"이라고 했다. '꼰대' 없는 'MZ'는 없다. 꼰대도 한때는 젊은이였다. 'MZ'도 머지않아 '꼰대'가 된다. 제행무상 생로병사의 이치는 누구도 거스를 수 없다.

금제련 터다. 돌로 쌓은 옛 담장 길이 길게 이어진다. 금제련 터 역사를 소개하는 안내판 하나쯤 세워주면 좋겠다. 이야기 있는 길과 없는 길 차이는 크다. 스토리 하나가 명품 길을 만든다. 새하얀 이팝나무 꽃이 피었다. 이팝나무에는

금제련 터 담장

빛바랜 금제련 터 푯말

이밥(쌀밥)을 배부르게 먹고 싶었던 민초들의 소망이 담겨있다. 끼니 걱정 안 하는 나라를 만들기 위해 혼신의 힘을 다했던 베이비 붐 세대가 하나둘씩 사라지고 있다. 말도 많고 탈도 많지만 그래도 이만한 나라를 만들기 위해 앞만 보고 달려왔던 일개미 세대였다. 지금 누리고 있는 풍요와 빠르고 편리한 시스템은 해방과 한국전쟁의 폐허를 딛고 산업화, 민주화, 정보화 시대를 일구어냈던 앞선 세대 덕분이다.

마을 입구에 천하대장군, 지하여장군 돌장승이 나란히 서 있다. 옛날에는 참나무 당목과 성황당이 있었고 음력 정월 대보름날 고사를 지내곤 했는데 도로가 나면서 없어졌다고 한다.

그릇 굽던 가마가 있었다는 '가맛골'이다. '가막골'이 변해 '가맛골'이 되었다. 유현(柳峴)이다. 느릅재에서 길 따라 내려오면서 길게 늘어진 마을이라고 버드나무 '유'자와 고개 '현'자를 써서 유현이다. 유현에서 미륵산과 경천묘 가는 길

다둔마을 입구 돌장승. 당목과 성황당을 대신하여 마을을 지키는 수문장이다.

이 갈린다. 경천묘는 경순왕 영정을 모신 사당이다. 도반이 누구 무덤이냐고 물었다. 사당 '廟(묘)'라고 했더니 "무덤 '墓(묘)'자 인줄 알았다."고 했다. 우리나라는 한자 문화권이다. 일본이나 중국을 다녀오면 왜 한자를 알아야 하는지 알 수 있다. 하루바삐 한자 문맹에서 벗어나야 한다. 초등학교 과정부터 한자를 가르쳐야 한다. 영어 공부의 10분의 1만 투자해도 박사가 된다. 한자는 한국사·일본사·중국사 공부에 필수다.

운계2리 대동(垈洞)마을이다. 우리말로 '텃골'이다. 텃골 입구는 느티나무 당숲이다. 정월 대보름 이전에 택일하여 백운산 성황신을 모시고 제사 지냈다고 한다. 성황신은 토속신이다. 민초들은 부처와 토속신에 의지하여 고단한 삶을 위로받으며 희망의 불씨를 지펴냈다.

골짜기에서 '고운 흙'이 나온다는 분토골이다. 담배밭과 인삼밭이 넉넉하다. 이호실은 "이파리를 따서 말린 다음 담배를 만드는데 밭이 넓어서 돈이 좀 되겠다."고 했다. 담배는 언제 우리나라에 들어왔을까?

광해군 8년(1616) 일본에서 들어왔다. 남쪽에서 들어왔다고 '남령초'라고 불렀다. 담배는 먼저 궁궐 안에 빠르게 퍼졌다. 조선 중기 어전회의가 끝나고 육조 판서들이 모여서 시시덕거리면서 담배 피우는 모습을 상상해보라.

인조 6년(1628) 8월 19일 기록이다.

"어전회의가 끝난 뒤 신하들이 모여 우스갯소리를 하며 담배를 피웠다."

신하만 아니라 궁궐 상궁이나 품계 낮은 궁녀까지 담배를 즐겨 피웠다. 2005년부터 2009년까지 은평 뉴타운 건설 때 궁녀 묘 3기가 발굴되었는데 무덤에서 부싯돌이 발견되었다고 한다. 얼마나 담배를 즐겨 피웠으면 무덤 속까지 부싯돌을 넣어주었을까? 담배는 궁궐 담장을 넘어 방방곡곡으로 퍼져나갔고 청

1796년 김홍도의 단원풍속도첩 '담배썰기.' 광통교 근처 남초가게에서 한 손으로 담뱃잎을 누르고 작두로 담뱃잎을 썰고 있는 모습이다. 담배는 남령초로 불리며 인기 짱이었다. 마이산 밑에서 나는 진안초는 맛이 부드러웠고, 평안도 산은 맛이 달았으며, 강원도 산은 맛이 깊고 평범했다고 한다. 정조의 담배사랑은 유별나서 책문(문과 시험)에 시제(시험 문제)로 남령초를 내걸 정도였다고 한다. 오른쪽은 귀래 분토골 담배밭 모습

나라까지 흘러 들어갔다. 담배가 백해무익한 풀이라는 것을 알았지만 한 번 맛본 자는 끊을 수 없는 '요망한 풀'이었다.

인조 16년(1638) 8월 4일 기록이다.

"우리나라 사람이 담배(남령초)를 심양에 들여보냈다가 청 장수에게 들켜 호된 질책을 받았다. 담배는 일본에서 생산되는 풀인데 잎이 큰 것은 7, 8촌쯤 된다. 가늘게 썰어 대나무 통에 담거나, 은이나 주석으로 만든 통에 담아서 불을 붙여 빨아들이는데, 맛이 쓰고 맵다. 가래를 치료하고 소화를 시킨다고 하는데, 오래 피우면 간 기운을 손상시켜 눈을 어둡게 한다. 이 풀은 병진(1616), 정사년(1617) 때부터 바다 건너에서 들어와 피우는 자가 있었으나 많지 않았는데, 신유(1621)·임술년(1622) 이후로는 피우지 않는 자가 없었다. 손님을 대할 때 담배로 차와 술을 대신한다고 연다(煙茶) 또는 연주(煙酒)라고 하였으며, 씨를 받아서 교역도 했다. 오래 피운 자가 유해무익한 걸 알고 끊으려 해도 끊지 못하니, 세상 사람들은 '요망한 풀'이라고 했다. 중국 심양으로 흘러 들어가

자 심양 사람도 무척 좋아하였는데, 오랑캐 한(汗)은 토산물이 아니라서 재물을 소모시킨다고 하여 명령을 내려 엄금했다고 한다."

아무리 금지해도 한 번 들어온 담배는 사대부는 물론 서민층에게도 폭발적인 인기를 누리며 입소문을 타고 빠르게 퍼져나갔다. 인조 때 문신 장유는 《계곡만필》에서 "위로는 공경대신부터 아래로는 종이나 하인, 나무꾼에 이르기까지 피우지 않는 자가 없다고 했다.

또 《순조실록》 8년(1808) 11월 19일에는 "근래 속습(俗習)이 고질이 되어 남녀노소 할 것 없이 즐기지 않는 자가 없어 겨우 젖먹이를 면하면 으레 황죽(黃竹)으로 피우고 있다."고 했다.

네댓 살 어린아이도 담뱃대를 물고 다닐 정도였으니 사회적으로 여러 가지 문제가 생기지 않을 수 없었다. 첫째, 담배 수요가 증가하면서 담배재배 농가도 늘어나자 경작을 제한해 달라는 상소가 올라왔다.

《정조실록》 22년(1789) 11월 30일 임금은 교서를 내리면서 "기름진 땅은 모두 담배를 심는 밭이 되어 농사가 형편없게 되었다고 하지만 백성이 각자 힘을 다하고 지혜를 다하여 개간하고 씨뿌리면 굶주리지 않는다. 좋은 방책이 있으면 상소를 올리거나 책으로 엮어서

신윤복의 풍속화 '연소답청.' 기생이 말 타고 가면서 담뱃대를 꼬나물고 양반은 긴 담뱃대를 들고 따라 가고 있다. 4~5세 어린아이도 담배를 피웠다고 하니 담배 선풍은 걷잡을 수 없었다. 담배 재배농가도 늘어났고 담배 예절 문제도 등장하기 시작했다(간송미술문화재단).

묘당이나 감사에게 건의하고 바닷가와 산골, 기름진 땅과 메마른 땅에 맞추어서 각자 알아서 농사지으라."며 두루뭉술하게 비껴가고 말았다. "담배만 한 약이 없다. 담배를 피우면 답답했던 가슴이 확 풀린다."다며 담배를 좋아했던 정조다운 처방이었다.

둘째, 담배 예절 문제도 생겼다. 장유유서가 기본인 조선 사회에서 예의범절이 무너지는 사건이 터졌다. 그것도 남인의 영수 채제공과 나이 어린 학당 유생 간에 벌어진 일이다. 《정조실록》 14년(1790) 5월 22일 기록을 토대로 사건을 따라가 보자.

1788년 정조가 노론의 반대를 무릅쓰고 우의정에 임명한 남인 출신 채제공은 1790년 좌의정이 되어 영의정과 우의정 없이 홀로 국정을 이끌고 있었다. 그날 채제공은 교자(轎子, 가마)를 타고 수행비서 권두와 함께 서대문 안을 지나게 되었다. 그런데 교자 옆에서 웃옷을 걸치지도 않은 새파란 유생 두 명이 고개를 숙이지 않고 일행을 빼딱하게 쳐다보고 있었다. 한 명(김병성)은 부채로 얼굴을 절반쯤 가리고, 또 한 명(김관순)은 담뱃대를 꼬나물고 팔짱을 끼고 있었다. 얼굴이 시뻘게진 수행비서 권두가 "당장 입에서 담뱃대를 빼지 못하겠느냐?"고 소리치자 유생 김관순은 "당신이 뭔데 이래라저래라하느냐."며 덤벼들었다. 기가 막힌 수행비서는 하인을 시켜 두 유생을 전옥서(조선 시대 죄인을 가두었던 감옥)에 가두어 버렸다. 좌의정 채제공은 괜히 시끄러워질까 봐 두 유생을 혼만 내주고 다음 날 아침 풀어주려고 했다. 그런데 밤 11시경 중부 학당(서울 동·서·남·중부에 있던 성균관 부설 관립학교로서 4부 학당 또는 사학이라고 함) 유생 수십 명이 떼를 지어 전옥서로 몰려왔다. 그들은 만일 두 사람을 풀어주지 않으면 전옥서 관리를 죽이고 옥문의 자물쇠를 빼앗겠다고 협박하면서 통문을 돌려 채제공을 헐뜯고 욕하기까지 했다. 화가 난 채제공은 풀어주려던 마음을 되돌려 두 유생을 형조로 넘겨버렸다.

소식을 전해 들은 두 유생 집에서는 난리가 났다. 예나 지금이나 자식 키우는 부모 마음은 비슷한 법이다. 유생 김병성의 부친 김세근(돈녕부 종9품 참봉)은 채제공을 찾아와서 모든 게 자식을 잘못 가르친 부모 책임이니 한 번만 용서해 달라며 애걸했고, 또 김관순의 조부는 채제공과 친한 사람에게 편지를 보내 "패역한 손자를 두었다."며 대신 사과했다. 채제공은 그만하면 부모로서의 책임을 다했다고 생각하고 두 유생을 곧바로 풀어주었다. 채제공은 탄식하며 임금에게 고했다. "이제 대낮 큰길가에서 홑옷 차림에 담배를 피워 물고 대신의 이름을 함부로 부르는 자를 누구도 어찌할 수 없다면, 앞으로는 선비라는 이름을 걸고 온갖 패려한 짓으로 용서하기 어려운 죄를 저질러도 조정에 있는 자로서 못 본체하고 침묵해야만 잘하는 일이 되는 것입니까?" 이쯤 되니 정조는 기강확립 차원에서라도 일벌백계로 처벌하지 않을 수 없었다. 원인을 제공했던 두 유생(김병성, 김관순)은 일사부재리의 원칙(?)에 의해서 처벌받지 않았지만, 전옥서로 몰려가자고 선동했던 유생 이위호에게는 종신 과거 응시금지령을 내렸고, 적극 가담자 4명(조학원, 윤선양, 원재형, 원재행)에게는 10년간 과거 응시금지령을 내렸다. 담배 소동은 일단락되었지만, 그날 이후 지금까지 담배 예절 문제는 계속 이어지고 있다. 아무리 시대가 바뀌어도 오랜 전통이나 풍속은 하루아침에 변하지 않는다.

운남리 귀래공원이다. 기미 독립 만세기념비가 서 있다. 기미년 3월 1일 파고다공원에 울려 퍼졌던 "대한독립만세" 소리가 귀래까지 메아리쳤다. 기미 독립만세식이 열렸던 역사의 현장은 이곳에서 약 6.5km 떨어져 있는 귀래리 삼일공원이다. 1919년 4월 7일, 4월 8일 천도교 교인 김현수, 김현홍, 유학자 서상균이 만세식을 기획했다. 4월 7일 귀래리 평촌마을 주민 1백 명이 모였고, 다음 날 귀래, 평촌, 고청, 새동말 주민 2백여 명이 모여 천막을 치고 태

극기를 세운 뒤, 김현수의 연설을 듣고
대한독립 만세를 목 놓아 외쳤다. 그
날 목이 터져라 대한 독립 만세를 외쳤
던 마을 사람들 목소리가 들려오는 듯
하다. 만세식을 주도했던 김현수와 김
현홍은 체포되어 8개월간 옥고를 치렀
다. 한국전쟁 참전용사 기념비도 서 있
다. 2001년 12월 2일 건립 때까지 살
아있었던 75명과 돌아가신 18명 이름
이 새겨져 있다. 순국선열을 떠올리며
묵념을 올렸다.

한국전쟁 참전용사 기념비. 뒷면에 93명 이름이 새
겨져 있다. 목숨 바쳐 이 땅을 지켰던 선열들이 있
었기에 오늘의 대한민국이 있다.

　귀래중학교다. 날개 달린 말이 하늘
을 향해 달리는 형국이라는 용마산 자
리다. 부자가 폭삭 망한 이야기가 전해온다.

　이곳에는 한 해 조를 일천 섬씩 수확한다는 큰 부자가 살고 있었다. 찾아오는 손님이
너무 많아서 며느리는 젖은 손이 마를 날이 없었다. 어느 날 스님이 시주를 청했다. 며
느리는 시주하면서 스님에게 손끝에 물이 마르게 해 달라고 부탁했다. 스님은 "용마산
허리를 끊고 물길을 내서 조밭을 모두 논으로 만들면 된다."고 했다. 며느리는 일꾼을
사서 산허리를 끊고 물길을 내기 시작했다. 마침내 용마는 잔등이 잘려나갔고, 다음 날
부터 찾아오는 손님이 뚝 끊어지면서 부잣집은 망하고 말았다고 한다.(2020 원주문화
원 간《천년고도 원주의 길》281~282쪽)

홍업면 대안리 해삼 터에도 비슷한 전설이 있다. 옛날 땅 부자는 일 부자였고, 일의 중심에는 여성이 있었다. 여성은 일에서 벗어나고 싶었고, 해결사는 언제나 스님이었다. 해법은 풍수였다. 일과 여성, 스님과 풍수를 관통하는 핵심 키워드는 땅이다. 땅 부자는 일 부자라는 말은 이제 옛말이 되었다. 당신에게 땅이란 무엇인가?

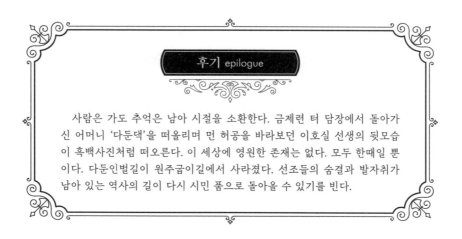

후기 epilogue

사람은 가도 추억은 남아 시절을 소환한다. 금제련 터 담장에서 돌아가신 어머니 '다둔댁'을 떠올리며 먼 허공을 바라보던 이호실 선생의 뒷모습이 흑백사진처럼 떠오른다. 이 세상에 영원한 존재는 없다. 모두 한때일 뿐이다. 다둔인벌길이 원주굽이길에서 사라졌다. 선조들의 숨결과 발자취가 남아 있는 역사의 길이 다시 시민 품으로 돌아올 수 있기를 빈다.

구학산(九鶴山, 983m)은 원주시 신림면과 제천시 백운면에 걸쳐 있는 산이다. 옛날 이 산에 살던 학 아홉 마리가 사방으로 날아가서, 아홉 군데에 '학'자 지명이 생겼다는 전설이 있다. 해발 600~700m 구학산 7부 능선에 조성되었고, 숲에 들면 햇빛을 보지 않고 걸을 수 있다. 산수국, 철쭉, 진달래 등 계절마다 아름다운 꽃이 피어 있어 심신 힐링에 최적의 코스다.

구학산둘레숲길 주차장 ⊕ 바람쉼터 ⊕ 방가골 ⊕ 박달정 ⊕ 자작골 삼거리 ⊕ 보릿고개 밭두렁 ⊕ 구학정 ⊕ 거북바우 ⊕ 산오리나무골 ⊕ 삼형제나무 ⊕ 큰골 ⊕ 구학산둘레숲길 주차장

아홉 마리 학이 날아올라

구학산 숲은 자연의 완결판이다. 토종벌도 있고, 야생화도 있고, 노송도 있다. 개미도 있고, 거미도 있고, 노루, 고라니, 멧돼지도 있다. 누구든지 숲에 들면 자연이 된다. 숲은 푸름으로 절정이다. 물기 머금은 나뭇잎에서 물방울이 뚝뚝 떨어지고 거미줄이 얼굴을 휘감는다. 숲에 들면 말길이 열리고 웃음보가 터진다. 강릉 · 삼척 · 안동 사투리와 서울 표준말이 뒤섞이며 말 잔치가 벌어진다.

1750년 《여지도서》는 구학산(九鶴山)을 '구륵산(九勒山)'이라 하였다. 작은 산이나 큰 산이나 우리나라 모든 산에는 스토리가 있다. "마을 대갓집에 초상이 나서 명당으로 알려진 산꼭대기 밑을 팠더니 아홉 마리 학이 날아올라 신선이 되었고, 날아간 학이 머문 마을을 선학, 방학, 황학, 학산, 운학이라 부르게 되었다." 미 공군 전략 폭격기 스텔스기는 학의 비상을 닮았다. 스텔스기 모형을 설

학의 비상

미 공군 전략 폭격기 스텔스기

계할 때 학의 비상을 본뜬 게 아닐까? 인간은 자연에서 모방하고 배운다. 자연은 인간의 스승이다.

낙엽송 군락지를 지나자 암벽에 벌통이 서 있다. '건들지 마세요.' 벌 한 마리가 윙윙대며 주변을 맴돈다. 벌 주둔지 경계병이다.

"작전에 실패한 지휘관은 용서할 수 있어도 경계에 실패한 지휘관은 용서할 수 없다."

한국전쟁 영웅 맥아더 장군의 명언이다.

못 본 척 빠르게 지나간다. 괜히 들여다보다가 습격을 받으면 동티난다.

꿀벌이 사라지고 있다. 2021년 78억 마리가 사라졌고 2022년 9~11월 사이에 100억 마리, 2023년 초에 140억 마리가 사라졌다.(2023년 5월 20일 '세계 벌의 날'을 맞아 환경단체 그린피스와 안동대학교 산학협력단이 공동 발표한 '벌의 위기와 보호정책 제안' 중에서)

생태학자 최재천은 "우리가 먹는 농작물 중에 꽃가루받이가 필요한 농작물의 80%를 꿀벌 혼자 담당한다. 꿀벌이 사라지면 식량 대란이 벌어질 수밖에 없다. 꿀벌 군집 붕괴현장은 2006년 미국 플로리다에서 시작되었다. 당시 2년 동안 미국 양봉업자 3분의 1이 타격을 받았다. 미국 정부가 천문학적인 돈을 투

꿀벌이 사라지면 어떻게 될까? 농작물의 꽃가루받이 80%를 꿀벌 홀로 담당하고 있다고 하니 식량 대란이 벌어질 수밖에 없다. 수박·참외 하우스 재배 농가 꿀벌 통 임대가격이 오르고 있다. 임대료가 오르면 농산물값도 따라 오른다. 꿀벌을 빌려주고 돈을 버는 세상이 올 줄 누가 알았겠는가? 앞으로 꿀벌 보유세도 등장하지 않을까?

자해서 16년을 연구했는데 아직까지 결론이 없다. 심각하다."고 했다.

꿀벌이 사라진 이유가 무엇일까? 정부는 "월동 후유증에다가 방제약품에 내성을 가진 응애(꿀벌 애벌레나 등에 붙어 기생하는 진드기)가 붙어 '꿀벌응애 감염증'이 퍼졌다."고 했으나, 농부들은 "농약 살포로 생긴 꿀벌 군집 붕괴 현상"이라고 했다. 원인 없는 결과가 어디 있겠는가. 콩 심은 데 콩 나고 팥 심은 데 팥 난다. 인간이 원인을 제공한 것이다. 지구라는 달걀이 탁자 위를 굴러가고 있다.

방가골을 지나자 박달정이다. 팔각 정자가 예술이다. 전통건축물은 크기와 격에 따라 건축물 끝자리에 '전, 당, 합, 각, 재, 헌, 루, 정'이 붙는다. 한양도성 안 5대 궁궐과 명산대천에 널려있는 절집의 전각 이름을 떠올려보라. 박달정은 끝자리가 '정'이니 가장 작은 쉼터다. 박달정에서 땀을 식히며 물 한 모금이다. 누가 먼저랄 것도 없이 배낭을 열었다. 간식이 쏟아져 나온다. 누구는 직접 농사지은 방울토마토와 자두를 꺼냈고, 누구는 치악산 막걸리와 삶은 나물을 꺼냈다. 누구는 백향과에 얼음을 넣어 왔다. 착한 마음으로 좋은 음식을 나누니 몸도 마음도 맑아진다. 나눔은 공덕을 쌓는 일이요 복을 짓는 가장 좋은 방법이다.

자연에 가까워지면 질수록 건강해지고, 멀어지면 질수록 질병에 가까워진다. 어떻게 살 것인가?

권도윤이 벌에 쏘였다. 발목부터 허벅지까지 몇 군데를 쏘였다. 쏘인 곳이 금방 벌겋게 부어올랐다. 물파스를 바르자 조금씩 가라앉는다. 권도윤은 "부부싸움 하다가 열 받은 신랑 벌이 홧김에 지나가는 사람한테 화풀이했다."며 씽긋 웃었다. 꿈보다 해몽이 재밌다. 어쩌다가 정자 꼭대기를 쳐다보니 벌집이 붙어있다. 깜짝 놀라 긴급대피다. 조심조심 벌 조심. 비 그치고 볕 나면 뱀 조심이다.

빗살이 돋는다. 물먹은 땅이 말랑말랑하다. 피톤치드와 세로토닌이 폐부로 들어온다. 멈춰서 심호흡이다. 숲 기운이 바람을 타고 몸 안으로 스며든다. 눈이 맑아지고 피부가 매끄러워진다. 숲이 명의다.

박명원이 "걷기 나오기 전에는 안경을 썼는데 걷기 하면서 안경을 벗게 되었다. 숲길을 몇 시간 걷고 나면 시력이 확실히 좋아진다."고 했다. 그가 걷기에 깊이 빠져들고 걷기 달인이 된 이유다. 허준은 "약보보다 식보가 낫고 식보보다 행보가 낫다."고 했다. 조도형 목사는 "숲길은 사색에도 도움이 된다. 나는 걸으면서 말씀의 우물에서 설교 소재를 길어 올린다."고 했다. 현장에서 듣는 생생한 걷기 체험담이다.

흩뿌리던 비가 멈추었다. 완만한 오르막이다. 숨차지만 다들 씩씩하다. 길 가운데 쓰러진 소나무가 치워져 있다. 보이지 않는 손길 덕분이다. 하나부터 열까지 사는 일은 누군가의 노고에 기대어 있다. 가끔씩 속상한 일도 있지만 웬만하면 감사하며 살 일이다.

푸른 숲길에서 시 한 수가 떠오른다. 울산 사는 박영식 시인의 시 '사랑하는 사람아'다.

"사랑하는 사람아 / 풋풋한 바람 일어나는 이 봄날 / 싱그러움으로 가지 뻗은 수목 밑을 와보라 / 바닥 환히 내비치는 물속 같은 하늘 한 자락 가만가만 어루만지며 / 미끄러지듯 유영하는 잎잎의 물고기 떼 / 이보다 더한 세상의 순화된 질서를 보겠는가 / (……) / 겸허하게 옷을 벗고 / 우주 속에 귀를 놓고 / 한 겹 한 겹 먼지 낀 눈 씻어내며 / 잠시 내 영욕을 담구었다 가렴."

방학동 덕대골이 가깝다. 조선 시대 민초들은 가족이 마마(천연두)에 걸려서 살아날 기미가 없으면 덕(시렁)에 싣고 인적 없는 깊은 골짜기에 버려 두고 왔다고 한다. 덕대골만 아니라 조선 팔도 골짜기마다 아파도 치료 한 번 못해보고 풀꽃처럼 스러져갔던 민초들의 피울음이 스며있다.
《현종실록》12년(1671) 2월 29일 기록이다.

"팔도에 기아와 여역(전염성 열병), 마마로 죽은 백성이 헤아릴 수 없이 많았다. 삼남 (충청, 전라, 경상)이 더 심했다. 물에 빠져 죽고, 불에 타 죽고, 호랑이에게 물려 죽은 자도 많았다. 늙은이들은 이런 일은 평생 듣도 보도 못했다고 했다. 참혹한 죽음이 임진왜란 때보다도 더하다. 수령의 보고는 죽을 쑤어 먹이는 곳에서 죽은 자만 거론하였고, 촌락에서 굶어 죽고 길에서 굶어 죽은 자는 기록하지 않았다. 보고한 숫자는 열 명에 겨우 한두 명뿐이었다."

350여 년 전 마마에 걸려 손 한 번 써보지 못하고 깊은 산골짜기에 격리되어 죽어가야 했던 조선의 백성과 코로나에 일사불란하게 대처했던 의료강국 대한민국의 모습을 비교해 보라. 누구든지 태어나는 나라와 시기는 선택할 수 없다. 사람마다 기준이 다르고 말도 많고 탈도 많지만 그래도 이만하면 참 고마운 나라에서 살고 있지 않은가?

구학정이다. 솔향 숲에서 다시 간식을 펼쳤다. 커피, 방울토마토, 참외, 복숭아, 오이, 파인애플이 쏟아져 나온다. 음식에 마음이 담겨있다. 공양 보살 수준이다. 누구는 제주 소나이 과자를 펼쳤다. 패션녀 이미숙은 하얀 모자, 노란 상의, 손목시계로 눈부시다. 파란 두건을 눌러 쓴 패션남 이호실도 허허롭다. 빗살이 돈다.

조철묵이 말했다.

"하느님 한 시간만 참아주세요. 부탁합니다."

"하느님한테는 청탁이 안 통한다."고 했더니 "두드려라. 열릴 것이다."라는 성경 말씀도 있다고 했다.

거북바위다. 이리 봐도 거북이요 저리 봐도 거북이다. 거북은 마음속에 있다. 이름이 생각을 지배한다. 이름만 잘 지어도 절반은 성공이다.

시커먼 구름이 몰려온다. 산길을 내달리듯 쏜살같이 내려간다. 처음엔 빨리 간다고 힘들어하던 조 목사도 어쩔 수 없이 속보다. 궁하면 통하게 되어 있다.

담벼락에 하늘나리가 활짝 피었다. 잠자리 한 마리가 머리 위를 빙빙 돈다.

구학산 거북바위. 바다에 사는 거북이가 학을 만나러 산으로 올라왔다.

신경란이 막 뛰어온다. 숨을 헐떡이며 말했다.

"긴급 제안이 있습니다."

"무슨 일이에요?"

"오늘은 내 생일입니다. 점심을 사겠습니다."

구학산 정자 위로 생일축하송이 멀리멀리 울려 퍼졌다.

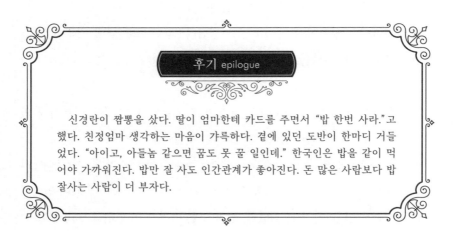

후기 epilogue

신경란이 짬뽕을 샀다. 딸이 엄마한테 카드를 주면서 "밥 한번 사라."고 했다. 친정엄마 생각하는 마음이 갸륵하다. 곁에 있던 도반이 한마디 거들었다. "아이고, 아들놈 같으면 꿈도 못 꿀 일인데." 한국인은 밥을 같이 먹어야 가까워진다. 밥만 잘 사도 인간관계가 좋아진다. 돈 많은 사람보다 밥 잘사는 사람이 더 부자다.

주요참고문헌

《택리지》, 이중환, 2006, 을유문화사

《택리지평설》, 안대희, 2020, 휴머니스트

《오희문의 난중일기 한 권으로 읽는 쇄미록》, 오희문, 2020, 사회평론아카데미

《이덕일의 한국통사》, 이덕일, 2019, 다산초당

《왕릉 가는 길》, 신정일, 2021, 쌤앤파커스

《박시백의 조선왕조실록 10(선조실록)》, 박시백, 2015, 휴머니스트

《유성룡인가 정철인가》, 오항녕, 2015, 너머북스

《역사학자가 쓴 인수대비》, 한희숙, 2017, 솔과학

《한 권으로 읽는 조선왕조실록》, 박영규, 2017, 웅진지식하우스

《한국인이 알아야 할 조선의 마지막 왕 고종》, 함규진, 2015, 자음과 모음

《천년고도를 걷는 즐거움》, 이재호, 2005, 한겨레

《허균 평전》, 한영우, 2022, 민속원

《명성황후와 대한제국》, 한영우, 2001, 효형출판사

《최명길 평전》, 한명기, 2019, 보리출판사

《왕비들의 전쟁》, 박영규, 2020, 옥당북스

《천재 허균》, 신정일, 2020, 상상출판사

《나의 문화유산답사기 8(남한강편)》, 유홍준, 2015, 창비

《나의 문화유산답사기 10(서울편 2)》, 유홍준, 2017, 창비

《나의 문화유산답사기 11(서울편 3)》, 유홍준, 2022, 창비

《나의 문화유산답사기 12(서울편 4)》, 유홍준, 2022, 창비

《정민의 다산독본 파란 1 · 2》, 정민, 2019, 천년의 상상

《다산, 자네에게 믿는 일이란 무엇인가》, 윤춘호, 2019, 푸른역사

《장일순 평전》, 김삼웅, 2019, 두레

《한국과 그 이웃 나라들》, 이사벨라 L. 버드비숍, 1996, 살림

《스웨덴 기자 아손, 100년 전 한국을 걷다》, 아손 그렙스트, 2005, 책과함께

《동학 폭발하다》, 김용삼, 2022, 백년동안

《여성, 오래 전 여행을 꿈꾸다》, 의유당 · 금원 · 강릉 김씨, 2019, 나의시간

《조선왕 독살사건》, 이덕일, 2005, 다산초당

《영친왕》, 김을한, 2010, 페이퍼로드

《조선, 그 마지막 10년의 기록(1888~1897)》, 제임스 S. 게일, 2018, 책비

《하늘의 신발》, 설지인, 2022, 박영사

《한국사, 그 변혁을 꿈꾼 사람들》, 신정일, 2002, 이학사

《오래된 대답》, 조규만, 2019, 가톨릭출판사

《조선사 스무고개》, 이윤석, 2023, 한뼘책방

《하얼빈》, 김훈, 2023, 문학동네

《연필로 쓰기》, 김훈, 2019, 문학동네

《친일파 열전》, 박시백, 2021, 비아북

《조선의 공무원은 어떻게 살았을까?》, 권기환, 2022, 인물과 사상사

《반민특위 재판정 참관기》, 김홍식, 2022, 서해문집

《반민특위 연구》, 이강수, 2003, 나남

《병자호란과 홍타이지의 전장》, 구범진, 2019, 까치

《국역 매월당 전집》, 김시습, 2000, 강원도

《매월당 시집 국역 2권》, 세종대왕기념사업회(원주중앙도서관 소장)

《우리 역사 속 전염병》, 신병주, 2022, 매일경제신문사

《못생긴 엄상궁의 천하》, 송우혜, 2010, 푸른역사

《대한제국 마지막 황태자 영친왕의 정혼녀》, 민갑완, 2014, 지식공작소

《낙선재의 마지막 여인》, 오타베유지, 2009, 동아일보사

《나는 대한제국 마지막 황태자비 마사코입니다》, 강용자, 2013, 지식공작소

《박시백의 조선왕조실록 19(고종실록)》, 박시백, 2015, 휴머니스트

《함세웅의 붓으로 쓰는 역사기도》, 함세웅, 2022, 라의눈

《서울의 자서전》, 신병주, 2024, 글항아리

《고종과 이토히로부미 망국의 길목에서, 1914~1917》, 한상일, 2024, 기파랑

《한국천주교회사(상 · 중 · 하)》, 1979, 1980, 분도출판사

《서학, 조선을 관통하다》, 정민, 2022, 김영사

《고등학교 국사 교과서》, 교육인적자원부, 2006, 교학사

《뜻으로 본 한국역사》, 함석헌, 1975, 제일출판사

《한강, 그리고 임진강》, 이태호, 2023, 디자인밈

《한임강명승도권》, 이태호, 2023, 디자인밈

《지금 천천히 고종을 읽는 이유》, 김용삼, 2020, 백년동안

《금단의 나라 조선》, 오페르트, 2000, 집문당

《과거 출세의 사다리》, 한영우, 2013, 지식사다리

《송시열과 그들의 나라》, 이덕일, 2016, 김영사

《쏭내관의 재미있는 궁궐기행》, 송용진, 2005, 지식프레임

《쏭내관의 재미있는 궁궐여행 2》, 송용진, 2010, 지식프레임

《조선궁궐사건》, 송용진, 2010, 지식프레임

《덕수궁》, 안찬모, 2009, 동녘

《조선 시험지옥에 빠지다》, 이한, 2024, 위즈덤하우스

《사도세자의 고백》, 이덕일, 2004, 휴머니스트

《기드온의 스파이(2)》, 고든 토마스, 2011, 예스위캔

《한국 현대사 산책(1 · 2)》, 강준만, 2004, 인물과 사상사

《1945년 해방직후사》, 정병준, 2024, 돌베개

《한국전쟁의 기원(1)》, 브루스 커밍스, 2023, 글항아리

《우남 이승만 연구》, 정병준, 2005, 역사비평사

《버치문서와 해방정국》, 박태균, 2021, 역사비평사

《미군정과 한국의 민주주의》, 안진, 2005, 한울아카데미

《제주 4 · 3항쟁; 저항과 아픔의 역사》, 양정심, 2008, 선인

《해방 후 3년; 건국을 향한 최후의 결전》, 조한성, 2015, 생각정원

《해방과 분단 그리고 전쟁 한국현대사(1)》, 정병준 외 10인 공저, 푸른역사

《세계사와 포개 읽는 한국 100년 동안의 역사(1)》, 김용삼, 2020, 백년동안

《박종인의 땅의 역사 7》, 박종인, 2024, 상상출판사

《매국노 고종》, 박종인, 2020, 와이즈맵

《레지오 마리애 공인 교본》, 꼰칠리움 레지오니스, 2019, 가톨릭출판사

《수호천사》, 로나번, 2008, 이레

《임윤지당 평전》, 김경미, 2019, 한겨레출판사

《공소에 가볼까?》, 2021, 천주교 원주교구 평신도사도직협의회

《그런 지도자 또 없습니다》, 2019, (재)최규하대통령기념사업회

《대한민국 제10대 대통령 현석 최규하》, 2020, (재)최규하대통령기념사업회

《원주의 지명유래(상 · 중 · 하)》, 김은철, 원주역사박물관

《원주의 지명유래 강의》, 김은철, 원주역사박물관(2021. 9. 1.)

《원주 산하에 인문학을 수놓다(1·2)》, 홍인희, 2022, 원주시역사박물관

《원주역사 시리즈 8(임윤지당)》, 이영춘·김성찬, 2018, 원주시

《천년고도 원주의 길》, 원주문화원 향토사스토리텔링 발굴사업, 2022

《원주시 향토문화유산》(비지정문화재), 원주시, 2022

《원주 얼 18호》, 원주문화원, 2013

《조선후기 원주의 여성 성리학자 임윤지당》, 원주시, 2018

〈조선일보〉(2021. 9. 8.), '박종인의 땅의 역사'(272)

〈조선일보〉(2022. 6. 8.), '박종인의 땅의 역사'(304)

〈조선일보〉(2023. 8. 23, 8. 30, 9. 6.), '복거일의 이승만 오디세이'

〈조선일보〉(2023. 8. 21.), '역사학자 이인호 인터뷰'

〈조선일보〉(2023. 1. 10.), '김홍수 논설위원 만물상' 커피공화국

〈조선일보〉(2024. 2. 22.), '이환병 뉴스 속의 한국사' 해방 이후 평양

〈조선일보〉(2024. 2. 19.), '다큐, 한국전쟁으로 본 이승만 행적 오해와 진실'

〈조선일보〉(2024. 3. 30.), '전봉관의 해방거리를 걷다'(1948년 5·10 선거)

〈조선일보〉(2024. 2. 3.), 영화 '건국전쟁' 감독 김덕영 인터뷰

〈원주투데이〉(2008. 9. 29.), '원주 마을탐구' 호저면, 충주 지씨 집성촌

〈원주투데이〉(2022. 9. 5.), '하늘에서 본 우리 마을' 흥업면 분지울

〈원주투데이〉(2023. 1. 9.), 학성동 희매촌 폐쇄, 속도 낸다

〈원주투데이〉(2022. 12. 1.~12. 26.), '박종수의 문화유산 썰'

〈원주투데이〉(2024. 3. 25, 4. 1, 4. 8, 7.15.), '박종수의 문화유산 썰'